Atommüll – wohin damit?

Klaus Stierstadt

Atommüll – wohin damit?

unter Mitwirkung von Günther Fischer

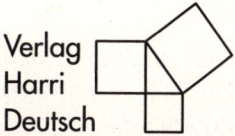

Verlag
Harri
Deutsch

Autoren
Prof. Dr. rer. nat. Dr. h.c. Klaus Stierstadt,
Professor für Physik an der Ludwig-Maximilians-Universität München
Dr. rer. nat. Günther Fischer

Die Website zum Buch
http://www.harri-deutsch.de/1868.html

Der Verlag
Wissenschaftlicher Verlag Harri Deutsch GmbH
Gräfstraße 47
60486 Frankfurt am Main
verlag@harri-deutsch.de
www.harri-deutsch.de

Bibliografische Information der Deutschen Nationalbibliothek
Die Deutsche Nationalbibliothek verzeichnet diese Publikation in
der Deutschen Nationalbibliografie; detaillierte bibliografische Daten
sind im Internet über http://dnb.d-nb.de abrufbar.

ISBN 978-3-8171-1868-7

Dieses Werk ist urheberrechtlich geschützt.
Alle Rechte, auch die der Übersetzung, des Nachdrucks und der Vervielfältigung des Buches – oder von Teilen daraus –, sind vorbehalten. Kein Teil des Werkes darf ohne schriftliche Genehmigung des Verlages in irgendeiner Form (Fotokopie, Mikrofilm oder ein anderes Verfahren), auch nicht für Zwecke der Unterrichtsgestaltung, reproduziert oder unter Verwendung elektronischer Systeme verarbeitet werden.
Zuwiderhandlungen unterliegen den Strafbestimmungen des Urheberrechtsgesetzes.
Der Inhalt des Werkes wurde sorgfältig erarbeitet. Dennoch übernehmen Autor und Verlag für die Richtigkeit von Angaben, Hinweisen und Ratschlägen sowie für eventuelle Druckfehler keine Haftung.

2., überarbeitete und aktualisierte Auflage, 2010
© Wissenschaftlicher Verlag Harri Deutsch GmbH, Frankfurt am Main, 2010
Die erste Auflage erschien im WGV Verlag, Weinheim

Satz: Birgit Cirksena
Druck: fgb · freiburger graphische betriebe ‹www.fgb.de›
Printed in Germany

Für Murat und Zeliha

Vorwort

Unsere Umwelt und unsere Gesundheit werden zunehmend durch die radioaktiven Abfälle der Kernkraftwerke gefährdet. Dieser so genannte Atommüll stellt neben den Treibhausgasen aus der Verbrennung fossiler Rohstoffe heute das größte technische Umweltproblem dar. Während aber für die Treibhausgase noch keine ausgereifte und wirtschaftlich vertretbare Lösung existiert, könnte man das Atommüllproblem praktisch sofort in den Griff bekommen. Alle technischen Voraussetzungen hierfür sind erfüllt, und die Entsorgung der Abfälle wird bezahlbar sein. Es fehlt nur am politischen Willen und Mut, ein geeignetes Konzept durchzusetzen.

Durch die Terroranschläge der vergangenen Jahre ist das Atommüllproblem besonders brisant geworden. Ein Flugzeugabsturz oder eine Raketeneinschlag auf ein oberirdisches Abklingbecken oder ein Zwischenlager für verbrauchte Brennelemente aus Kernkraftwerken könnte ein Vielfaches der bei der Tschernobyl-Katastophe entwichenen Radioaktivität freisetzen und hunderttausend Todesfälle zur Folge haben. Die Gefährlichkeit der radioaktiven Abfälle wird am einfachsten durch Vergleich mit einem chemischen Giftstoff deutlich: Radioaktives Blei (Blei-210) ist 20-millionenmal so gesundheitsschädlich wie normales Blei (Blei-206 bis Blei-208).

Entgegen der landläufigen Meinung geht das größte Risiko nicht von den Reaktoren in den Kernkraftwerken aus, sondern von den radioaktiven Abfällen, die in diesen Reaktoren entstehen, den verbrauchten Brennelementen. Die Reaktoren selbst sind, außer gegen einen Flugzeugabsturz, sehr gut geschützt und gesichert. Sie können nicht wie eine Atombombe explodieren. Die Abfälle aber lagern zumeist relativ ungeschützt in Zwischenlagern in Gestalt großer Wasserbecken oder Kühlhallen. Diese Abfälle werden teilweise zur Verarbeitung mehrmals kreuz und quer durch Europa transportiert, wobei durch Unfälle oder Anschläge relativ leicht radioaktive Substanzen freigesetzt werden können. Diese wirken, wie schon gesagt, millionenmal stärker als chemische Giftstoffe. Werden die Abfälle dagegen in einem Endlager tief unter der Erde aufbewahrt, so ist die Gefahr, dass etwas davon in die Umwelt gelangt, nur noch sehr gering. Leider gibt es aber auf der ganzen Welt noch kein einziges Endlager für die Abfälle aus der zivilen Kernenergienutzung, obwohl inzwischen schon etwa zehn solche Lager notwendig wären. Lediglich ein relativ kleines Endlager für einen Teil der Abfälle aus der Atomwaffenproduktion existiert seit 1999 in New Mexico, USA.

Was sind die Hintergründe dieses Problems? Warum wurden und werden keine genügend sicheren Endlager gebaut? Dafür existieren zwei Hindernisse: Erstens kostet die Endlagerung viel Geld und zweitens ist die Bevölkerung in der Nähe vorgesehener Standorte dagegen; man denke nur an die Stadt Gorleben! Beide Hindernisse ließen sich mit ernsthaftem politischem Willen überwinden. Das Geld für die Endlagerung wurde von den Kernkraftwerksbetreibern schon vor längerer Zeit zurückgelegt und angeblich gewinnbringend in andere Unternehmen investiert. Finanz- und Umweltminister müssten es wieder für die ursprünglichen Zwecke freistellen. Anscheinend ist aber eine Wahlperiode zu kurz dafür, und so schiebt man das Problem immer weiter vor sich her. Der Widerstand der Bevölkerung ließe sich ebenfalls verringern, und zwar durch sachliche und ehrliche Aufklärung, wie sie beispielsweise in diesem Buch versucht wird. Von einer so verstandenen Aufklärungsarbeit ist aber kaum etwas zu spüren. Stattdessen wird die Kontroverse zwischen Kernkraftgegnern und -befürwortern auf eine stark emotionale Ebene verlegt und die Stimmung von den Medien noch aufgeheizt. Der teilweise unsachliche Streit, sogar der Experten beider Seiten, wird in die Öffentlichkeit getragen. Viel besser wäre es, die Betroffenen durch vernünftige Argumente davon zu überzeugen, dass ein schneller Ausstieg aus der Kernenergienutzung wirtschaftlich unakzeptabel ist. Daher sollte auch ein gewisses, möglichst gering zu haltendes Risiko beim Transport und bei der Lagerung in Kauf zu nehmen sein.

Man kann sich aber nicht so wie bisher von einem Provisorium zum nächsten weiter hangeln. Das Risiko eines größeren Unfalls oder Terroranschlags wächst ständig mit der Zahl der oberirdisch gelagerten verbrauchten Brennelemente. Nur eine schonungslose Aufklärung der Bevölkerung fördert die Urteilskraft und die Bereitschaft, zu einer vernünftigen und schnellen Lösung für die Endlagerung beizutragen. Die Abfälle müssen in jedem Fall so schnell wie möglich und auf dem kürzesten Wege unter die Erde.

Ganz abgesehen von der dringenden Lösung der bestehenden Probleme mit dem Atommüll wird man sich langfristig um eine sinnvolle Alternative zur Kernenergie bemühen müssen, die in der Nutzung der Sonnenenergie in all ihren Erscheinungsformen wie Licht, Gezeiten und Wind bestehen könnte.

Wenn das Atommüllproblem nicht spätestens in etwa zehn Jahren gelöst ist, haben wir in Deutschland 20 gut gefüllte Zwischenlager, ein jedes mindestens zehnmal so „wirkungsvoll" wie der Tschernobyl-Reaktor – falls etwas passieren sollte. Bis zur endgültigen unterirdischen Lagerung der Abfälle sind nicht die vorhandenen Unzulänglichkeiten der Entsorgung, wie die Gefahr kleinerer Unfälle, das Problem, sondern Terrorismus und die unkontrollierte Verbreitung von spaltbarem Material.

Klaus Stierstadt   München, im August 2010

Danksagung

Dieses Buch wäre ohne die Mithilfe vieler meiner Freunde und Kollegen nicht zustande gekommen. Ihnen allen möchte ich herzlich danken, insbesondere Prof. Dr. Ralf Bender, Prof. Dr. Till von Egidy, Prof. Dr. Wolfgang Heckl, Prof. Dr. Klaus Heinloth, Dr. Werner Huth, Prof. Dr. Albrecht Kellerer, Dipl.-Ing. Heinrich Messerschmidt, Prof. Dr. Heinz Miller, Prof. Dr. Stefan Odenbach, Dr. Margarete Petzuch, Dr. Franz Roth, Prof. Dr. Heinrich Soffel, Dr. Gisela Taucher-Scholz und Dr. Ladislau Vékás. Meine Tochter, Helga Stierstadt, und Hans-Ulrich Wagner haben das Manuskript mit den kritischen Augen von Nicht-Physikern gelesen und so zur nötigen Klarheit beigetragen. Dr. Günther Fischer hat diesem Buch in jeder Phase seiner Entstehung mit wertvollen Ideen und nützlicher Kritik zur Vollendung verholfen. Mein besonderer Dank gilt auch allen Kollegen, Institutionen und Verlagen, die Bildmaterial zur Verfügung gestellt haben, sowie ganz besonders Herrn Friedrich Schmidt für die ausgezeichnete Reproduktion der Vorlagen.

Herrn Klaus Horn und Frau Birgit Cirksena vom Verlag Harri Deutsch bin ich für ihre kompetente Hilfe bei der Herstellung dieses Buches zu großem Dank verpflichtet.

Inhalt

	Vorwort	7
	Danksagung	9
1	**Wo das Problem liegt**	13
2	**Die Gewinnung von Energie aus Atomkernen**	17
2.1	Die Struktur der Atome	17
2.2	Die Spaltung von Atomkernen	19
2.3	Reaktor und Kernkraftwerk	24
3	**Radioaktive Strahlung**	31
3.1	Grundbegriffe	31
3.2	Messgeräte für radioaktive Strahlung	35
3.3	Spaltprodukte aus Kernkraftwerken	37
3.4	Transurane	46
3.5	Reaktormaterial	48
4	**Die Strahlenwirkung und ihre Folgen**	51
4.1	Physikalische Primärprozesse	51
4.2	Chemische Primärprozesse	59
4.3	Die Strahlendosis und ihre Messung	65
4.4	Biologische und medizinische Strahlenwirkungen	72
4.4.1	Überblick	72
4.4.2	Schädliche Wirkungen (Übersicht)	72
4.4.3	Die Wirkungs-Dosis-Beziehung	74
4.4.4	Die Schwellendosis	78
4.4.5	Somatische Frühschäden	80
4.4.6	Somatische Spätschäden	81
4.4.7	Genetische Schäden	85
4.4.8	„Nützliche" Strahlenwirkungen?	86
5	**Natürliche und „künstliche" Strahlenbelastung**	89
5.1	Die natürliche radioaktive Strahlung	89
5.1.1	Kosmische Strahlung	90
5.1.2	Terrestrische Strahlung	92
5.1.3	Strahlung aus der Luft	96
5.1.4	Strahlung aus unserem Körper	98
5.2	Die „künstliche" Strahlenbelastung	100
5.2.1	Medizinische Strahlenbelastung	101
5.2.2	Technische Strahlenbelastung	102
5.2.3	Kerntechnische Strahlenbelastung	103
5.2.4	Kernwaffenversuche	104

6	**Radioaktive Abfälle von kerntechnischen Anlagen**	**109**
6.1	Menge, Zusammensetzung und Strahlenwirkung des Abfalls	109
6.1.1	Abfallmengen verschiedener Verbraucher	109
6.1.2	Aktivität eines unverbrauchten Brennelements	110
6.1.3	Spaltproduktaktivität eines verbrauchten Brennelements	111
6.1.4	Transuranaktivität verbrauchter Brennelemente	114
6.1.5	Die Wärmeproduktion radioaktiver Abfälle	116
6.1.6	Abfälle mit niedriger Aktivität	117
6.2	Verbreitungs- und Entsorgungsmöglichkeiten für Atommüll	118
6.2.1	„Wegschütten" radioaktiver Abfälle	118
6.2.2	Akkumulation radioaktiver Substanzen in Lebewesen	121
6.2.3	Utopische Entsorgungsvorschläge	122
6.2.4	„Verbrennen" und Transmutation radioaktiver Abfälle	124
6.3	Ein realistisches Entsorgungskonzept	126
6.3.1	Überblick über das Entsorgungskonzept	127
6.3.2	Brennelemente im Abklingbecken	127
6.3.3	Wiederaufarbeitungsanlage	130
6.3.4	Die Verglasungsanlage	132
6.3.5	CASTOR-Behälter	134
6.3.6	Zwischenlager	136
6.3.7	Endlager für hoch aktive Abfälle	138
6.3.8	Endlager für niedrig aktive Abfälle	142
6.3.9	Endlagerung im Tiefseesediment	142
6.3.10	Ein optimales Entsorgungskonzept	143
6.4	Derzeitiger Stand der Entsorgung	144
6.4.1	Deutschland	144
6.4.2	Westeuropa	151
6.4.3	Vereinigte Staaten von Amerika	153
6.4.4	Russland und die Gemeinschaft Unabhängiger Staaten	158
7	**Unfälle in Kernkraftwerken und Kernenergieanlagen**	**163**
7.1	Unfälle mit geografisch beschränkten Auswirkungen	163
7.2	Der Tschernobyl-Unfall mit weltweiten Folgen	166
8	**Gibt es Alternativen zur Kernenergie?**	**181**
	Anhang	**189**
	Die wichtigsten Spaltprodukte	189
	Die wichtigsten Transurane	193
	Strahlungseigenschaften und Zerfallsreihen	195
	Literatur	**203**
	Sachverzeichnis	**215**

Kapitel 1
Wo das Problem liegt

Denken Sie einmal über das folgende Bild nach:

Abb. 1.1 Dritte Lieferung von Atommüll nach Gorleben im April 1997. Dieser CASTOR-Transport kostete etwa 50 Millionen Euro; 19 000 Polizisten sicherten den Weg (Foto: AP).

Das Bild zeigt einen Wachmann am Transportweg für Atommüll nach Gorleben. Wenn die Beförderung des Abfalls von nur einer einzigen Betriebswoche der deutschen Kernkraftwerke einen solchen martialischen Aufwand erfordert, dann muss damit irgend etwas nicht in Ordnung sein. Ist Atommüll wirklich so gefährlich, wie es hier den Eindruck erweckt, oder wurden die Leute, die ihren Protest dagegen kundtun, schamlos in die Irre geführt?

Um eine Antwort auf diese Frage zu finden, brauchen wir eigentlich nur die Fachleute zu fragen: „Sind die Abfälle aus Kernkraftwerken gefährlich oder nicht?" Doch auf diese schon tausendmal gestellte Frage erhalten wir leider keine befriedigende Antwort, sondern sehr erstaunliche Auskünfte:
- Etwa 40 Prozent der Fachleute sagen: „Ja, sehr gefährlich".
- Weitere 40 Prozent meinen: „Nein, fast ungefährlich".
- Die restlichen 20 Prozent antworten: „Nur gefährlich, wenn man sorglos damit umgeht".

Was soll man mit diesen Antworten anfangen und wie soll man daraus klug werden? Wissen selbst die Fachleute nicht Bescheid oder wollen sie die Öffentlichkeit täuschen?

Die Erklärung ist ganz einfach: Die Fachleute sind teilweise voreingenommen, und das hat zweierlei Ursachen. Zum einen wird mit Kernkraftwerken sehr viel Geld verdient. Ein modernes Kraftwerk mit 1 Million Kilowatt elektrischer Leistung kostet etwa

2,5 Milliarden Euro und bringt einen Gewinn von etwa 250 Millionen Euro im Jahr [He 97]. Zum anderen wird die durch Atombomben und Kernkraftwerksunfälle entstandene Angst vor den Folgen der Kernenergienutzung von gesellschaftlichen Gruppen politisch zur Panikmache genutzt. Die befragten Fachleute sind nun weder geldverachtende Idealisten noch politisch neutrale Wesen. Kein Wunder, dass ihre diesbezüglichen Vorlieben in ihr Urteil mit einfließen und dieses damit teilweise entwerten.

Eigentlich sollte man meinen, fachwissenschaftliche Aussagen dürften nicht durch menschliche Vorurteile beeinflusst werden. Leider ist das aber auf manchen Gebieten eben doch der Fall. Man denke nur an die Diskussionen über Abtreibung, Gentechnik oder Umweltfragen. Auch die Abfälle aus Kernkraftwerken – der Atommüll – gehören zu dieser Kategorie. Zur Beurteilung und zur Abschätzung seiner Risiken benötigt man fundierte Kenntnisse vieler Wissenschaften, der Physik, der Chemie, der Biologie, der Medizin, der Geowissenschaften, der Verfahrenstechnik, der Volkswirtschaft, der Rechtswissenschaft usw. Unser Problem ist also interdisziplinär, und nicht jeder Fachmann kennt sich auf allen diesen Gebieten gut genug aus. Diese partielle Unsicherheit in der einen oder anderen Disziplin begünstigt die Tendenz zu Vorurteilen und zu Wertungen.

Betrachten wir nun die drei Antworten der Fachleute etwas genauer: Die der ersten Gruppe sind „Strahlenpessimisten" [Ha 57]. Sie gehen davon aus, dass schon die natürliche radioaktive Strahlung, der wir alle ausgesetzt sind, einen Teil der schädlichen Mutationen unseres Erbguts sowie Krebs und Leukämie verursacht. Jede auch noch so kleine Erhöhung dieser Strahlenbelastung sei daher abzulehnen. Die technische Nutzung der Kernenergie habe bisher weltweit schon Millionen von Todesfällen durch radioaktive Strahlung verursacht. Auch fürchten die Strahlenpessimisten Sabotage und Terrorismus mit radioaktivem Material. Diese Gefahr nimmt zu, je mehr davon produziert wird.

Ganz anderer Meinung sind die „Strahlenoptimisten". Für sie ist die bei der Kernspaltung entstehende radioaktive Strahlung ein Umweltfaktor wie viele andere. Die Strahlenbelastung aus diesen Quellen sei im weltweiten Mittel immer noch klein gegenüber der natürlichen Strahlung, an die das Leben seit Milliarden Jahren angepasst ist. Sollte die Belastung durch den Atommüll einmal zu groß werden, so wird uns schon rechtzeitig ein Gegenmittel einfallen. So urteilen die Leute, die radioaktive Abfälle für fast ungefährlich halten, und die glauben, wir könnten das Problem mit unseren heutigen Mitteln vollständig beherrschen.

Schließlich gibt es die Gruppe der „Strahlenrealisten". Sie treten dafür ein, die Kernenergie in einem vernünftigen Maß zu nutzen. Das heißt, mit radioaktiver Strahlung so vorsichtig wie möglich umzugehen, solange man nicht alle ihre medizinischen Auswirkungen zuverlässig kennt. Auch müsste vor dem Bau neuer Kernkraftwerke das Entsorgungsproblem gelöst und auf Dauer bezahlbar gemacht werden. Bis zur Regelung dieser Fragen sollte man die durch Kernenergie verursachte „künstliche" Strahlenbelastung höchstens im Rahmen der natürlichen halten, und zwar unter Einbeziehung aller vorhersehbaren Risiken.

Ein Streitpunkt bezüglich des Reaktorunfalls von Tschernobyl illustriert die Voreingenommenheit mancher Fachleute und die Meinungsverschiedenheiten zwischen den drei Gruppen von Strahlenspezialisten recht treffend: Die Optimisten behaupten immer noch, es habe nur 31 Todesopfer gegeben, die Pessimisten sprechen von 100 000 bis 200 000 zu erwartenden Todesfällen, und die Realisten begnügen sich mit den einigermaßen ge-

1 Wo das Problem liegt

sicherten Zahlen, nämlich etwa 3000 bis heute und 10 000 bis 50 000 weitere in den nächsten 20 bis 30 Jahren [He 97]. An diesen Aussagen werden die Hintergründe der benutzten Argumentation deutlich. Die Optimisten zählen nur die in der ersten Woche nach dem Unglück Gestorbenen als Opfer. Die Pessimisten schließen alle innerhalb von 30 bis 50 Jahren daraus zu erwartenden Todesfälle auf der ganzen Welt mit ein. Und die Realisten halten sich an die bis heute registrierten und mit einiger Sicherheit auf den Tschernobyl-Unfall zurückgehenden Zahlen. Auf ähnlich divergierende Aussagen, die um das 10 000-fache voneinander abweichen können, stößt man leider auch bei vielen anderen Aussagen zum Atommüllproblem.

Wir haben es hier also mit einer recht komplexen Situation zu tun, welche die Gemüter auch von renommierten Fachleuten oft bis zur Unsachlichkeit erhitzt. Daher tun wir gut daran, eine nüchterne und möglichst objektive Position zu beziehen, und den Faktor „menschliche Voreingenommenheit" einzukalkulieren, wenn wir über radioaktive Abfälle diskutieren. Wir müssen dazu allerdings eine ganze Menge lernen – von der Physik über die Medizin bis hin zur Geologie. Eigentlich sollte man ja das notwendige Wissen über aktuelle Weltprobleme in der Schule vermittelt bekommen. Aber die Lehrpläne der Schulen hinken bei vielen Fragen des täglichen Lebens oft um 50 Jahre hinter der aktuellen Entwicklung her. Diese Versäumnisse sollen hier nachgeholt werden. Wir wollen zunächst die Energiegewinnung aus Atomkernen besprechen, dann die Radioaktivität der entstehenden Abbauprodukte, ihre biologischen und medizinischen Auswirkungen und schließlich die Möglichkeiten und Probleme der Abfallbeseitigung. Wir wollen versuchen, uns eine fundierte Meinung zu allen diesen Fragen zu bilden, die uns in die Lage versetzt, Vorurteile und Irreführungen zu erkennen, selbst aber möglichst objektiv zu urteilen.

Dieses Buch ist „für alle" geschrieben. Wir verzichten daher fast ganz auf mathematische Formeln und verwenden stattdessen lieber grafische Darstellungen und Skizzen. Auch die verwendeten Zahlen sind nur mit der für die Zwecke dieses Buches erforderlichen Genauigkeit angegeben, wurden also gerundet. Beim Vergleich mit Angaben in der Literatur können daher kleine Unterschiede auftreten. Zu bedenken ist außerdem, dass viele Zahlenwerte ohnehin höchstens auf einige Prozent genau bekannt sind, manche sogar nur bis auf einen Faktor 2 oder 3. Doch das ist für unsere Bewertungen und Schlussfolgerungen meist ohne Bedeutung.

Die Zahl der Publikationen zu den hier zu besprechenden Themen dürfte bis heute mindestens 100 000 betragen. Dieses Buch enthält etwa 250 Literaturangaben. Wir haben uns bemüht, solche Literatur auszuwählen, die leicht zugänglich und nicht nur dem Spezialisten verständlich ist. Außerdem haben wir versucht, möglichst objektiv zu sein und sowohl Befürworter als auch Gegner der Kernenergie zu berücksichtigen.

In den folgenden beiden Kapiteln wiederholen und vertiefen wir Schulstoff. Wer sich noch gut genug erinnert, kann dieses Repetitorium überschlagen.

Kapitel 2

Die Gewinnung von Energie aus Atomkernen

Zunächst wollen wir uns in diesem Kapitel ins Gedächtnis zurückrufen, was wir über den Bau der Atome wissen. Danach besprechen wir, auf welche Weise man Atomkerne spalten kann, um die in ihnen gespeicherte riesige Energie zu gewinnen. Schließlich wird erklärt, wie diese Energie in Reaktoren und Kernkraftwerken heute technisch genutzt werden kann.

2.1 Die Struktur der Atome

Alle Materie besteht aus Atomen. Sie sind außerordentlich klein; ihr Durchmesser beträgt etwa ein zehnmillionstel Millimeter (0,000 0001 Millimeter = $1 \cdot 10^{-7}$ Millimeter)[*]. Wie wenig Raum Atome beanspruchen, lässt sich veranschaulichen, indem man einen Fingerhut voll Wasser betrachtet. In ihm befinden sich etwa 100 Milliarden Billionen Atome (ausgeschrieben: 100 000 000 000 000 000 000 000 = 10^{23}). Jedes dieser Atome besteht aus einem Kern und einer Hülle (Abb. 2.1). In der Hülle befinden sich die *Elektronen*, die beispielsweise in Kabeln für den Transport des elektrischen Stroms sorgen. Der *Atomkern* ist noch hunderttausendmal kleiner als die Elektronenhülle bzw. das ganze Atom. Er hat einen Durchmesser von einigen billionstel Millimeter (0,000 000 000 001 Millimeter = 10^{-12} Millimeter) und besteht aus den kleinsten massiven Bausteinen der Materie, den *Protonen* und *Neutronen* (gemeinsamer Name: *Nukleonen*). Sie sind im Atomkern dicht zusammengepackt, wie Murmeln in einem runden Sack (Abb. 2.2). Die Kerne der verschiedenen Atome nennt man auch *Nuklide*. Sie enthalten zwischen einem (bei Wasserstoff) und etwa 250 Nukleonen (bei Transuranen). Die Anzahl der Protonen in einem Kern, die gleich der Anzahl der Elektronen in der Hülle ist, bestimmt die chemische Natur des Elements, zu dem das Atom gehört. Sie stimmt mit der chemischen Ordnungszahl des Elements überein. Die Anzahl der Neutronen im Kern hängt von seiner Entstehungsgeschichte ab, die sich zum Beispiel im Inneren eines Sterns abgespielt haben kann. Die Neutronenzahl kann dabei etwas variieren. Die Atome eines Elements mit gleicher Protonen-, aber verschiedener Neutronenzahl nennt man *Isotope*. Die *Massenzahl*, also die Summe der Anzahl von Protonen und Neutronen, ist ebenfalls von Nuklid zu Nuklid verschieden. Zum Beispiel beträgt die Protonenzahl aller Isotope des Elements Uran 92,

---

[*] Zur wissenschaftliche Schreibweise von sehr großen oder sehr kleinen Zahlen verwendet man Zehnerpotenzen. Beispielsweise besagt 10^{-7} (sprich: zehn hoch minus sieben), dass in der Dezimalzahl sieben Nullen vor der Ziffer Eins stehen, was 0,000 0001 ergibt. Entsprechend bedeutet 10^{7} (zehn hoch sieben) eine Eins mit sieben nachfolgenden Nullen, nämlich 10 000 000. Zehnerpotenzen, die Vielfache von drei sind, werden üblicherweise durch Vorsätze wie zum Beispiel Milli (10^{-3}), Kilo (10^{3}), Mikro (10^{-6}) oder Mega (10^{6}) gekennzeichnet.

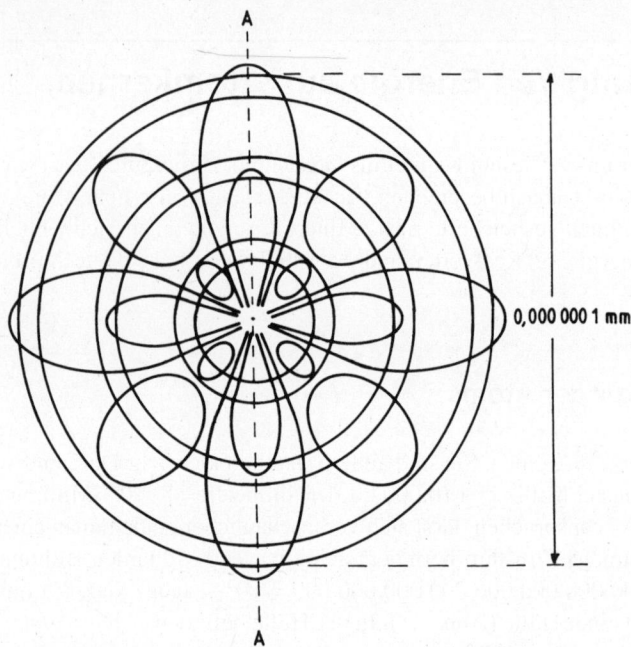

Abb. 2.1 Vereinfachtes Schnittbild eines Atoms. Der in der Mitte der Figur angedeutete Atomkern hat in diesem Maßstab einen Durchmesser von weniger als einem tausendstel Millimeter. Die Elektronen der Atomhülle halten sich vorwiegend in den räumlichen Gebilden auf, die durch Drehung der Figur um die vertikale Mittelachse (A- - -A) entstehen (so genannte Orbitale): Kugelschalen, Keulen in Achsenrichtung und torusförmige Gebilde um die Achse herum. Hier sind der Übersichtlichkeit halber aber nur die um A- - -A rotationssymmetrischen Anteile der Orbitale angegeben. Es gibt noch weitere solche Gebilde mit Rotationssymmetrie um andere Achsen.

während die Neutronenzahl der Uranisotope zwischen 126 und 150 variiert. Die Massenzahl liegt bei Uran zwischen 218 und 242. Die in der Natur am häufigsten auftretenden Nuklide des Urans sind Uran-234, Uran-235 und Uran-238 [*].

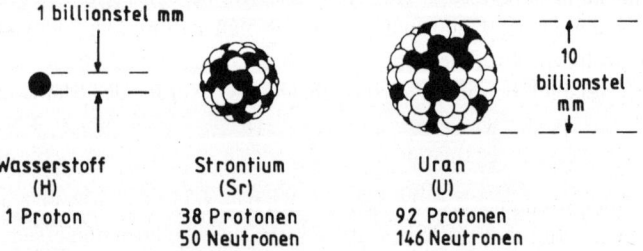

Abb. 2.2 Aufbau einiger Atomkerne (Protonen schwarz, Neutronen weiß).

---

[*] Zur Benennung eines bestimmten Nuklids hängt man die Massenzahl an den Namen des Elements (oder sein Symbol) an.

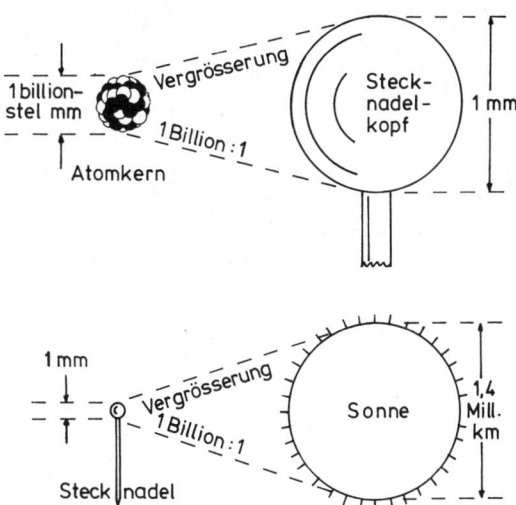

Abb. 2.3 Vergrößerung eines Atomkerns um das etwa Billionenfache (bezogen auf den Durchmesser) ergibt ein stecknadelkopfgroßes Gebilde; dessen Vergrößerung um das Billionenfache liefert etwa den Durchmesser der Sonne.

Um die Größenverhältnisse im Atom zu veranschaulichen, denken wir uns einen Atomkern um einen Faktor eine Billion (10^{12}) vergrößert. Dann wird er so groß wie ein Stecknadelkopf, etwa einen Millimeter im Durchmesser. Das gesamte Atom bekommt dabei einen Radius von etwa 100 Metern; und ein tatsächlicher Stecknadelkopf würde bei dieser Vergrößerung fast so groß wie die Sonne (Durchmesser 1,4 Millionen Kilometer; s. Abb. 2.3). Wenn Sie sich jetzt vorstellen können, wie klein ein Atomkern wirklich ist, dann haben Sie ein ausgezeichnetes Abstraktionsvermögen, und der Rest dieses Buches wird Ihnen keine Verständnisschwierigkeiten bereiten. Heute kann man mit modernen Geräten einzelne Atome direkt sehen, die hunderttausendmal kleineren Atomkerne jedoch nicht.

2.2 Die Spaltung von Atomkernen

Atomkerne kann man spalten und dabei Energie gewinnen. Das haben Otto Hahn, Lise Meitner und Fritz Strassmann 1938 entdeckt. Bei einer solchen Spaltung entsteht aus der Bindungsenergie, welche die Atomkerne zusammenhält, Bewegungsenergie der Bruchstücke des gespaltenen Kerns. Die in Abb. 2.2 schwarz dargestellten Protonen sind alle positiv elektrisch geladen und stoßen sich daher gegenseitig ab. Ähnlich verhalten sich frisch gewaschene, getrocknete Haare, wenn man mit einem Kamm hindurchfährt. Auch die Protonen würden gern auseinander fliegen. Daran werden sie durch die Kernkraft gehindert, eine Anziehungskraft, die nur eine äußerst kleine Reichweite besitzt und benachbarte Teilchen im Atomkern zusammenhält. Sie ist eine der fundamentalen Naturkräfte, die sich nicht auf andere Ursachen zurückführen lässt. Den Zusammenhalt vermitteln dank der Kernkraft vor allem die elektrisch ungeladenen Neutronen (weiß in Abb. 2.2), da zwischen ihnen keine elektrische Abstoßung besteht. Je mehr einander abstoßende Protonen in einem Kern sind, desto mehr Neutronen werden für seinen Zusammenhalt gebraucht. Bei zwei Protonen (Helium) genügen zwei Neutronen; bei 92 Protonen (Uran) braucht man 146 Neutronen. Der Zusammenhalt eines Atomkerns ist umso lockerer, je schwerer er ist, also je mehr Protonen er enthält. Am schwächsten ist er beim schwersten in der Natur vorkommenden Atomkern, beim Uran.

Trifft ein zufällig frei herumfliegendes Neutron auf einen solchen Uranatomkern, dann stört es seinen Zusammenhalt. Alle Nukleonen des Kerns bekommen durch den Zusammenstoß etwas zusätzliche Bewegungsenergie. Der getroffene Atomkern fängt zu vibrieren an oder zerplatzt sogar in zwei oder mehr Teile. Diesen Vorgang bezeichnet man als *Kernspaltung* (Abb. 2.4). Meistens entstehen dabei zwei kleinere Atomkerne, und es fliegen noch zwei bis drei Neutronen heraus, die *prompte Spaltneutronen* genannt werden.

Welche Atomkernsorten bei einer solchen Spaltung entstehen können, besprechen wir später (s. Kap. 3.3). Ist ein schwerer Atomkern auf diese Weise erst einmal in zwei leichtere zerbrochen, so stoßen sich diese aufgrund der gleichnamigen positiven elektrischen Ladung der Bruchstücke heftig ab. Die darin vorhandenen Neutronen können, umgangssprachlich ausgedrückt, nichts mehr dagegen ausrichten, denn ihre anziehende Kraft, die Kernkraft, reicht nur etwa so weit wie ihr Durchmesser, ein billionstel Millimeter. Die beiden Fragmente des gespaltenen Kerns fliegen daher mit großer Geschwindigkeit (bis zu 15 000 Kilometer pro Sekunde) auseinander. Ihre Bewegungsenergie beträgt zusam-

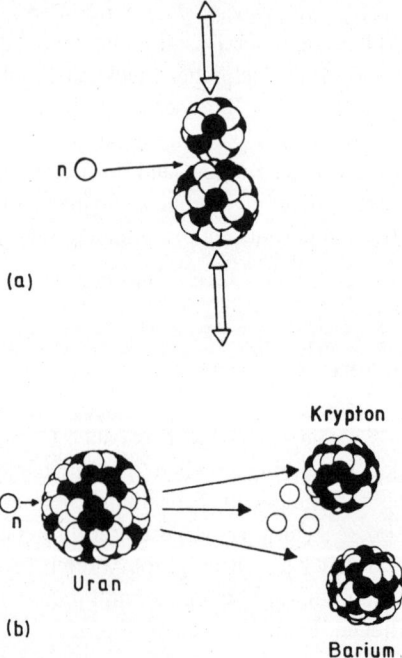

Abb. 2.4 Spaltung eines schweren Atomkerns durch ein Neutron (n). (a) Kernschwingung, (b) Spaltung von Uran in zwei kleinere Kerne und drei Neutronen.

2.2 Die Spaltung von Atomkernen

mengenommen etwa 26,7 billionstel Joule (0,000 000 000 0267 = $2{,}67 \cdot 10^{-11}$ Joule) [De 98]. Das ist eine sehr kleine Energie, verglichen mit den in unserem täglichen Leben vorkommenden Energien, die zwischen etwa zehn Joule und einigen Millionen Joule liegen. So braucht man zum Heben einer Masse von einem Kilogramm um eine Höhe von einem Meter ungefähr zehn Joule. Der Grundumsatz des menschlichen Körpers beträgt pro Stunde etwa 300 000 Joule [Mö 89]; ebensoviel braucht man, um einen Liter Wasser von Raumtemperatur bis zum Sieden zu erhitzen.

Ein einzelner Uranatomkern liefert bei seiner Spaltung nur eine vergleichsweise winzige Energiemenge, die Spaltungsenergie e. Sie beträgt für das Nuklid Uran-235 $3{,}06 \cdot 10^{-11}$ Joule und enthält die bereits genannte Bewegungsenergie der Spaltprodukte ($2{,}67 \cdot 10^{-11}$ Joule) sowie ihre Zerfallsenergie und die bei der Spaltung entstehende Gamma- und Neutronenstrahlung. Spaltet man aber sämtliche Atomkerne einer makroskopischen Menge Uran-235, zum Beispiel ein Kilogramm, so ergibt sich aufgrund der unerhört großen Zahl N der Atome in dieser Menge, nämlich 2 560 000 000 000 000 000 000 000 (= $2{,}56 \cdot 10^{24}$), eine enorme gesamte Spaltungsenergie E in Höhe von 78,3 Billionen Joule. Sie ist das Produkt aus der Zahl N und der Spaltungsenergie e eines Uranatomkerns: $E = N \cdot e = 78\,300\,000\,000\,000$ Joule = $7{,}83 \cdot 10^{13}$ Joule. Diese Energie wird in einem Kernreaktor mit einem Wirkungsgrad von rund 35 Prozent in elektrische Energie umgewandelt [De 98]. Ein Kilogramm Uran liefert dabei 27,4 Billionen Joule oder 7,62 Millionen Kilowattstunden Strom (1 Joule = $2{,}78 \cdot 10^{-7}$ Kilowattstunden). Ein normales Kernkraftwerk mit einem Gigawatt elektrischer Leistung (1 Gigawatt = 1000 Megawatt = 1 Million Kilowatt = 1 Milliarde Watt) erzeugt pro Tag 24 Millionen Kilowattstunden elektrischer Energie und verbraucht daher pro Tag etwa 3,15 Kilogramm Uran.

In Deutschland beträgt der Bedarf allein an elektrischer Energie etwa 18 Kilowattstunden pro Person und pro Tag [He 97]. Dies beinhaltet Anteile für Industrie, Haushalt, Dienstleistungen, Verkehr, Landwirtschaft usw. Ein Kernkraftwerk mit einem Gigawatt elektrischer Leistung deckt also den elektrischen Energiebedarf von 1,3 Millionen Menschen bei mitteleuropäischem Lebensstandard. Diese verbrauchen[*] pro Tag etwa dreimal so viel Energie, wie bei der Explosion einer Atombombe vom Hiroshima-Typ frei wird (s. Abb. 2.7), in der etwa ein Kilogramm Uran gespalten wird. Eine solche riesige Energiemenge steckt in den Atomkernen! Wenn wir sie mit der Verbrennungsenergie eines der stärksten chemischen Sprengstoffe, Trinitrotoluol (TNT) ver-

---

[*] Wir reden hier, wie in der Umgangssprache üblich, immer vom „erzeugen" oder „verbrauchen" von Energie. Das ist genaugenommen physikalisch nicht richtig, denn Energie kann in Wirklichkeit weder erzeugt noch verbraucht werden. Dies ist ein physikalisches Grundgesetz. Tatsächlich wird Energie immer nur von einer Form in eine andere verwandelt: Mechanische in thermische Energie, Kernenergie in Wärme oder chemische Energie in elektrische. Was umgangssprachlich als „Energieverbrauch" bezeichnet wird, ist beispielsweise nur das „Verschwinden" von mechanischer Energie, wobei gleichzeitig elektrische Energie „entsteht". Korrekterweise dürfte man also immer nur von Energieumwandlung sprechen. Wir bleiben aber – nachdem wir dies wissen – beim konventionellen Sprachgebrauch.

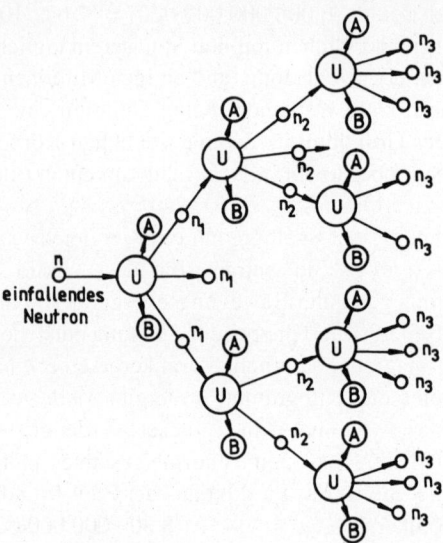

Abb. 2.5 Schematisches Bild einer Kettenreaktion (nach [Schm 63]). n_1, n_2, n_3: Neutronen der ersten, zweiten, dritten Generation; A, B Spaltprodukte.

gleichen, so wären rund 17 000 Tonnen davon nötig, um die gleiche Sprengwirkung wie ein Kilogramm Uran zu erzeugen [De 61, Gl 60, Rö 92]. Das entspräche einem Würfel aus Trinitrotoluol von 22 Meter Kantenlänge!

Wie wir gesehen haben, braucht man zur Spaltung eines Atomkerns zunächst ein Neutron. Wo bekommen wir das her, und wie schießen wir es so auf den winzig kleinen Atomkern, dass es ihn trifft und spaltet? Die Lösung ist überraschend einfach: Einige Neutronen entstehen in schweren Elementen wie Uran oder Thorium von selbst. Ab und zu spaltet sich ein schwerer Atomkern nämlich ganz von allein, ohne äußeren Anlass.

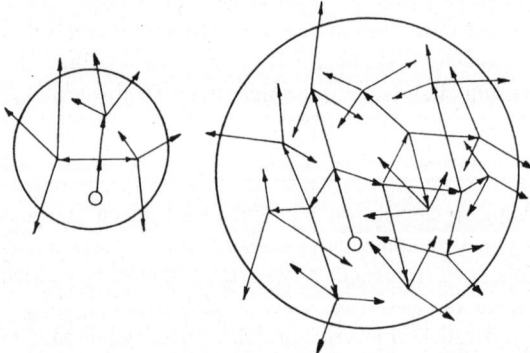

Abb. 2.6 Kritische Masse. Die Pfeile bezeichnen Spaltneutronen (O spontan gespaltener Kern). Eine Vergrößerung des Uranvolumens bewirkt eine Verminderung des Anteils der nach außen entweichenden Neutronen. Dieser beträgt im linken Bild 7/12 = 58 Prozent, im rechten 9/49 = 18 Prozent (nach [Gl 60]).

2.2 Die Spaltung von Atomkernen

Man nennt das „*spontane Spaltung*", und dabei entstehen zwei bis drei Spaltneutronen (s. Abb. 2.4). Ein solcher Prozess geschieht in einem Kilogramm Uran-238 siebenmal pro Sekunde [Schm 59]. Wenn nun eines der Spaltneutronen einen anderen Atomkern trifft, kann es auch diesen spalten. Oft stößt es aber einen Kern nur an. Dann fliegt es mit kleinerer Energie weiter und wird irgendwann von einem Atomkern absorbiert. Die Wahrscheinlichkeit für eine weitere Spaltung steigt also mit der Zahl der Atome, die sich in der Nähe des zuerst spontan gespaltenen befinden. Diese Zahl ist proportional zum Volumen der vorhandenen Uranmenge. Man kann ausrechnen, dass in einer Kugel von 8,4 Zentimeter Radius mit einer Masse von 46,4 Kilogramm Uran-235 gerade für jedes gespaltene Uranatom mindestens ein weiteres gespalten wird [Le 98, Schm 59]. Diesen Vorgang nennt man eine *Kettenreaktion* (Abb. 2.5), und die 46,4 Kilogramm werden als *kritische Masse* bezeichnet (Abb. 2.6). Umgibt man das Uran mit einem Neutronenreflektor (z. B. Wasser, Graphit oder Beryllium), so braucht man nur 16 Kilogramm, um die Kettenreaktion aufrecht zu erhalten.

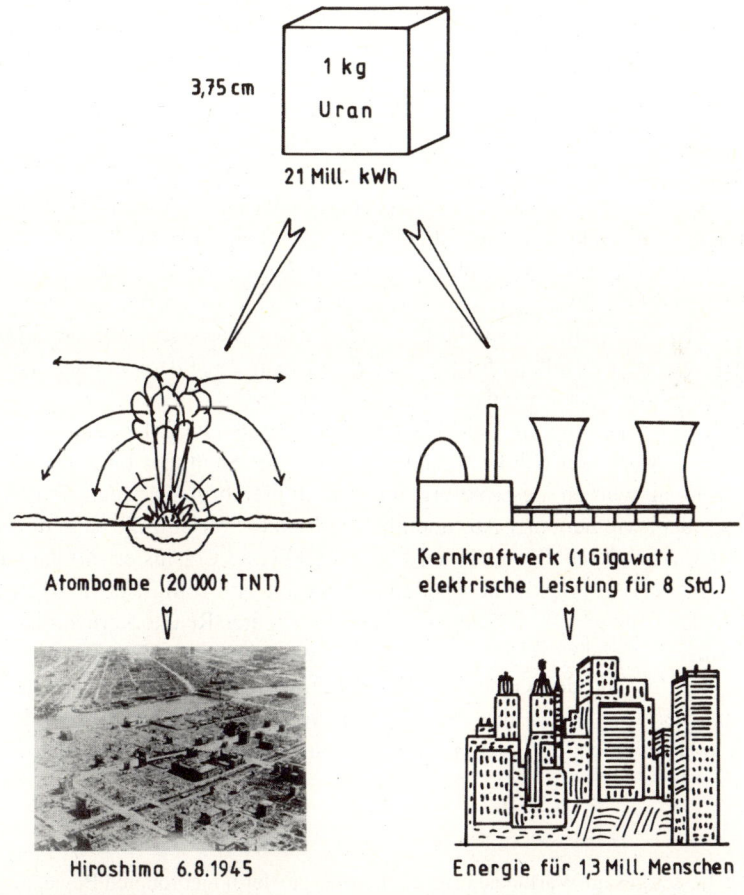

Abb. 2.7 Kernspaltungsenergie von einem Kilogramm Uran und ihre Wirkungen (Foto; dpa).

Eine solche Selbstvervielfachung von Kernspaltungen ist die Grundlage der zerstörenden Kraft von Atombomben und auch der Energieerzeugung in Kernkraftwerken. In einer „*nominellen Atombombe*", das heißt einer solchen vom Hiroshima-Typ, wird ein Kilogramm Uran innerhalb einer millionstel Sekunde gespalten [Co 87]. Im Kernreaktor hingegen verläuft der gleiche Vorgang ganz langsam, über einige Stunden oder Tage hinweg (Abb. 2.7). Wir werden jetzt etwas genauer besprechen, wie die Umwandlung von Kernenergie in Wärme und in elektrische Energie in einem Reaktor vor sich geht. Dieses Wissen brauchen wir zur Beurteilung der Gefahren, die von einem Reaktor und seinen Abfällen ausgehen können.

2.3 Reaktor und Kernkraftwerk

In einem Reaktor wird die Bewegungsenergie der gespaltenen Atomkerne zunächst in Wärme umgewandelt. Aus der Wärmeenergie wird dann in einer Turbine und einem Generator elektrische Energie wie in einem konventionellen Kraftwerk. Der Unterschied zwischen diesem und einem Kernkraftwerk besteht also nur in der ersten Stufe der Energieumwandlung: Anstelle eines Verbrennungsofens wie in konventionellen Kraftwerken tritt im Kernkraftwerk der Reaktor zur Wärmeerzeugung. In ihm stoßen die mit großer Geschwindigkeit (rund 10 000 Kilometer pro Sekunde) auseinanderfliegenden Kernbruchstücke mit den Atomen ihrer Umgebung zusammen und werden dabei allmählich immer langsamer [De 98]. Die Bewegungsenergie wird von den angestoßenen Atomen aufgenommen. Im Reaktor hat sich die Energie der Spaltbruchstücke nach etwa 30 Zusammenstößen einigermaßen gleichmäßig auf die Nachbaratome verteilt [Gl 73]. Diese erhalten dadurch Geschwindigkeiten von einigen hundert Meter pro Sekunde (Abb. 2.8). Die Umgebung der Spaltbruchstücke erwärmt sich also deutlich[*]. Ein zur Bremsung der Bruchstücke analoger Effekt ist folgender: Schießt man eine Pistolenkugel in einen Sandsack, so wird es dort warm, wo die Kugel abgebremst wird.

Durch die Kernspaltung wird das Uran im Reaktor also heiß. Es kann sogar sehr heiß werden: die 22 Millionen Kilowattstunden, die bei der Spaltung von einem Kilogramm Uran frei werden, würden dieses sofort zum Verdampfen bringen, wenn sie in kurzer Zeit wirksam werden, wie bei einer Atombombe. Im Reaktor verläuft die Kettenreaktion aber so langsam, dass sich das Uran nur auf 500 bis 600 Grad Celsius erwärmen kann[**]. Die durchschnittliche Leistungsdichte im Reaktor beträgt bei Volllast etwa 40 Kilowatt pro Kilogramm Uran bzw. 100 Kilowatt pro Kubikdezimeter Reaktorkernvolumen [De 98]. Diese Wärmeenergie wird zum Verdampfen von Wasser benutzt. Der Wasserdampf treibt dann eine Turbine und den Generator. Ein Kilogramm Uran liefert im Reaktor etwa so viel Wärmeenergie wie bei der Verbrennung von 2680 Tonnen Steinkohle frei wird [De 98], eine Kohlemenge, zu deren Transport ein Güterzug mit 50 Waggons erforderlich ist!

---

[*] Wärme, besser gesagt Wärmeenergie, ist die Energie der ungeordneten Bewegung von Atomen.
[**] Uran liegt im Reaktor als Oxid vor, das bei etwa 2880 Grad Celsius schmilzt.

2.3 Reaktor und Kernkraftwerk

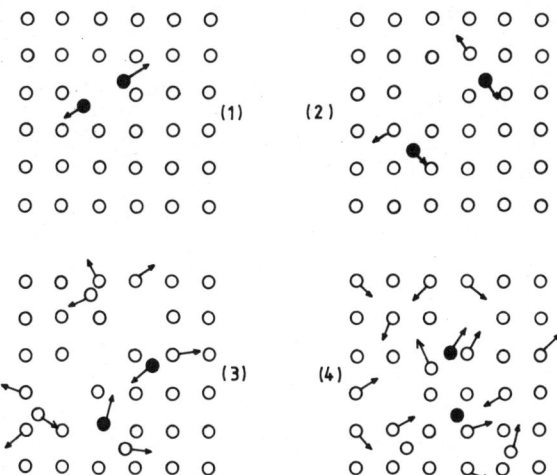

Abb. 2.8 Allmähliche Verteilung der Bewegungsenergie zweier Spaltkerne (●) auf die umgebenden Atome (○) durch Zusammenstöße zu aufeinander folgenden Zeitpunkten (1), (2), (3), (4). Die Pfeile geben die Bewegungsrichtungen an.

Der Aufbau eines Kernkraftwerks mit einem *Druckwasserreaktor* ist in Abb. 2.9 dargestellt. Es besteht aus fünf wesentlichen Komponenten: dem Reaktorkern, dem Primär-Kühlmittelkreislauf, dem Sekundärkreislauf, der Turbine und dem Generator. Wir wollen uns hier vor allem mit dem Reaktor und dem Primärkreislauf beschäftigen, denn alles andere ist ähnlich wie in einem konventionellen Kraftwerk, in dem mit Kohle, Öl oder Gas statt mit Uran geheizt wird. Wie bei allen Wärmekraftmaschinen kann nur ein bestimmter Teil der Wärmeenergie in elektrische Energie umgewandelt werden. Der Wirkungsgrad eines Kernkraftwerks beträgt etwa 35 Prozent [De 98]. Das heißt, nur etwa ein Drittel der Kernspaltungsenergie kann als elektrische Energie dem Generator entnommen werden. Die restlichen zwei Drittel der Primärenergie können zu Heizzwecken genutzt oder müssen über das Kühlwasser an die Umwelt abgegeben werden.

Ein Kernspaltungsreaktor ist aus zweierlei Gründen viel anspruchsvoller im Betrieb als der Heizkessel eines konventionellen Kraftwerks. Zum einen ist die Regelung der richtigen Brenntemperatur viel aufwändiger. Wenn nämlich diese Regelung versagt, kann es zu einem großen Unglück kommen, wie es 1986 in Tschernobyl der Fall war. Zum anderen ist die „Asche" eines Kernreaktors, das heißt die Spaltprodukte des Urans, eine der gefährlichsten Substanzen, die wir heute kennen. Ihre radioaktive Strahlung kann weitreichende und tödliche Folgen haben, wie wir ebenfalls aus der Tschernobyl-Katastophe wissen. Daher muss der Reaktor absolut dicht sein. Es dürfen keine Abfallprodukte in die Umwelt gelangen. Die radioaktive Strahlung, die das Uran im Reaktor während seines Betriebs aussendet, ist dagegen relativ harmlos; jedenfalls außerhalb des Sicherheitszauns.

Zunächst zum ersten Problem, der *Temperaturregelung*. Wie wir besprochen hatten, gibt es eine kritische Masse von einigen zehn Kilogramm, je nach Spaltmaterial und Anordnung desselben, oberhalb derer eine Kettenreaktion von selbst abläuft (Abb. 2.6).

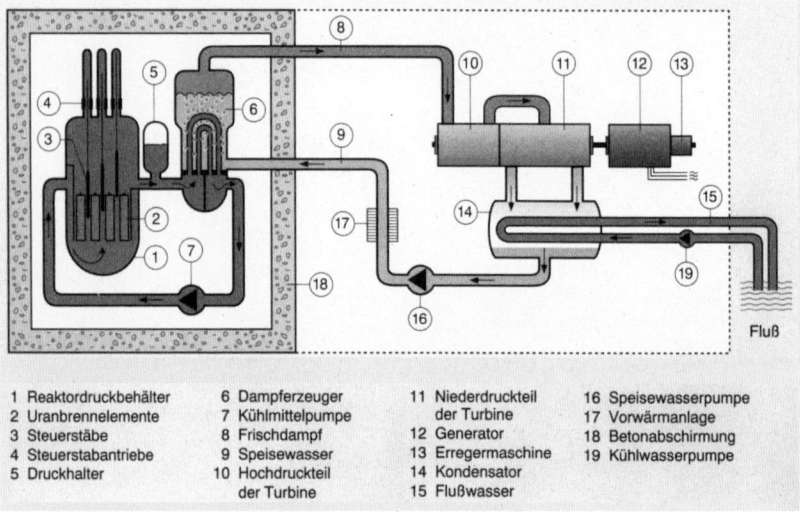

1	Reaktordruckbehälter	6	Dampferzeuger	11	Niederdruckteil der Turbine	
2	Uranbrennelemente	7	Kühlmittelpumpe	12	Generator	
3	Steuerstäbe	8	Frischdampf	13	Erregermaschine	
4	Steuerstabantriebe	9	Speisewasser	14	Kondensator	
5	Druckhalter	10	Hochdruckteil der Turbine	15	Flußwasser	
				16	Speisewasserpumpe	
				17	Vorwärmanlage	
				18	Betonabschirmung	
				19	Kühlwasserpumpe	

Abb. 2.9 Kernkraftwerk mit Druckwasserreaktor (aus [Vo 93]).

Das geht bei einer Bombe sehr schnell; innerhalb einer millionstel Sekunde ist der größte Teil des Materials gespalten, und der Rest verdampft [Co 87]. Daran ist man im Kraftwerk nicht interessiert. Hier will man den Prozess langsam und kontrolliert ablaufen lassen. Das erreicht man durch eine geschickte räumliche Anordnung des Brennstoffs und durch neutronenabsorbierende Substanzen in den *Regelstäben*. Das Uran wird im Reaktorkern so verteilt, dass nirgendwo die kritische Masse zusammenkommt, die zu einer Explosion führen könnte. Es gibt überall genügend große Zwischenräume (Abb. 2.10). In diese schiebt man die Regelstäbe ein, die Bor oder Cadmium enthalten. Diese Substanzen absorbieren Neutronen und verlangsamen dadurch die Kettenreaktion. Will man den Reaktor starten, so zieht man die Regelstäbe erst teilweise heraus und wartet, bis die Kettenreaktion durch spontane Spaltung beginnt. Oder man zündet sie durch Hineinbringen einer künstlichen Neutronenquelle, zum Beispiel einer Mischung aus Radium und Beryllium. Dann müssen die Regelstäbe langsam verschoben werden, und zwar gerade so weit, dass die Reaktion nicht wieder erlischt, sondern mit der richtigen Geschwindigkeit abläuft und damit die gewünschte Temperatur erzeugt. Diese muss während des Betriebs ständig kontrolliert und nachgeregelt werden. Die Zusammensetzung des Brennstoffs ändert sich nämlich während des Betriebs: Uran wird verbraucht und dafür entstehen Spaltprodukte. Sollte die Regelung einmal ausfallen, so besteht die Gefahr, dass der Reaktor zu heiß wird und schmilzt wie in Tschernobyl. Daher sind für einen solchen Fall mehrere Ersatzregel- und Abschaltsysteme vorgesehen, insgesamt ein ziemlich komplexes System.

Nun kommen wir zum zweiten Problem des Reaktors, den *radioaktiven Abfällen*. Wir besprechen sie ausführlich im nächsten Kapitel, wollen aber schon hier die damit verbundenen konstruktiven Gesichtspunkte erläutern. Ein Reaktor muss mehrfach gegen das Entweichen gasförmiger, flüssiger und fester Abfallprodukte gesichert werden. Das sind einmal die *Spaltprodukte* des Kernbrennstoffs Uran, ferner die beim Betrieb ebenfalls entstehenden *Transurane* (Plutonium, Neptunium, Americium usw.). Schließlich werden

2.3 Reaktor und Kernkraftwerk

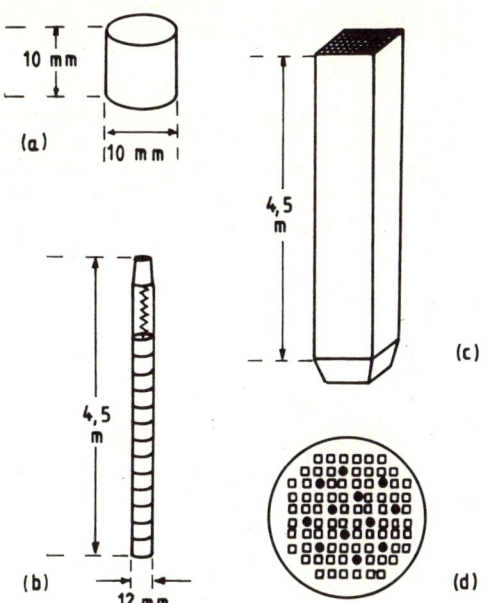

Abb. 2.10 Aufbau eines Reaktorkerns (nach [De 98]). (a) Brennstofftablette Urandioxid UO_2, (b) Brennstab mit etwa 200 Tabletten, (c) Brennelement mit etwa 50 Brennstäben, (d) Reaktorkern von oben gesehen mit Regelstäben (●) und Brennelementen (□).

durch die Neutronen im Baumaterial des Reaktors und im Primärkreislauf ebenfalls radioaktive Stoffe erzeugt. Es gibt mehrere Sicherungen gegen das Entweichen aller dieser sehr gefährlichen Substanzen (s. Abb. 2.9 u. 2.10): Die gasdichten Zirkonhüllen der Brennstäbe, das Reaktordruckgefäß und das Rohrsystem des Primärkreislaufs, die Betonabschirmung des Reaktorblocks und die Rückhaltevorrichtungen für flüssige und gasförmige Stoffe. Im Gegensatz zu einem konventionellen Kraftwerk müssen bei einem Kernkraftwerk also alle Abfallprodukte unter Verschluss gehalten werden. Wie wir im nächsten Kapitel sehen werden, muss das für sehr lange Zeit geschehen, bis zu einigen hunderttausend Jahren. Hierin besteht der Hauptnachteil der Kernkraftwerke. Ihr Hauptvorteil ist ebenfalls bekannt: Sie erzeugen kein Kohlendioxid und tragen damit nicht zur Erwärmung unserer Atmosphäre in Folge der Absorption infraroter Strahlung durch Treibhausgase bei.

Wir sollten jetzt noch einen Blick auf die Art des *Kernbrennstoffs* werfen, der im Reaktor genutzt wird. Das in der Natur am häufigsten vorkommende Uranisotop Uran-238 mit 92 Protonen und $238 - 92 = 146$ Neutronen im Atomkern ist ein relativ ungünstiger Brennstoff. Die Wahrscheinlichkeit dafür, dass ein Neutron einen solchen Kern spaltet, ist außerordentlich klein. Das passiert nur dann, wenn das Neutron den Kern direkt trifft. Weil die Atomkerne aber so winzig klein sind (s. Abb. 2.3), kommt das sehr selten vor. Viel besser als Brennstoff geeignet ist das im natürlichen Uran mit 0,72 Prozent enthaltene Isotop Uran-235 mit $235 - 92 = 143$ Neutronen im Kern [Nu 98]. Dieser zieht, obwohl er noch etwas kleiner ist als derjenige von Uran-238, ein vorbeifliegendes Neutron schon

28　　2 Die Gewinnung von Energie aus Atomkernen

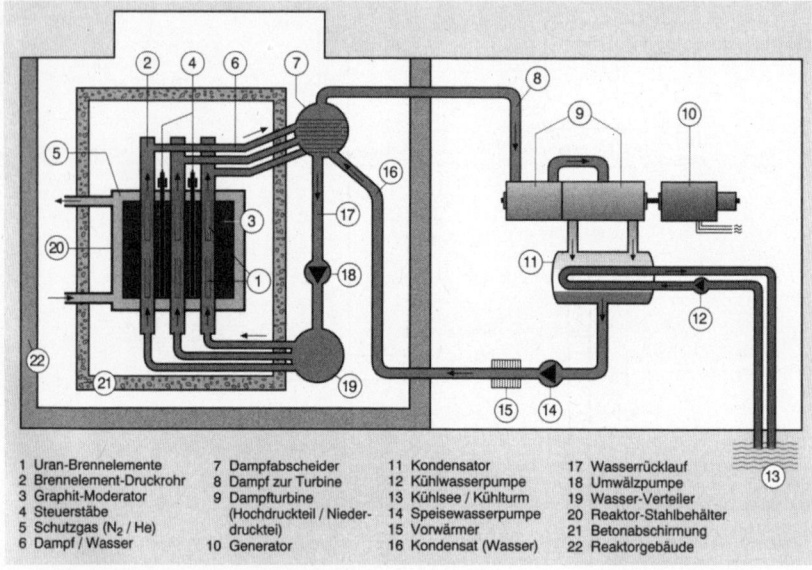

1 Uran-Brennelemente	7 Dampfabscheider	11 Kondensator	17 Wasserrücklauf
2 Brennelement-Druckrohr	8 Dampf zur Turbine	12 Kühlwasserpumpe	18 Umwälzpumpe
3 Graphit-Moderator	9 Dampfturbine	13 Kühlsee / Kühlturm	19 Wasser-Verteiler
4 Steuerstäbe	(Hochdruckteil / Nieder-	14 Speisewasserpumpe	20 Reaktor-Stahlbehälter
5 Schutzgas (N$_2$ / He)	druckteil)	15 Vorwärmer	21 Betonabschirmung
6 Dampf / Wasser	10 Generator	16 Kondensat (Wasser)	22 Reaktorgebäude

a

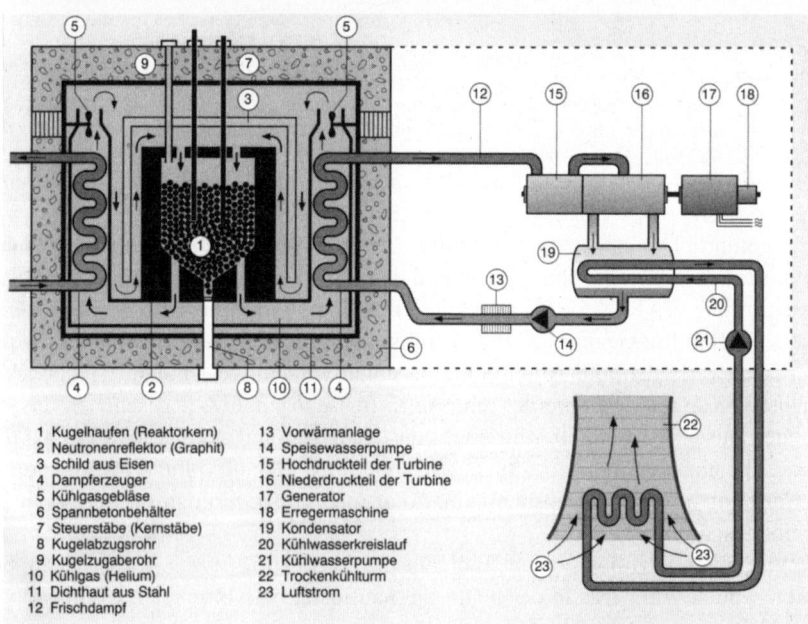

1 Kugelhaufen (Reaktorkern)
2 Neutronenreflektor (Graphit)
3 Schild aus Eisen
4 Dampferzeuger
5 Kühlgasgebläse
6 Spannbetonbehälter
7 Steuerstäbe (Kernstäbe)
8 Kugelabzugrohr
9 Kugelzugaberohr
10 Kühlgas (Helium)
11 Dichthaut aus Stahl
12 Frischdampf
13 Vorwärmanlage
14 Speisewasserpumpe
15 Hochdruckteil der Turbine
16 Niederdruckteil der Turbine
17 Generator
18 Erregermaschine
19 Kondensator
20 Kühlwasserkreislauf
21 Kühlwasserpumpe
22 Trockenkühlturm
23 Luftstrom

b

Abb. 2.11 Verschiedene Reaktortypen. (a) graphitmoderierter Siedewasserreaktor, (b) heliumgekühlter Hochtemperaturreaktor, (c) natriumgekühlter Brutreaktor (aus [Vo 93] mit freundlicher Genehmigung der Verlags- und Wirtschaftsgesellschaft der Elektrizitätswerke mbH – VWEW, Frankfurt/Main).

2.3 Reaktor und Kernkraftwerk

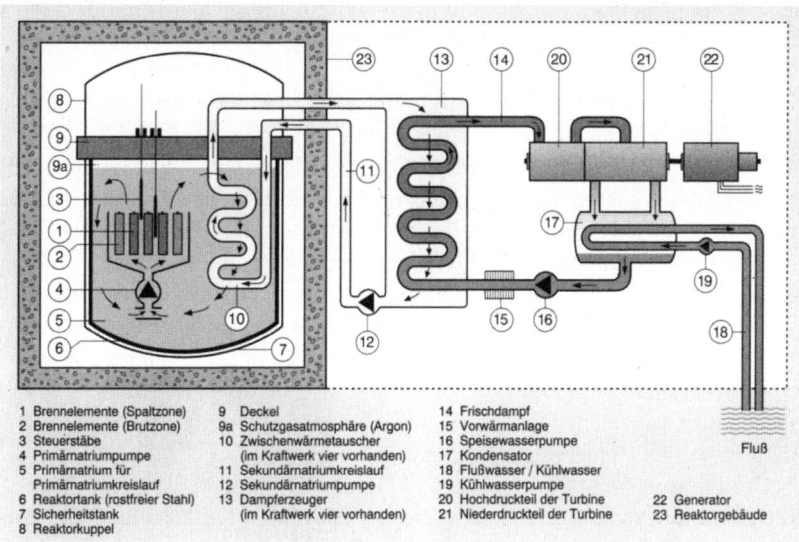

1 Brennelemente (Spaltzone)	9 Deckel
2 Brennelemente (Brutzone)	9a Schutzgasatmosphäre (Argon)
3 Steuerstäbe	10 Zwischenwärmetauscher
4 Primärnatriumpumpe	(im Kraftwerk vier vorhanden)
5 Primärnatrium für	11 Sekundärnatriumkreislauf
Primärnatriumkreislauf	12 Sekundärnatriumpumpe
6 Reaktortank (rostfreier Stahl)	13 Dampferzeuger
7 Sicherheitstank	(im Kraftwerk vier vorhanden)
8 Reaktorkuppel	
14 Frischdampf	
15 Vorwärmanlage	
16 Speisewasserpumpe	Fluß
17 Kondensator	
18 Flußwasser / Kühlwasser	
19 Kühlwasserpumpe	
20 Hochdruckteil der Turbine	22 Generator
21 Niederdruckteil der Turbine	23 Reaktorgebäude

Abb. 2.11 Verschiedene Reaktortypen (Forts.).

aus der Ferne an, wenn es in einigem Abstand an ihm vorbeifliegt. Alle Neutronen, die in einem Abstand von weniger als dem 30-fachen Kerndurchmesser vorbeifliegen, können den Kern spalten [De 98]. Die Wahrscheinlichkeit dafür ist also rund 1000-mal so groß wie beim Uran-238. Allerdings darf das Neutron beim Uran-235 nicht zu schnell sein. Die Spaltneutronen aus bereits gespaltenen Kernen (s. Abb. 2.4) sind aber mit rund 20 000 Kilometer pro Sekunde viel zu schnell. Sie müssen erst auf wenige tausend Meter pro Sekunde abgebremst werden, bevor sie einen Uran-235-Kern spalten können [De 98]. Das geschieht mit Hilfe einer Neutronenbremssubstanz, die auch *Moderator* genannt wird. Als solcher kommt vor allem Wasser oder Graphit (reiner Kohlenstoff) in Frage. Nach etwa 18 Zusammenstößen mit Wasserstoffatomkernen oder 114 Stößen mit Kohlenstoffkernen ist ein schnelles Spaltneutron auf eine Geschwindigkeit von 2200 Meter pro Sekunde, die im Bereich „normaler" thermischer Teilchenbewegungen liegt, abgebremst [Gl 73, Schm 59]. Die Spaltneutronen müssen also einige Zentimeter durch Graphit oder durch Wasser fliegen, bevor sie einen anderen Uran-235-Kern spalten können. Beim Druckwasserreaktor erfüllt das Kühlwasser des Primärkreislaufs selbst diese Aufgabe. Das ist gleichzeitig ein Sicherheitsfaktor: Ein Leck im Primärkreislauf oder Dampfblasen infolge Überhitzung vermindern die Bremswirkung des Moderators. Dann sinkt die Spaltwahrscheinlichkeit, und die Kettenreaktion wird langsamer.

Da das Isotop Uran-235 nur zu einem geringen Anteil von 0,72 Prozent im natürlichen Uran enthalten ist, muss es angereichert, also konzentriert, werden. Es hat sich herausgestellt, dass schon eine Anreicherung auf zwei bis drei Prozent genügt, um einen Reaktor mit gutem Wirkungsgrad zu betreiben. Das ist ein Glücksfall, denn die *Anreicherung* mittels Gasdiffusion oder Gaszentrifuge ist ein sehr aufwändiges und teures Verfahren. Während ein Kilogramm natürliches Uran etwa 55 Euro kostet, beträgt der Preis des auf drei Prozent mit Uran-235 angereicherten Urans rund das Fünfzehnfache [He 97, Kr 08].

Trotzdem ist das noch sehr viel billiger als die dem gleichen Brennwert entsprechende Menge Steinkohle, nämlich 2680 Tonnen (s. o.) für etwa 270 000 Euro.

Wir gehen hier nicht näher auf die im Lauf der Zeit entwickelten verschiedenen *Konstruktionstypen von Kernreaktoren* ein. Der detaillierte Aufbau des Reaktors spielt nämlich für unser Thema, die Abfallbeseitigung, keine sehr große Rolle. Neben dem in Abb. 2.9 dargestellten und am häufigsten verwendeten Druckwasserreaktor gibt es noch den Siedewasserreaktor, der nur einen einzigen Kühlkreislauf besitzt. Hierzu gehören auch die mit Graphit moderierten Reaktoren vom Tschernobyl-Typ (Abb. 2.11 a). Dann gibt es den mit Heliumgas gekühlten Hochtemperaturreaktor (Arbeitstemperatur 800 bis 1000 Grad Celsius, Abb. 2.11 b) und den mit flüssigem Natrium gekühlten Brutreaktor (Abb. 2.11 c) [De 98]. Dieser erzeugt aus seinem Brennstoff (Uran, Plutonium oder Thorium) mehr neue Brennstoffe, als er verbraucht, nämlich Plutonium-239 oder Uran-233 oder Uran-235 [De 98, Le 98]. Die Kühlung mit flüssigem Natrium bei über 500 Grad Celsius hat man jedoch sicherheitstechnisch noch nicht im Griff, so dass es bei diesem Reaktortyp bisher immer wieder zu Pannen kam.

So weit unsere kurze Einführung in die Reaktortechnik. Es ist klar, dass der Betrieb eines Kernspaltungsreaktors wegen der bereits erwähnten Risiken einen viel höheren technischen Sicherheitsaufwand erfordert als ein konventionelles Kraftwerk. Oft wird die Vermutung geäußert, ein Reaktor könnte unter ungünstigen Umständen wie eine Atombombe explodieren. Das ist aber praktisch unmöglich. Bei einer Bombe muss nämlich die kritische Masse durch starke äußere Kräfte solange zusammengehalten werden, bis etwa ein Kilogramm Uran oder Plutonium vollständig gespalten sind. Dabei entstehen im ersten Augenblick Temperaturen von etwa hundert Millionen Grad und Drücke von hundert Millionen Bar [Schm 59]. Eine Vorrichtung, die unter diesen Bedingungen „dicht" hält, gibt es beim Reaktor nicht. Bei der Bombe dient hierzu ein massiver Mantel aus Uran, der durch konventionelle Sprengstoffe zur Implosion gebracht wird. In einem Reaktor könnten höchstens kleinere Mengen Brennstoff, einige Gramm, auf einmal gespalten werden, wenn zufällig bei einer technischen Panne eine kritische Masse zusammen käme. Sie wäre längst wieder auseinander geflogen, bevor ein wesentlicher Teil davon gespalten würde. Dies ist, nebenbei erwähnt, das Prinzip der „taktischen Atomwaffen". Bei ihnen kann die Sprengwirkung relativ klein gehalten werden, nämlich im Bereich konventioneller Sprengkörper. Aber von diesen unterscheiden sie sich durch die Freisetzung von radioaktiver Strahlung und von radioaktiven Spaltprodukten. Deren schädliche Wirkungen sind im Allgemeinen sehr viel größer als die direkte Sprengwirkung solcher Waffen. Ähnlich verhält es sich mit den sogenannten schmutzigen Bomben, bei denen radioaktives Material durch konventionellen Sprengstoff in die Luft geblasen wird.

Kapitel 3
Radioaktive Strahlung

Die meisten Atomkerne besitzen die Eigenschaft, radioaktive Strahlung auszusenden. Zunächst besprechen wir, was dabei geschieht, und von welcher Art diese Strahlen sind. Wir erläutern die Maßeinheit für Radioaktivität, das Becquerel, sowie einige Geräte zum Nachweis und zur Messung dieser Strahlung, die für unsere Augen unsichtbar ist. Daran anschließend werden die drei wichtigsten Gruppen radioaktiver Stoffe besprochen, die bei der Energiegewinnung durch Kernspaltung entstehen: Spaltprodukte, Transurane sowie aktivierte Stoffe des Bau- und Betriebsmaterials von Reaktoren.

3.1 Grundbegriffe

Bei der Spaltung eines schweren Atomkerns entstehen zwei kleinere Kerne, wie wir in Abb. 2.4 gesehen hatten. Diese Spaltprodukte stellen heute das Hauptproblem der gesamten Kernenergietechnik dar. Sie senden nämlich eine energiereiche *radioaktive Strahlung* aus, die zwar im Lauf der Zeit immer schwächer wird, aber einige Millionen Jahre andauern kann. Radioaktive Strahlung oberhalb einer bestimmten Stärke ist grundsätzlich schädlich für alle Lebewesen. Das heißt, wir müssen uns vor ihr schützen. Leider besitzen wir kein Sinnesorgan für diese Strahlung, das uns rechtzeitig warnen würde, wenn sie zu stark wird. Auch für ultraviolettes Licht oder für Röntgenstrahlung besitzen wir ja kein Organ. Wir bemerken solche Strahlungen erst an ihren körperlichen Folgen, oft erst dann, wenn es zu spät ist. Um radioaktive Strahlung wahrzunehmen, müssen wir daher spezielle Messgeräte benutzen. Diese besprechen wir im nächsten Abschnitt (s. Kap. 3.2). Zunächst wollen wir jedoch unser Wissen über die Radioaktivität etwas auffrischen.

Radioaktivität ist die Eigenschaft vieler Atomkerne, energiereiche Strahlen auszusenden. Sie wurde 1896 von Antoine H. Becquerel entdeckt. Für unser Problem sind vier verschiedene Arten solcher radioaktiver Strahlung wichtig: Alphastrahlen, Betastrahlen, Gammastrahlen und Neutronenstrahlen. Sie haben eine Energie zwischen etwa zehn Kiloelektronenvolt und sechs Megaelektronenvolt. Das Elektronenvolt ist die Maßeinheit für Energien im atomaren Bereich. Ein Kiloelektronenvolt entspricht ungefähr 0,000 000 000 000 000 16 Joule (1,6 · 10^{-16} Joule), ein Megaelektronenvolt 0,000 000 000 000 16 Joule (1,6 · 10^{-13} Joule). Absolut gesehen ist das natürlich eine sehr kleine Energie, aber sie ist immerhin beträchtlich größer als diejenige des sichtbaren Lichts (3 Elektronenvolt, also 4,8 · 10^{-19} Joule). Radioaktive Strahlung ist also etwa 350- bis 350 000-mal energiereicher als Licht. Dies ist ein erster Hinweis auf die möglicherweise schädliche Wirkung radioaktiver Strahlung.

Die vier oben genannten Strahlenarten unterscheiden sich durch ihre Natur und durch ihr *Eindringvermögen* in Materie. Im Folgenden nennen wir einige Zahlen für die Reichweite (Abb. 3.1) der Strahlen mit einer Energie von einem Megaelektronenvolt [Jä 74]. Energiereichere Strahlen kommen entsprechend weiter, energieärmere weniger weit. Wir besprechen das später genauer (s. Kap. 4.1). *Alphastrahlen* sind nichts anderes als Atom-

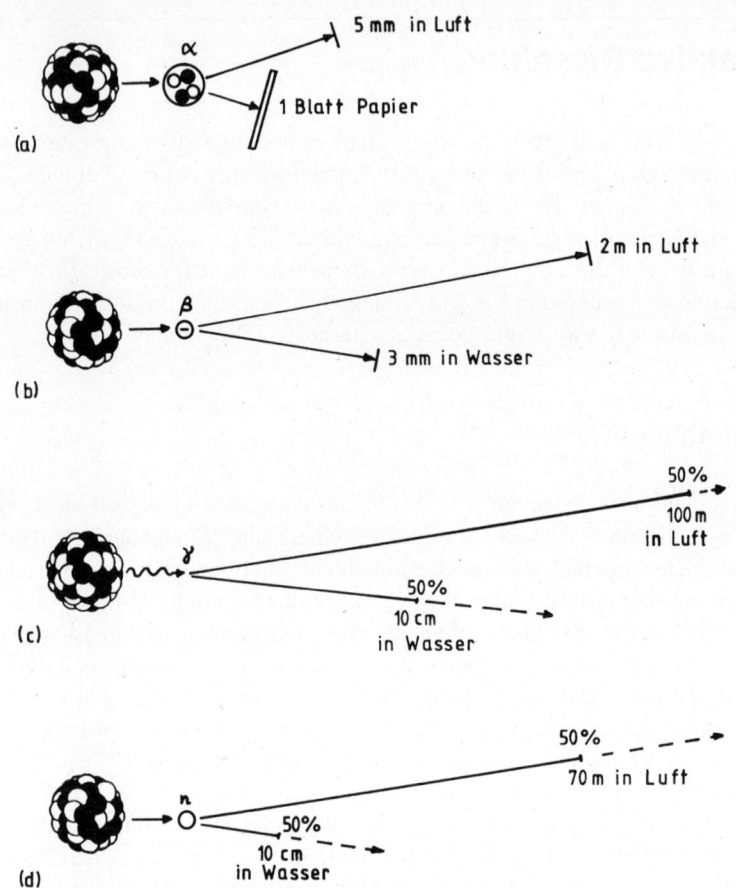

Abb. 3.1 Reichweite radioaktiver Strahlung mit einer Energie von 1 Megaelektronenvolt aus einem Atomkern (Protonen schwarz, Neutronen weiß). (a) Alphastrahlen (α, zweifach positiv geladen), (b) Betastrahlen (β, elektrisch negativ geladen), (c) Gammastrahlen (γ, elektrisch neutral), (d) Neutronenstrahlen (n, elektrisch neutral).

kerne des Heliums, bestehend aus zwei Protonen und zwei Neutronen. Sie haben nur eine sehr kleine Reichweite in Materie. In Luft kommen sie nur etwa einen halben Zentimeter weit; ein Blatt gewöhnliches Papier können sie nicht durchdringen. *Betastrahlen* sind energiereiche Elektronen. Sie kommen in Luft etwa zwei Meter weit und in Wasser drei Millimeter. *Gammastrahlen* sind elektromagnetischer Natur, wie das Licht und die Röntgenstrahlen. Man spricht daher auch von *Gammaquanten* oder *Photonen*. Sie haben in Materie keine feste Reichweite, sondern ihre Zahl nimmt exponentiell mit der durchquerten Dicke ab, wird immer kleiner und verschwindet erst in sehr großer Entfernung. Diese Zahl wird durch hundert Meter Luft oder zehn Zentimeter Wasser auf die Hälfte reduziert, durch zweihundert Meter Luft oder zwanzig Zentimeter Wasser auf ein Viertel herabgesetzt usw. *Neutronenstrahlen* sind, wie ihr Name sagt, schnell fliegende Neutronen.

3.1 Grundbegriffe

Ihre Anzahl nimmt in Wasser etwas stärker ab als die von Gammastrahlen, nach zehn Zentimeter auf knapp die Hälfte [Jä 74, Re 90, Se 53]. In Luft kommen Neutronen etwas weniger weit als Gammastrahlen der gleichen Energie; nach 70 Metern sinkt ihre Intensität auf die Hälfte. Diejenige Dicke eines Stoffes, innerhalb der die Intensität einer Strahlung sich halbiert, bezeichnet man als *Halbwertsdicke*. Alle radioaktiven Strahlen haben zunächst, wenn sie den Atomkern verlassen, in dem sie entstanden sind, eine sehr große Geschwindigkeit. Alphastrahlen und Neutronen fliegen mit etwa 10 000 Kilometer pro Sekunde, Betastrahlen mit 100 000 Kilometer pro Sekunde und Gammastrahlen mit Lichtgeschwindigkeit (300 000 Kilometer pro Sekunde) [De 98]. Treffen sie auf Materie oder dringen in diese ein, so werden sie durch Zusammenstöße mit deren Atomen abgebremst und bleiben schließlich stecken. Das heißt, sie werden von Atomen oder Atomkernen der Materie absorbiert. Während der Abbremsung verringert sich die Geschwindigkeit der Alpha- und Betastrahlen. Die Gammastrahlen behalten ihre Geschwindigkeit bei und verlieren nur an Intensität.

Nachdem wir die Natur der Strahlen kennengelernt haben, können wir in Zukunft die Begriffe „radioaktive Strahlung" und „Teilchen der radioaktiven Strahlung" (bzw. „Strahlungsteilchen") synonym gebrauchen. Dagegen sind „radioaktive Teilchen" nicht die Teilchen der Strahlung, sondern Teilchen, die solche Strahlen aussenden. Diese Bezeichnungen werden oft verwechselt und können zu Missverständnissen führen. Alpha-, Beta- und Neutronenstrahlen sind materielle Teilchen. Man spricht bei ihnen daher auch von *Korpuskularstrahlen*. Gammastrahlen haben dagegen, wie schon gesagt, Wellencharakter wie das Licht.

Den Emissionsprozess der Strahlen nennt man *radioaktiven Zerfall*, weil dabei der radioaktive Atomkern („Mutterkern") in ein Strahlungsteilchen oder Gammaquant und einen übrig bleibenden *Restkern* („Tochterkern") gewissermaßen zerfällt[*]. Wie man in Abb. 3.1 sieht, enthält der Restkern beim Alphazerfall zwei Protonen und zwei Neutronen weniger als der ursprüngliche. Beim Neutronenzerfall hat der Tochterkern ein Neutron weniger als der Mutterkern. Beim Betazerfall wandelt sich ein Neutron des Mutterkerns in ein Proton und ein Elektron um. Das Elektron wird emittiert, und der Tochterkern enthält dann ein Proton mehr und ein Neutron weniger als der Mutterkern. Beim Gammazerfall, der oft gleichzeitig mit den anderen Zerfallsarten vorkommt, hat der Tochterkern zwar dieselbe Zusammensetzung wie der Mutterkern, aber weniger Energie. Mit diesen Angaben lässt sich für jeden Zerfallsprozess ausrechnen, wie das entstehende Nuklid zusammengesetzt ist oder welches Isotop von welchem Element dabei entsteht.

Die *radioaktive Strahlung* ist außer ihrer Energie und ihrer Reichweite auch durch ihren *zeitlichen Verlauf* charakterisiert. Eine radioaktive Nuklidsorte strahlt nicht ewig, sondern jeder ihrer Atomkerne sendet im Allgemeinen nur ein oder wenige Male ein Teilchen oder ein Gammaquant aus. Das geschieht bei jedem Nuklid in verschiedenen Zeitabständen. Einige zerfallen in Bruchteilen von Sekunden, bei anderen dauert es Millionen von Jahren. Man hat das folgende allgemeine Verhalten gefunden: Die Anzahl $N(t)$

---

[*] Die in Abb. 2.4 dargestellte Kernspaltung ist hingegen kein radioaktiver Zerfall, denn sie geschieht durch Einwirkung von außen.

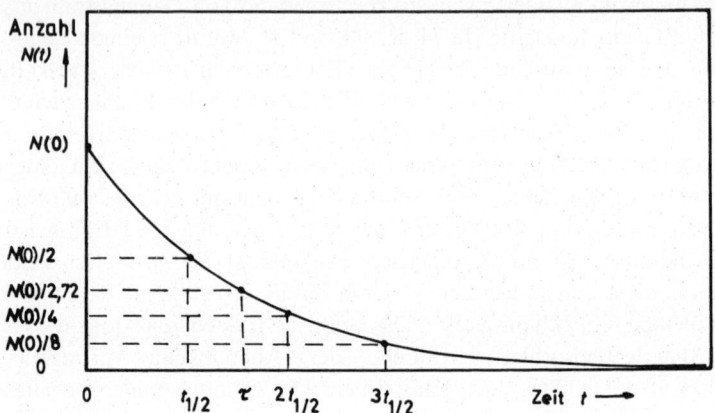

Abb. 3.2 Radioaktiver Zerfall. Die Kurve beschreibt den Verlauf der Anzahl $N(t)$ der zur Zeit t noch vorhandenen Atomkerne, wenn zur Zeit $t = 0$ $N(0)$ Kerne vorhanden waren ($t_{1/2}$ Halbwertszeit, τ mittlere Lebensdauer).

der zu einer bestimmten Zeit t vorhandenen Mutterkerne einer Nuklidsorte nimmt exponentiell mit der Zeit t ab, wie in Abb. 3.2 dargestellt. Die Abnahmerate ist zur Zahl der jeweils vorhandenen Mutterkerne proportional: (Abnahme der Zahl der Atomkerne) / Zeitdauer = Zerfallskonstante · (Zahl der vorhandenen Kerne) = Aktivität. In mathematischer Schreibweise lautet die Gleichung dieser Kurve

$$-\frac{dN(t)}{dt} = \lambda \cdot N(t) = A(t) \tag{1}$$

oder nach $N(t)$ aufgelöst

$$N(t) = N(0) \cdot e^{-\lambda \cdot t} \tag{2}$$

Dies ist das berühmte Zeitgesetz des radioaktiven Zerfalls, das Ernest Rutherford 1900 entdeckt hat. Dabei ist e die Euler'sche Zahl mit dem ungefähren Wert 2,72; die Größe λ (sprich: lambda) heißt *Zerfallskonstante*. Sie ist gleich dem Kehrwert der *mittleren Lebensdauer* τ (sprich: tau) eines Atomkerns und hat für jede Nuklidsorte einen bestimmten Wert. Die Größe $N(0)$ ist die Zahl der vorhandenen Mutterkerne zu dem Zeitpunkt, an dem man mit der Messung beginnt. Die *Aktivität* $A(t)$ ist die Zahl der pro Zeiteinheit, zum Beispiel in einer Sekunde, zerfallenden Atome. Für diese Aktivität hat man eine eigene Maßeinheit eingeführt:
- 1 Becquerel = 1 Zerfall pro Sekunde.

Die früher hierfür verwendete Einheit Curie entspricht der Aktivität von einem Gramm Radium: 1 Curie = 37 000 000 000   ($= 3{,}7 \cdot 10^{10}$) Becquerel   oder   1 Becquerel = 0,000 000 000 027 ($= 2{,}7 \cdot 10^{-11}$) Curie.

Die Zeit $t_{1/2}$, nach der gerade die Hälfte einer zur Zeit $t = 0$ vorhandenen Anzahl von Atomkernen zerfallen ist, nennt man die *Halbwertszeit* des betreffenden Nuklids. Es gilt $t_{1/2} = \ln 2/\lambda = \tau \cdot \ln 2$ ($\ln 2 = 0{,}693$). Die Abb. 3.2 zeigt den zeitlichen Verlauf der Aktivität eines beliebigen Nuklids nach diesen Gesetzmäßigkeiten. Je größer die Zerfallskonstante λ ist, bzw. je kleiner die Halbwertszeit $t_{1/2}$ und die mittlere Lebensdauer τ, desto schneller zerfällt die Substanz und desto steiler verläuft die Kurve. Heute kennt man die Halbwertszeiten fast aller etwa 1800 radioaktiven Atomkernsorten. Sie liegen zwischen 10^{-8} Sekunden und 10^{24} Jahren [Le 98]. Ein auch für unser Thema wichtiges Beispiel soll das Zerfallsgesetz anschaulich machen: Das radioaktive Isotop Kohlenstoff-14 hat eine Halbwertszeit von 5730 Jahren und ist im natürlich vorkommenden Kohlenstoff mit einem Anteil von etwa 0,000 000 000 12 Prozent vorhanden [De 98, He 99]. Das heißt, von einer Billion Kohlenstoffatomen ist etwa eines das Isotop Kohlenstoff-14, alle anderen sind Kohlenstoff-12 (abgesehen von 1,1 Prozent Kohlenstoff-13). In einem Gramm Kohlenstoff gibt es demnach rund 60 Milliarden Kohlenstoff-14-Atome. Nach 5730 Jahren sind es dann nur noch die Hälfte, nämlich 30 Milliarden, nach 11 460 Jahren nur noch 15 Milliarden usw. Kohlenstoff-14 entsteht zum Beispiel in Reaktoren, die mit Graphit moderiert sind (s. Abb. 2.11 a).

Einen Überblick über Zusammensetzung, Zerfallsart und Halbwertszeit aller bekannten Atomkerne erhält man mittels einer Nuklidkarte oder einer Nuklidtabelle [Nu 98]. In Abb. 3.3 wird ein Ausschnitt aus einer solchen Karte gezeigt. Die vollständige Karte ist in diesem Maßstab etwa dreieinhalb Meter lang und zwei Meter hoch. Jedes beschriftete Kästchen entspricht einer bekannten Atomsorte. Nach oben nimmt die Protonenzahl Z zu, nach rechts die Neutronenzahl N. Angegeben sind das chemische Elementsymbol, gefolgt von der Massenzahl ($A = Z + N$), die Konzentration in der Natur, bezogen auf die Gesamtmenge aller stabilen Nuklide eines Elements, die Halbwertszeit und andere kernphysikalische Daten.

3.2 Messgeräte für radioaktive Strahlung

Für radioaktive Strahlen haben wir kein Sinnesorgan, genausowenig wie für ultraviolette und Röntgenstrahlung. Daher müssen wir Geräte verwenden, um diese Strahlen nachzuweisen und uns vor ihnen schützen zu können. Das Prinzip vieler solcher Messgeräte beruht auf der Umwandlung der Strahlungsenergie in einen elektrischen Strom, den man leicht messen kann. Wir besprechen hier nur das für die Strahlenschutzpraxis wichtigste Gerät, das *Geiger-Müller-Zählrohr*. Es wurde von Hans Geiger und Walter Müller 1928 erfunden. Dieses Zählrohr zählt, wie sein Name sagt, die energiereichen Teilchen und Gammaquanten der Strahlung. Es ist der Hauptbestandteil der meisten käuflichen Strahlungsmessgeräte und besteht aus einem Metallrohr, in dessen Mitte elektrisch isoliert ein feiner Draht gespannt ist (Abb. 3.4). Zwischen Rohr und Draht liegt eine elektrische Spannung von etwa tausend Volt. Das Rohr ist mit einem verdünnten Gas gefüllt. Durchquert ein Alpha- oder Betateilchen oder ein Gammaquant das Rohr, so stößt es ab und zu mit den Gasmolekülen zusammen und ionisiert einige von ihnen. Das heißt, es löst einige Elektronen aus den Atomhüllen heraus. Dadurch entstehen im Gas positive und negative elektrische Ladungen in Form von Gasionen und Elektronen. Diese wandern unter

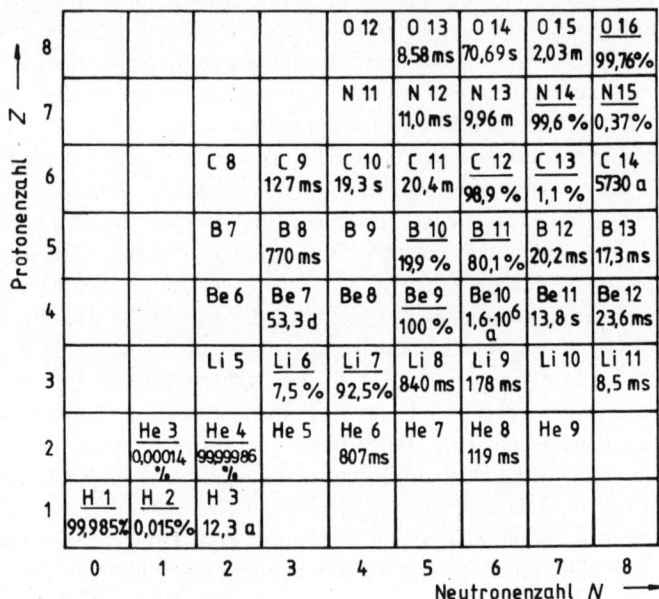

Abb. 3.3 Ausschnitt aus einer Nuklidkarte. Unterstrichene Nuklide bezeichnen stabile Isotope, die übrigen radioaktive. Die Zahl unter den Elementsymbolen ist bei stabilen Nukliden ihr Prozentanteil am natürlichen Isotopengemisch, bei radioaktiven die Halbwertszeit (ms Millisekunden, s Sekunden, m Minuten, h Stunden, d Tage, a Jahre). Ist keine Halbwertszeit angegeben, so handelt es sich um sehr kurzlebige Nuklide (nach [Nu 98]).

dem Einfluss der elektrischen Spannung zwischen Rohr und Draht zu den entsprechenden Elektroden: Positive Ionen zum negativ geladenen Rohr und negative Ionen oder Elektronen zum positiv geladenen Draht. Eine solche Wanderung von Ionen im Gas entspricht einem elektrischen Strom vom Draht zum Rohr, den man messen kann. Jedem Strahlungsteilchen, welches das Rohr durchquert, entspricht dann ein elektrischer Stromimpuls. Auf diese Weise zählt man die Teilchen oder Quanten der Strahlung. Die Anzahl der pro Zeiteinheit registrierten Impulse ist zur Aktivität der Strahlung direkt proportional. Den Proportionalitätsfaktor bestimmt man durch Eichung, das heißt durch Vergleich mit einem Präparat von bekannter Aktivität.

Ein solches Zählrohr kann man sich mit einigem Geschick selbst bauen. Man kann es auch relativ preiswert kaufen. Ein komplettes Strahlungsmessgerät mit Zählrohr, Stromversorgung und Anzeigeinstrument kostet heute einige hundert Euro. Sehr viel einfachere Zählgeräte mit Halbleiterdetektoren anstelle der Zählrohre sind im Prinzip bekannt, aber ihre Produktion in großen Stückzahlen hat sich bisher nicht als wirtschaftlich erwiesen.

Will man mit einem Zählrohr langsame Neutronen nachweisen, die selbst das Zählgas nicht direkt ionisieren, so verwendet man ein Gas, das Neutronen absorbiert und dabei Alphateilchen und Gammastrahlung emittiert. Als solches Gas eignet sich zum Beispiel Bortrifluorid. Der Boratomkern wird dabei in einen Lithiumkern umgewandelt. Für sehr energiereiche Neutronen bedeckt man die Innenwand des Zählrohrs mit einer

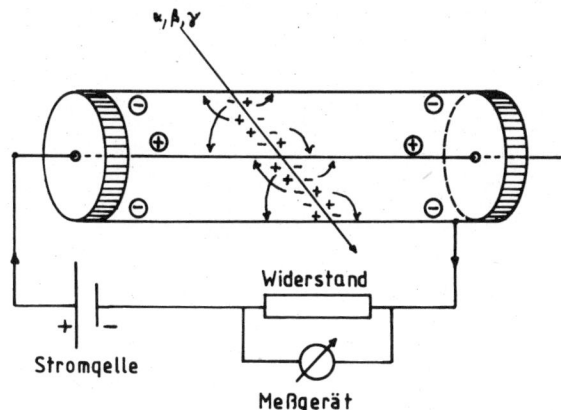

Abb. 3.4 Geiger-Müller-Zählrohr, schematisch. ⊕ ⊖ Ladungen auf den Elektroden, + − bewegliche Ladungen der ionisierten Gasatome. Für Alpha- und Betateilchen besitzt das Rohr ein dünnes Fenster aus Glimmer oder Kunststoff.

Paraffinschicht. In dieser werden die Neutronen abgebremst und dafür Protonen beschleunigt, die wegen ihrer positiven Ladung das Zählgas direkt ionisieren können.

Um nicht nur die Aktivität, das heißt die Zahl der Zerfälle pro Zeit zu bestimmen, sondern auch die Energie der Strahlung, müsste man die elektrische Spannung am Zählrohr gezielt verändern. Für diese Aufgabe benutzt man heute jedoch lieber *Szintillations-* oder *Halbleiterzähler*. Sie sind zwar aufwändiger, aber genauer. Bei geeigneter Bauweise und elektrischer Schaltung ist die Stärke der elektrischen Stromimpulse direkt proportional zur Energie der ionisierenden Teilchen oder Gammaquanten. Im Szintillationszähler wird diese Energie zuerst in Licht und dann in elektrischen Strom umgewandelt, im Halbleiterzähler direkt in elektrischen Strom.

Ein anderes, häufig verwendetes und sehr einfaches Strahlungsmessgerät ist ein *fotografischer Film* (s. Kap. 4.3). Die ionisierenden Strahlenarten (Alpha-, Beta- und Gammastrahlen) erzeugen in einer Silberbromidschicht, die sich in jedem Film befindet, ein ähnliches latentes Bild wie sichtbares Licht. Dabei nimmt die Schwärzung des entwickelten Bildes proportional zur Aktivität und zur Bestrahlungszeit zu. Man kann die Schwärzung also zur Aktivitätsmessung benutzen.

3.3 Spaltprodukte aus Kernkraftwerken

Die bei der Kernspaltung entstehenden Bruchstücke der Uran- oder Plutoniumatomkerne sind alle radioaktiv. Das hat einen einfachen Grund: Sie besitzen zu viele Neutronen. Wie schon erwähnt, sind nämlich bei schweren Atomkernen mit großer Protonenzahl Z im Verhältnis mehr Neutronen nötig als bei leichteren Kernen, um diese gegen die abstoßende Kraft der Protonen zusammenzuhalten. Das Verhältnis von Neutronenzahl N zu Protonenzahl Z steigt von $N/Z = 1$ bei weniger als $Z = 10$ Protonen auf etwa 1,6 bei $Z = 90$ Protonen (Abb. 3.5). Wird nun ein schwerer Kern, wie das Uran-235 ($Z = 92$,

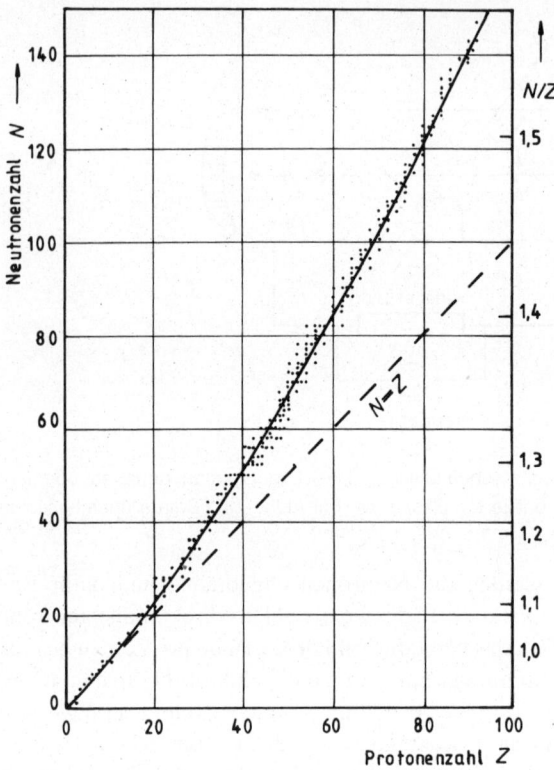

Abb. 3.5 Neutronenzahl N stabiler Atomkerne in Abhängigkeit von der Protonenzahl Z. Jeder Punkt repräsentiert ein bekanntes Nuklid. Die durchgezogene Kurve entspricht einem Mittelwert (rechte Ordinate für N/Z). Auf der gestrichelten Kurve lägen Kerne mit $N = Z$, die aber nur für kleine N und Z stabil sind (nach [De 98]).

$N = 143$, $N/Z = 1{,}55$), in zwei gleiche Teile mit je $Z = 46$ und $N = 70$ gespalten (drei prompte Neutronen fliegen weg), so beträgt ihr N/Z-Verhältnis $70 : 46 = 1{,}52$. Für diese Protonenzahl ist aber der normale Wert $N/Z = 1{,}33$. Die Spaltprodukte haben also im Mittel neun Neutronen zuviel. Diese müssen sie los werden, um in den normalen niedrigen Energiezustand zu gelangen und damit stabil zu werden. Das kann auf zweierlei Arten geschehen: Entweder emittieren diese Atomkerne nach und nach einige Neutronen, die *verzögerten (Spalt-)Neutronen*. Diese werden bei Uran-235 in einem Zeitintervall von einigen Sekunden bis Minuten nach der Spaltung emittiert [Gl 73, Schm 59]. Die zweite Möglichkeit für Atomkerne, überschüssige Neutronen los zu werden, besteht in der Umwandlung von Neutronen in Protonen und Elektronen. Dabei wird das Elektron als Betateilchen emittiert und das Proton bleibt im Kern. Dieser Vorgang ist nichts weiter als der früher besprochene Betazerfall. Die Protonenzahl des Kerns nimmt dabei um Eins zu, die Neutronenzahl um Eins ab. Das N/Z-Verhältnis verkleinert sich von N/Z auf $(N-1)/(Z+1)$. Bei diesem Vorgang ändert sich auch die chemische Natur des Atoms, die ja durch seine Protonenzahl bestimmt ist. Beim Betazerfall entsteht also jedesmal ein ande-

3.3 Spaltprodukte aus Kernkraftwerken

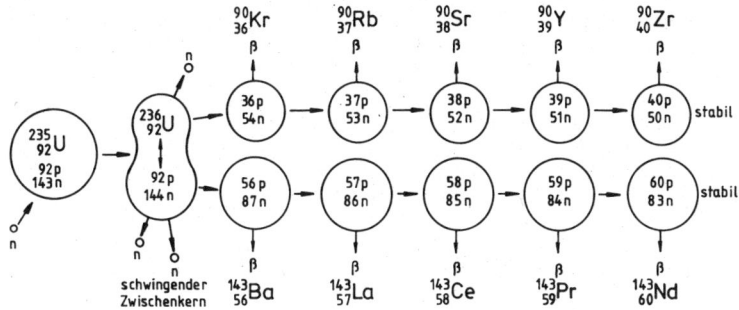

Abb. 3.6 Spaltung eines Urankerns und sukzessive Zerfälle der beiden Spaltprodukte Krypton und Barium (p Protonen, n Neutronen, nach [Schm 63]).

res chemisches Element. So wird zum Beispiel aus Strontium-90 durch Betazerfall Yttrium-90 oder aus Barium-143 wird Lanthan-143. Eine solche Elementumwandlung kann mehrmals nacheinander stattfinden bis der Atomkern bei einem stabilen Wert für N/Z angelangt ist. Ein Beispiel zeigt die Abb. 3.6. Sowohl beim Neutronen- als auch beim Betazerfall wird meistens auch ein Gammaquant emittiert.

Die Beobachtung zeigt, dass ein Atomkern des Urans bei der Spaltung nur selten in zwei genau gleich große Teile zerfällt, sondern meistens in zwei verschieden große, deren Massen sich etwa wie zwei zu drei verhalten. In Abb. 3.7 ist die Häufigkeit der entstehenden Kernmassen über der Massenzahl $N + Z$ aufgetragen. In etwa 90 Prozent der Fälle erhält man Massenverhältnisse von etwa zwei zu drei (die Maxima der Kurve oberhalb etwa ein Prozent). In nur 0,1 Prozent der Fälle gibt es eine symmetrische Massenverteilung von eins zu eins (Minimum der Kurve unterhalb 0,1 Prozent). Die Ursache dieser Asymmetrie liegt in der Stabilität und in der inneren Struktur der Atomkerne. Solche mit Massenzahlen im Bereich von 90 bis 100 und von 135 bis 145 haben eine besonders niedrige Energie. Diese Kerne entstehen daher häufiger als jene mit anderen Massenzahlen.

Insgesamt entstehen bei der Uranspaltung etwa 200 verschiedene Nuklide von 40 verschiedenen chemischen Elementen, aber mit sehr unterschiedlicher Häufigkeit. Fast alle diese Elemente sind Betastrahler, die meisten auch Gammastrahler. Jeder Atomkern macht im Mittel sechs Betazerfälle durch, bis ein stabiles Element entsteht. Die Halbwertszeit ist für jedes Nuklid und jeden Beta- oder Gammazerfall eine andere. Ihre Werte liegen zwischen einer millionstel Sekunde und 50 Milliarden Jahren [Nu 98]. Die Zerfallsenergien, das heißt die Energien jedes Betateilchens oder Gammaquants liegen zwischen etwa zehn Kiloelektronenvolt ($1,6 \cdot 10^{-15}$ Joule) und einem Megaelektronenvolt ($1,6 \cdot 10^{-13}$ Joule).

In Tabelle A-1 im Anhang sind Massenzahlen, Halbwertszeiten, Beta- und Gammaenergien sowie die Häufigkeit der wichtigsten Spaltprodukte zusammengestellt. Die Abb. A-5 im Anhang zeigt die Zerfallsschemata der 90 häufigsten Spaltprodukte.

Wie groß ist nun die Aktivität eines solchen Gemischs von Spaltprodukten, und wie ändert sie sich im Lauf der Zeit? Zur Beantwortung dieser Frage, die für alles Folgende sehr wichtig ist, betrachten wir zunächst in Abb. 3.8 den zeitlichen Verlauf der Betaaktivität der 150 häufigsten Nuklide. Der Zeitraum umfasst hier eine Stunde bis einhundert

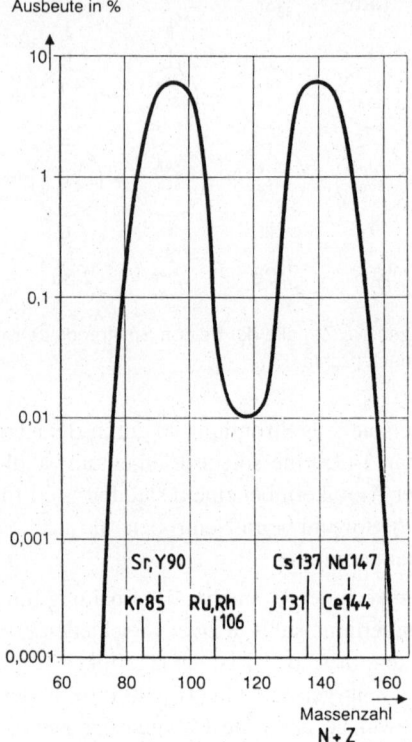

Abb. 3.7 Durchschnittliche Häufigkeit (logarithmisch) der Spaltprodukte von Uran-235 in Abhängigkeit von ihrer Massenzahl ($N + Z$) (nach [Vo 93])[*].

Jahre nach der Spaltung von insgesamt 10 000 Uran-235-Atomkernen. Das entspricht der winzigen Masse von etwa vier billionstel millionstel Gramm ($3,9 \cdot 10^{-18}$ Gramm). Die Abbildung zeigt ein sehr verwirrendes Bild. Beachtenswert sind die Kurven von zwei Stoffen, die für den Menschen besonders gefährlich sind, nämlich Cäsium-137 und Strontium-90. Man erkennt, dass die Aktivität von Strontium und Cäsium zwischen zehn und hundert Jahren am höchsten ist.

---

[*] Die vertikale Achse ist in diesem Diagramm nicht linear, sondern logarithmisch geteilt. Das heißt: Gleiche Abstände in dieser Richtung bedeuten von einer Zahl zur nächsten einen zehnmal größeren oder zehnmal kleineren Wert. Man kann auf diese Weise sehr viel stärkere Änderungen einer Größe auf derselben Fläche unterbringen und darstellen, als bei der üblichen linearen Auftragung (wie bei der horizontalen Achse in Abb. 3.7). In unserem Beispiel ist das Verhältnis vom größten zum kleinsten dargestellten Wert auf der vertikalen Achse $10 : 10^{-4}$ bzw. $100\,000 : 1$; auf der horizontalen Achse ist es nur $170 : 60$ bzw. $2,8 : 1$. Werden auf beiden Koordinatenachsen logarithmische Skalen verwendet, wie in Abb. 3.8 bis Abb. 3.10, so spricht man von doppelt-logarithmischer Darstellung.

3.3 Spaltprodukte aus Kernkraftwerken

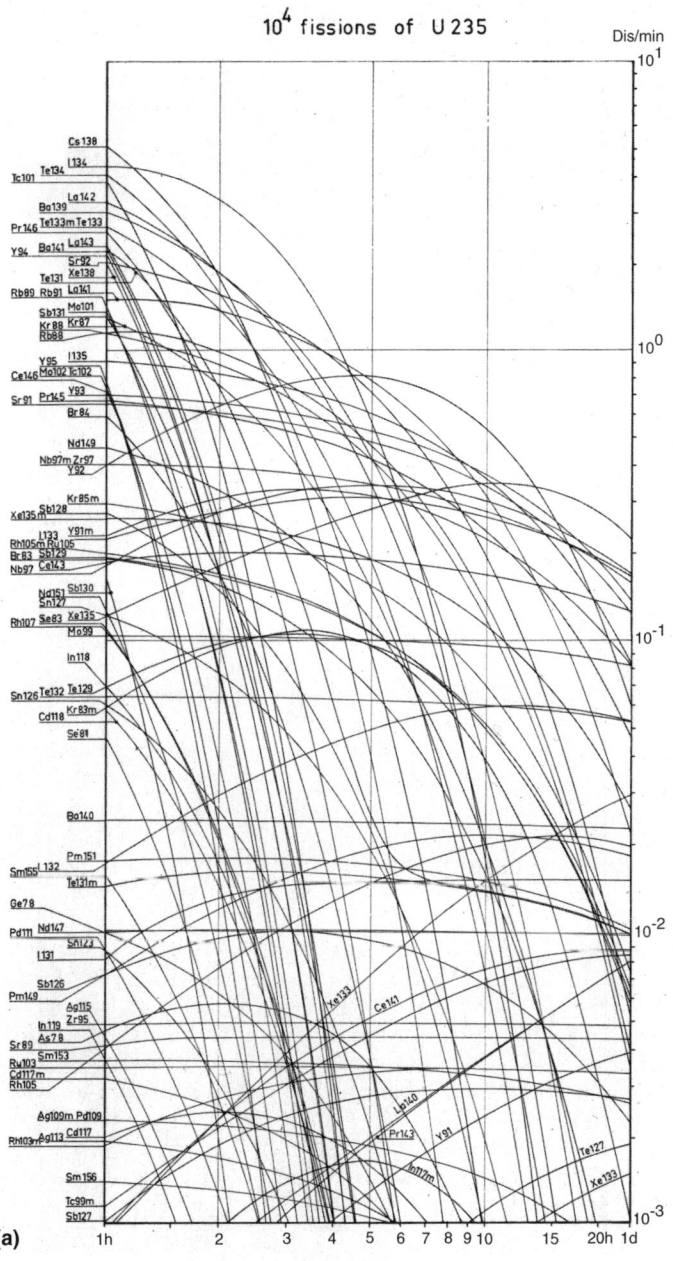

Abb. 3.8 Betaaktivität der 150 häufigsten Spaltnuklide als Funktion der Zeit nach der Spaltung von zehntausend Uran-235-Kernen (doppelt-logarithmische Auftragung). Zeitangaben in h Stunden, d Tagen, y Jahren. Die Teilbilder (a), (b) und (c) zeigen den ersten Tag, den ersten Monat und die ersten hundert Jahre (nach [Lö 57]). Dis/min: Zerfälle pro Minute.

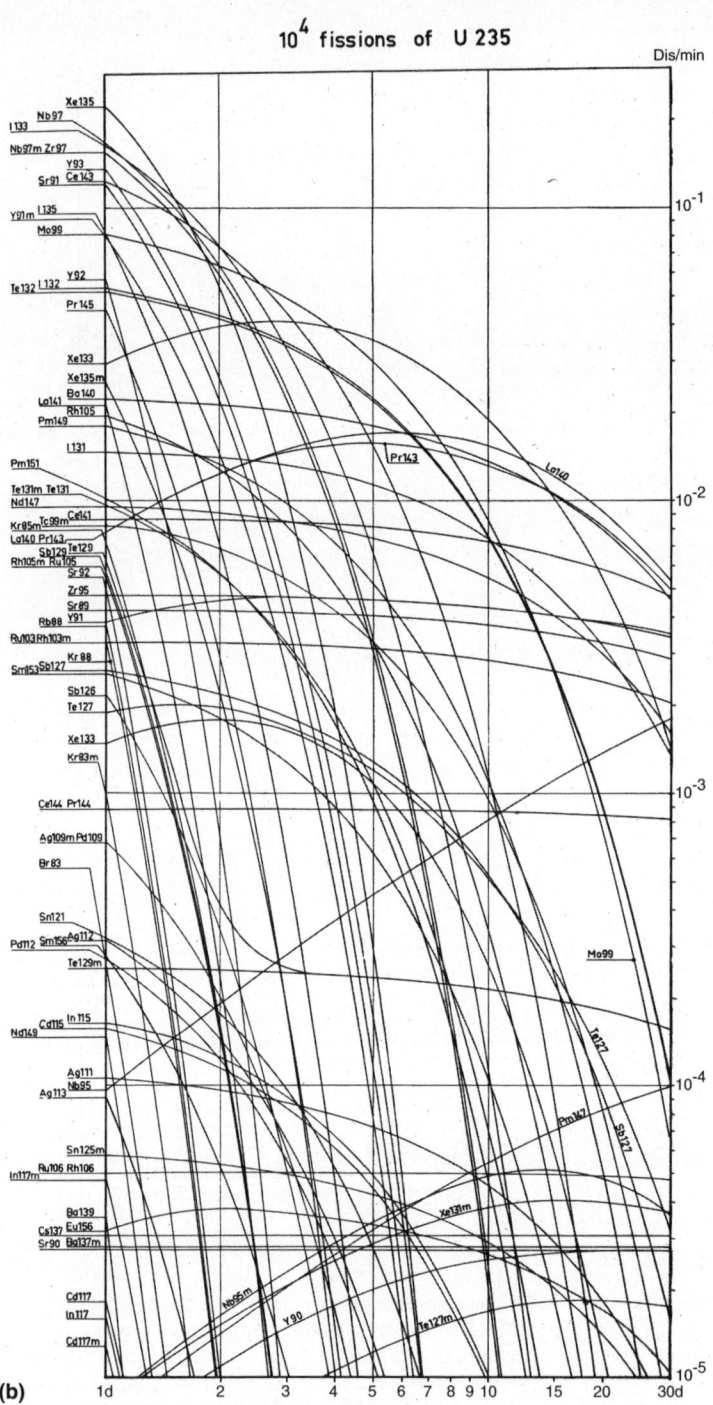

Abb. 3.8 Betaaktivität der 150 häufigsten Spaltnuklide (Forts.).

3.3 Spaltprodukte aus Kernkraftwerken

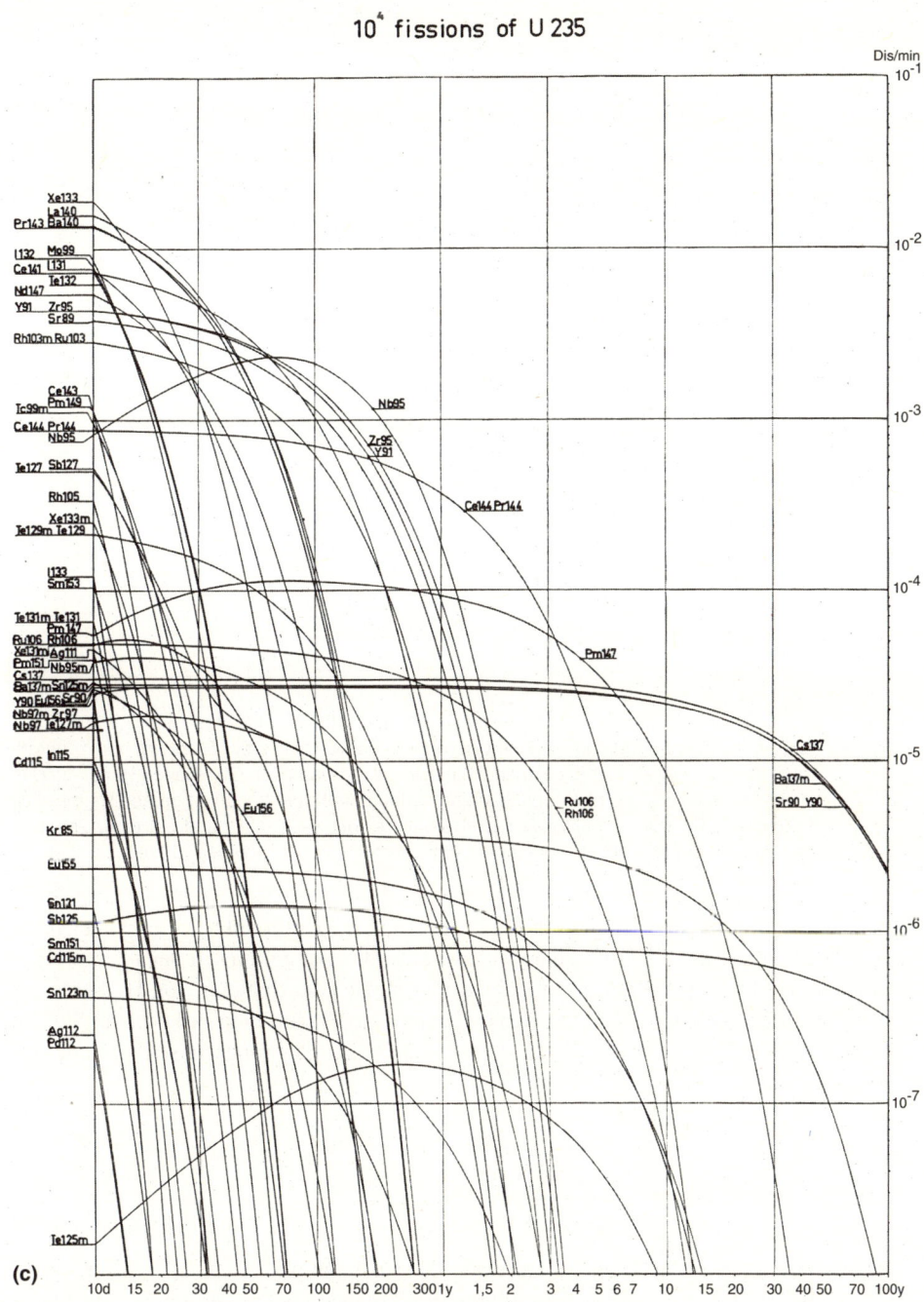

Abb. 3.8 Betaaktivität der 150 häufigsten Spaltnuklide (Forts.).

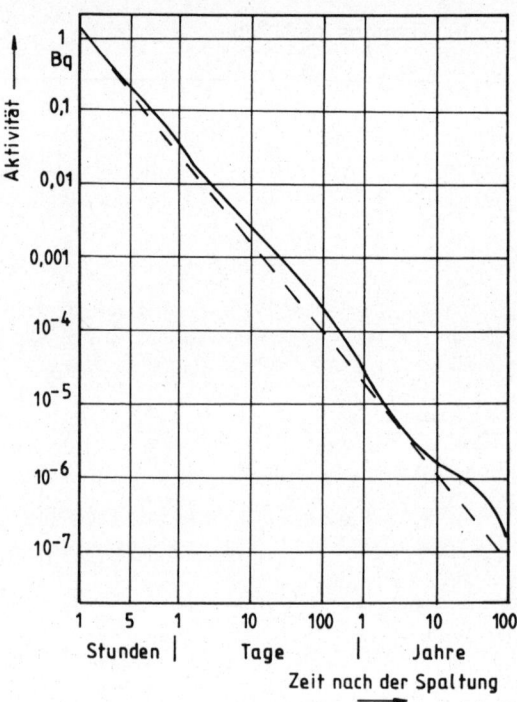

Abb. 3.9 Zeitlicher Verlauf der gesamten Betaaktivität aller 150 Nuklide aus Abb. 3.8 (doppeltlogarithmisch). Die durchgezogene Kurve zeigt das Ergebnis der Spaltung von zehntausend Uran-235-Kernen, die gestrichelte ist eine Näherung nach Gleichung (3). Für kürzere Zeiten als eine Stunde nach der Spaltung verläuft die Kurve zunächst gerade weiter nach links oben. Bei etwa einer tausendstel Sekunde wird sie flacher und bei einer zehntausendstel Sekunde erreicht sie einen Aktivitätswert von zehntausend Becquerel (nach [Lö 57] und [Wa 48]).

Um einen Begriff von der gesamten Aktivität aller Spaltprodukte zu erhalten, muss man alle Kurven der Abb. 3.8 addieren. Das liefert die Darstellung in der Abb. 3.9. Im Zeitraum zwischen einer Stunde und hundert Jahren nach der Spaltung von 10 000 Uran-235-Atomkernen klingt die Gesamtaktivität von etwa 80 Zerfällen pro Minute auf ein hunderttausendstel pro Minute ab. Diese Kurve lässt sich näherungsweise durch die folgende Gleichung wiedergeben [Wa 48]:

$$A = \frac{5{,}2 \cdot 10^{-6}}{t^{1,2}} \quad \text{Becquerel pro Spaltung.} \tag{3}$$

Dabei ist die Zeit t in Tagen einzusetzen. Der Zahlenfaktor im Zähler ist für jedes Spaltstoffisotop (Uran-235, Uran-238, Plutonium-239 usw.) etwas verschieden, mit einer Variationsbreite von etwa 30 Prozent. Die gesamte Gammaaktivität des Spaltproduktgemischs ist in den ersten zehn Tagen etwa gleich der Betaaktivität. Im Lauf des ersten Jah-

3.3 Spaltprodukte aus Kernkraftwerken

res nach der Spaltung sinkt das Verhältnis von Gamma- zu Betaaktivität auf etwa 30 bis 25 Prozent, da einige Nuklide reine Betastrahler sind (z. B. Strontium-90) [Bj 59].

Nun können wir die Aktivität berechnen, die nach der Spaltung von einem Kilogramm Uran zu erwarten ist. Das entspricht ungefähr der Achtstundenmenge von Spaltprodukten aus einem 1-Gigawatt-Kernkraftwerk [De 98]. Dazu müssen wir die nach Gleichung (3) berechnete Aktivität für die Spaltung eines Urankerns mit der Zahl der Atome in einem Kilogramm Uran multiplizieren, nämlich mit $2{,}56 \cdot 10^{24}$. Das Ergebnis ist in Abb. 3.10 für die Betastrahlung gezeigt.

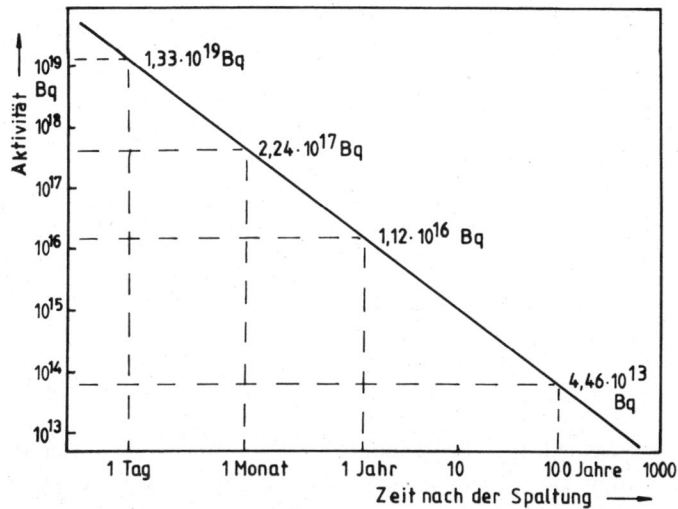

Abb. 3.10 Gesamte Betaaktivität der Spaltprodukte von einem Kilogramm Uran-235, berechnet nach Gleichung (3), in doppelt-logarithmischer Darstellung. Nach mehr als einigen hundert Jahren verläuft die Kurve langsam flacher.

Was diese Zahlen bedeuten, und wie gefährlich eine solche Aktivität ist, das besprechen wir im nächsten Kapitel. Schon hier sei aber bemerkt, dass die Strahlung eines Kilogramms frischer Spaltprodukte bereits innerhalb weniger Sekunden absolut tödlich ist, wenn man ungeschützt in ihre Nähe kommt (s. Kap. 6.1.3). Eine Aktivität von $1{,}3 \cdot 10^{19}$ Becquerel, einen Tag nach der Spaltung von einem Kilogramm Uran, liefert 13 Milliarden Milliarden Betateilchen pro Sekunde[*]. Ein besonderes Gefahrenmoment liegt auch darin, dass einige Spaltprodukte gasförmig sind. Sie könnten aus dem Reaktor oder seinen Abfällen leicht entweichen und eventuell eingeatmet werden. Hiergegen müssen besondere Sicherheitsmaßnahmen ergriffen werden. So müssen die Brennelemente im Reaktor und auf dem Transport sowie bei der Lagerung immer in möglichst gasdichten Umhüllungen eingeschlossen bleiben.

---

[*] Zum Vergleich: Der menschliche Körper besteht aus einigen 10^{13} Zellen [Kr 02, Mö 89], also millionenmal weniger als die Zahl dieser Betateilchen. Jede seiner Zellen würde pro Sekunde im Mittel von einer Million Betateilchen getroffen, wenn sich eine Aktivität von 10^{19} Becquerel im Körper befände.

3.4 Transurane

Bei der Energiegewinnung aus der Spaltung schwerer Atomkerne entstehen außer den Spaltprodukten auch noch eine andere Art radioaktiver Substanzen, die Transurane. Das sind Elemente mit Protonenzahlen von mehr als 92, die in der Natur nur in verschwindend geringen Mengen vorkommen. Sie bilden sich im Reaktor aus den Atomkernen des Brennstoffs, wenn diese nicht gespalten werden, sondern eines oder mehrere der Spaltneutronen einfangen und behalten. Diese Kerne haben dann im Allgemeinen zu viele Neutronen und erhöhen daher durch Betazerfall ihre Protonenzahl, also ihre Ordnungszahl, ähnlich wie die Spaltproduktkerne (vgl. Abb. 3.6). Ein Beispiel zeigt, wie das vor sich geht:

$$\text{Uran-238} + \text{Neutron} \longrightarrow \text{Uran-239} \xrightarrow[23,5 \text{ min}]{\beta} \text{Neptunium-239} + \text{Elektron}$$

$$\text{Neptunium-239} \xrightarrow[2,36 \text{ Tage}]{\beta} \text{Plutonium-239} + \text{Elektron}$$

(„β": Betazerfall; unter den Pfeilen steht die Halbwertszeit).

Aus einer Tonne Uran, der in etwa zwei Brennelementen enthaltenen Masse, entstehen im Reaktor innerhalb der Brenndauer von drei Jahren folgende Mengen von Transuranen: 8,7 Kilogramm verschiedene Plutonium-Isotope, 440 Gramm Neptunium-237, 120 Gramm Americium-243, 40 Gramm Curium-244; dazu 4,5 Kilogramm radioaktives Uran-236 und noch eine ganze Reihe anderer Isotope in kleineren Mengen [Co 77].

Alle diese Transurane sind radioaktiv. Sie zerfallen überwiegend durch Alphastrahlung und spontane Spaltung in mehreren Schritten in leichtere Elemente. Dabei wird auch eine intensive Gammastrahlung emittiert. Die Halbwertszeiten werden mit wachsender Atommasse immer kürzer. Beim langlebigsten Neptunium-Isotop, Neptunium-237, beträgt sie 2,14 Millionen Jahre, beim langlebigsten Californium-Isotop, Californium-251, nur noch 898 Jahre. Die Alphastrahlung der Transurane ist sehr energiereich, etwa fünf Megaelektronenvolt ($8 \cdot 10^{-13}$ Joule). Daher rührt ihre große Gefährlichkeit, obwohl sie, verglichen mit vielen Spaltprodukten, nur in kleinen Mengen entstehen. Auch sind fast alle Transurane mit Neutronen spaltbar, das heißt, man kann sie für eine Kettenreaktion in einem Reaktor oder in einer Atombombe verwenden.

Eine besonders wichtige Rolle spielt das *Plutonium-239*. Es zerfällt durch Alphastrahlung mit einer Halbwertszeit von 24 000 Jahren und entsteht im Reaktor als häufigstes aller Transurane. Auch ist es ein vorzüglicher Kernbrennstoff für Reaktoren und Bomben. Hier steht es in Konkurrenz zum Uran-235. Beide können durch schnelle und durch langsame Neutronen gespalten werden [Ma 84]. Die zweite im letzen Weltkrieg eingesetzte Atombombe über Nagasaki enthielt Plutonium als Sprengstoff. Die Verarbeitung von Plutonium zu Brennelementen ist jedoch gefährlich und teuer. Bereits das Einatmen von 30 millionstel Gramm (30 Mikrogramm) Plutonium bewirkt eine 50-prozentige Wahrscheinlichkeit, an Lungenkrebs zu erkranken [Zo 96].

3.4 Transurane

Heute liegen weltweit etwa 500 Tonnen Plutonium „auf Halde" [Alt 00, Pa 97, Pi 01]. Nach anderen Angaben sollen es sogar 2000 Tonnen sein. Weitere 1000 Tonnen befinden sich in verbrauchten und nicht wiederaufgearbeiteten Brennelementen. Jedes Jahr kommen aus der zivilen Nutzung etwa 70 Tonnen dazu [Go 97a]. Die genannten 500 Tonnen würden genügen, um daraus 86 000 Atombomben vom Nagasaki-Typ zu bauen. Beim Einsatz in Reaktoren könnte man aus den 500 Tonnen 4,4 Billionen Kilowattstunden elektrischer Energie gewinnen oder einen 1-Gigawatt-Reaktor 500 Jahre lang betreiben. Die Verarbeitung des Plutoniums zu Brennelementen und seine Verwendung in Reaktoren ist jedoch aufwändig und damit unwirtschaftlich (s. Kap. 6.3.3). Man weiß bis heute nicht, was man mit dem Plutonium anfangen soll. Auf keinen Fall darf es in die Hände von Terroristen gelangen. Die kritische Masse für eine Plutoniumbombe mit Reflektor beträgt nur 5,8 Kilogramm, und der Bau einer solchen Bombe ist heute kein Geheimnis mehr [Pa 97, Pi 01]. In Tabelle A-2 im Anhang sind einige Eigenschaften der wichtigsten Transurane zusammengestellt.

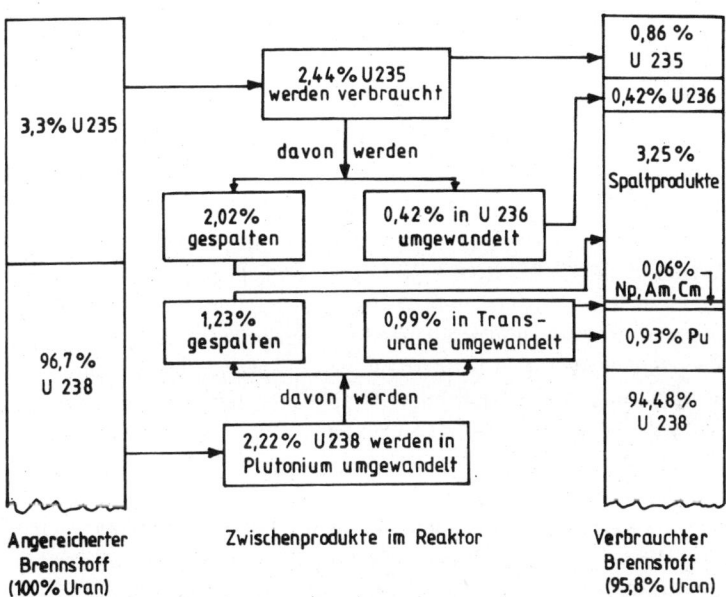

Abb. 3.11 Materieflussdiagramm in einem Druckwasserreaktor während einer Brenndauer von drei Jahren mit einer Energieausbeute von etwa 800 000 Kilowattstunden pro Kilogramm Uran (nach [Ke 87]).

Die Abb. 3.11 zeigt den vollständigen Ablauf der Elementumwandlung im Reaktor. Man sieht, dass der größere Teil des Uran-235 gespalten und ein kleiner Teil in Uran-236 umgewandelt wird. Vom Uran-238 wird ein Teil in Plutonium-239 transformiert und von diesem wird wieder der größere Teil gespalten und ein kleinerer in andere Transurane umgewandelt. Bis zum Brennschluss haben sich aus Uran-238 und Uran-235 also eine große Anzahl verschiedener radioaktiver Nuklide gebildet.

3.5 Reaktormaterial

Ein beträchtlicher Teil des radioaktiven Abfalls der Kernenergietechnik kommt nicht aus dem verbrauchten Brennmaterial, sondern aus den Bau- und Betriebsstoffen des Reaktors. Bei der Spaltung entsteht ja eine intensive Neutronen- und Gammastrahlung, ebenso aus den Spaltprodukten und Transuranen. Diese Strahlungen erzeugen im Baumaterial des Reaktors und in den Kühlmitteln eine *induzierte Radioaktivität*. Durch Einfang von Neutronen oder durch Gammabestrahlung werden neutrale Atomkerne zum Teil radioaktiv und strahlen dann ihrerseits. Die wichtigsten dieser in den Reaktorbaustoffen entstehenden radioaktiven Nuklide sind Natrium-24, Magnesium-27, Aluminium-28, Chrom-51 und -55, Eisen-59, Cobalt-60, Kupfer-64 und -66, Zink-65 und -69 [Schm 59]. Fast alle diese Nuklide senden Beta- und Gammastrahlen aus. Ihre Halbwertszeiten liegen zwischen zwei Minuten und fünf Jahren [Nu 98]. Selbst wenn also die Brennelemente aus einem Reaktor entfernt werden, kann man ihn noch lange nicht betreten, denn die induzierte Radioaktivität klingt erst nach etwa 30 Jahren auf einen erträglichen Wert ab. Nach sechs Halbwertszeiten sind immer noch rund 16 Prozent der Anfangsaktivität vorhanden; im Falle von Cobalt-60 also nach 32 Jahren.

Da die Strahlung der Brennelemente und der induzierten Aktivität das *Baumaterial* des Reaktors schädigt, müssen einzelne seiner Teile von Zeit zu Zeit ausgewechselt werden. Die mechanische Schädigung geschieht im Wesentlichen durch Stoß- und Ionisationsprozesse (s. Abb. 4.1). Für einen Kraftwerksreaktor mit einem Gigawatt elektrischer Leistung fallen aus diesem Grund pro Jahr mindestens 15 Tonnen radioaktives Austauschmaterial an [He 97, Ke 87, Rö 91]. Dessen spezifische Aktivität (Aktivität pro Masse) ist zwar hundert- bis tausendmal kleiner als diejenige der Spaltprodukte, aber sie ist immer noch hoch genug, um eine ungeschützt daneben stehende Person gesundheitlich schwer zu schädigen (s. Kap. 6.1). Wird Graphit als Moderator verwendet, wie in vielen russischen Reaktoren, so entsteht durch Neutroneneinfang radioaktiver Kohlenstoff (Kohlenstoff-14), ein Betastrahler mit einer Halbwertszeit von 5730 Jahren. Auch bei der kerntechnischen Verarbeitung und Wiederaufarbeitung der Brennstoffe werden in den dazu erforderlichen Anlagen beträchtliche Mengen von Radioaktivität induziert. Bei der Stilllegung eines Kernkraftwerks fallen zwischen 20 000 und 100 000 Tonnen radioaktiver Stoffe an, die verarbeitet und für lange Zeit sicher gelagert werden müssen [Uh 01]. Daher kostet die Stilllegung eines Kernkraftwerks heute fast genau so viel wie seine Errichtung, wenn man die Kosten der Endlagerung der Abfälle mit dazu rechnet. Man hat allerdings noch wenig Erfahrung mit den Mengen und den Kosten, die beim Abwracken eines Kernkraftwerks anfallen. Daher lassen sich hierzu keine genauen Angaben machen.

Außer im Baumaterial eines Reaktors entsteht induzierte Radioaktivität auch in den *Betriebsmitteln*, in den Kühlflüssigkeiten und der umgebenden Luft. Hierbei handelt es sich hauptsächlich um Kohlenstoff-14, Stickstoff-16, Sauerstoff-19 und Argon-41 [Schm 59]. Alle diese beta- und gammaaktiven Nuklide werden durch Neutroneneinfang aus den normalen Bestandteilen von Wasser und Luft gebildet. Da sie gasförmig sind (Kohlenstoff als Kohlendioxid), kann man sie nur mit großem Aufwand zurückhalten und lagern, bis ihre Aktivität abgeklungen ist. Sie müssen, ebenso wie ein Teil der gasförmigen Spaltprodukte (vor allem Krypton und Xenon), durch hohe Kamine und in genügender Verdünnung in die Luft entlassen werden. Ein Kernkraftwerk mit einem Gigawatt

3.5 Reaktormaterial

elektrischer Leistung emittiert pro Stunde eine Aktivität von einhundert Millionen bis einer Milliarde Becquerel, vor allem Krypton und Xenon [Bu 02, He 97]. Die Aktivität der flüssigen Abwässer ist für Tritium[*] von der gleichen Größenordnung. Für andere Spalt- und Aktivierungsprodukte ist sie etwa tausend- bis zehntausendmal geringer. Durch diese, beim Normalbetrieb unvermeidliche Daueremission radioaktiver Substanzen entsteht jedoch nur eine vergleichsweise sehr geringe Strahlenbelastung der Bevölkerung – in der Größenordnung von etwa einem Promille der natürlichen Strahlung (s. Kap. 5.1).

---

[*] Wasserstoff-3; Betastrahler mit einer Halbwertszeit von 12,3 Jahren.

Kapitel 4

Die Strahlenwirkung und ihre Folgen

Wir kommen jetzt zum ersten Hauptgegenstand unserer Betrachtungen, zur Wirkung radioaktiver Strahlung auf Lebewesen und insbesondere auf den Menschen. Niemand wird heute mehr behaupten, dass Radioaktivität völlig harmlos ist. Sonst gäbe es wohl beispielsweise keine Strahlen*schutz*verordnung.

Wenn radioaktive Strahlung auf belebte Materie trifft und eine lebende Zelle durchquert, dann verändert oder zerstört sie viele Moleküle der biologischen Substanz. Die Strahlung wirkt dabei ähnlich wie eine Pistolenkugel, die man durch einen Computer oder durch ein Uhrwerk schießt: Das Gerät geht kaputt, und zwar an etlichen Stellen. Wir besprechen in diesem Kapitel die elementaren Vorgänge bei der Strahlenschädigung und ihre gesundheitlichen Folgen für den Menschen. Dabei müssen wir eine neue Messgröße verwenden, die Strahlendosis. Zum besseren Verständnis behandeln wir zuvor noch die physikalischen und biochemischen Elementarprozesse der Strahlenwirkung. Zum Abschluss dieses Kapitels werden die gesundheitlichen und medizinischen Auswirkungen einer radioaktiven Bestrahlung erläutert.

4.1 Physikalische Primärprozesse

Am Anfang des vorigen Kapitels hatten wir gesehen, dass die verschiedenen Arten der radioaktiven Strahlung, bzw. die Teilchen, aus denen sie besteht, in Materie sehr verschieden weit kommen, bevor sie abgebremst und schließlich von Atomen eingefangen werden (s. Abb. 3.1). Gammaquanten haben das größte Durchdringungsvermögen, die größte Reichweite der Teilchenstrahlung besitzen Neutronen, gefolgt von Betastrahlen und Alphastrahlen. Ähnlich wie die eingangs erwähnte Pistolenkugel umso weiter eindringt, je schneller sie anfangs ist, – das heißt, je mehr Bewegungsenergie sie besitzt – so ist es auch mit den Bestandteilen der radioaktiven Strahlung. Sie übertragen bei jedem Zusammenstoß mit Atomen einen Teil ihrer Energie auf diese. Schließlich wird die Energie der Strahlungsteilchen so klein, dass sie irgendwo „stecken bleiben". Man spricht hier auch von der Absorption von Strahlung. Letzten Endes wird durch Absorptionsprozesse fast alle Strahlungsenergie in Wärme umgewandelt (s. Abb. 2.8).

Um zu verstehen, worauf die schädliche Wirkung von radioaktiver Strahlung auf biologische Materie beruht, wollen wir zunächst die elementaren Vorgänge bei der Abbremsung der Strahlung betrachten, die *physikalischen Primärprozesse*. In Abb. 4.1 ist skizziert, was alles passieren kann, wenn Alpha- oder Betateilchen, Gammaquanten oder Neutronen auf ein Wassermolekül treffen. Wasser ist hier eine gut geeignete Beispielsubstanz, zum einen, weil sein Molekül einfach gebaut ist, aber auch, weil es der häufigste Bestandteil lebender Materie ist. Bei anderen Molekülen oder auch bei einzelnen Atomen geschieht im Prinzip das Gleiche.

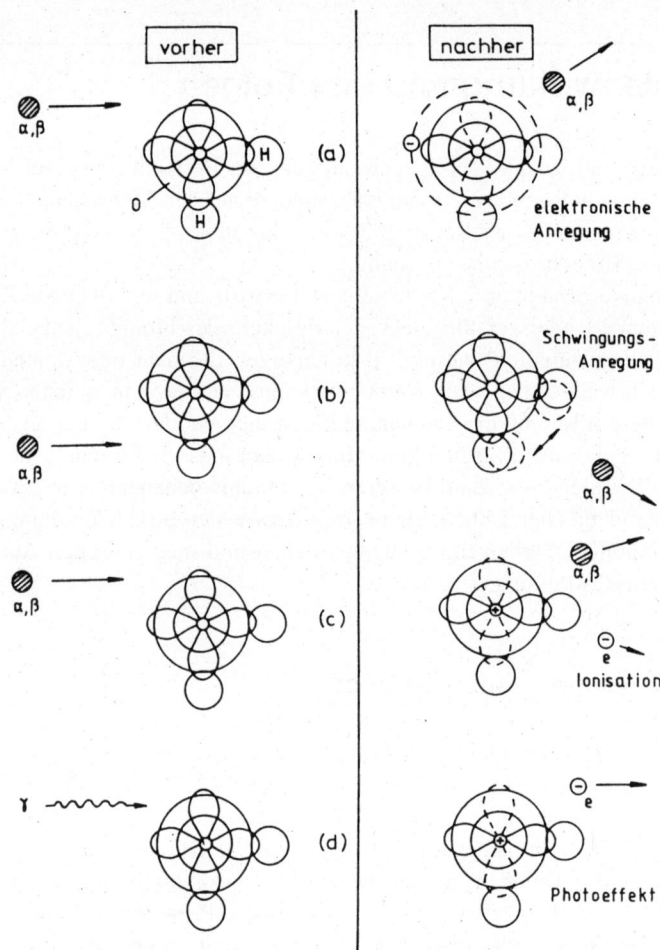

Abb. 4.1 Physikalische Primärprozesse bei der Wechselwirkung von radioaktiver Strahlung mit Materie. Als Beispiel wurde ein Wassermolekül (H_2O) gewählt. Seine Elektronenverteilung (Orbitale) ist durch die Kreise und die achtförmigen Linien als Schnitte mit der Zeichenebene angedeutet (H Wasserstoffatom, O Sauerstoffatom, e Elektron). Durchgezogene Orbitale sind mit zwei Elektronen besetzt, gestrichelte nur mit einem. Die Teilbilder (a) bis (e) stellen Wechselwirkungen mit der Elektronenhülle des Moleküls dar, (f) bis (h) mit dem Kern des Sauerstoffatoms. (a) Elektronische Anregung durch Alpha- oder Betastrahlung, (b) Schwingungsanregung durch Alpha- oder Betastrahlung, (c) Ionisation eines Sauerstofforbitals durch Alpha- oder Betastrahlung, (d) Photoeffekt durch Gammastrahlung, (e) Compton-Effekt durch Gammastrahlung. Die folgenden Teilbilder sind gegenüber (a) bis (e) etwa zehntausendfach vergrößert; die innersten Teile der Orbitale sind durch Kreise und radiale Linien angedeutet. (f) Bildung eines Elektron-Positron-Paares durch Gammastrahlung an einem Atomkern (Protonen schwarz, Neutronen weiß), (g) induzierter Betazerfall durch Neutronenabsorption in einem Atomkern (einfallendes Neutron ⊙, daraus entstehendes Proton ⊕), (h) Strippingreaktion durch Impulsübertragung eines Neutrons auf einen Atomkern. Die zurückbleibenden Elektronen fliegen nach verschiedenen Seiten weg.

4.1 Physikalische Primärprozesse

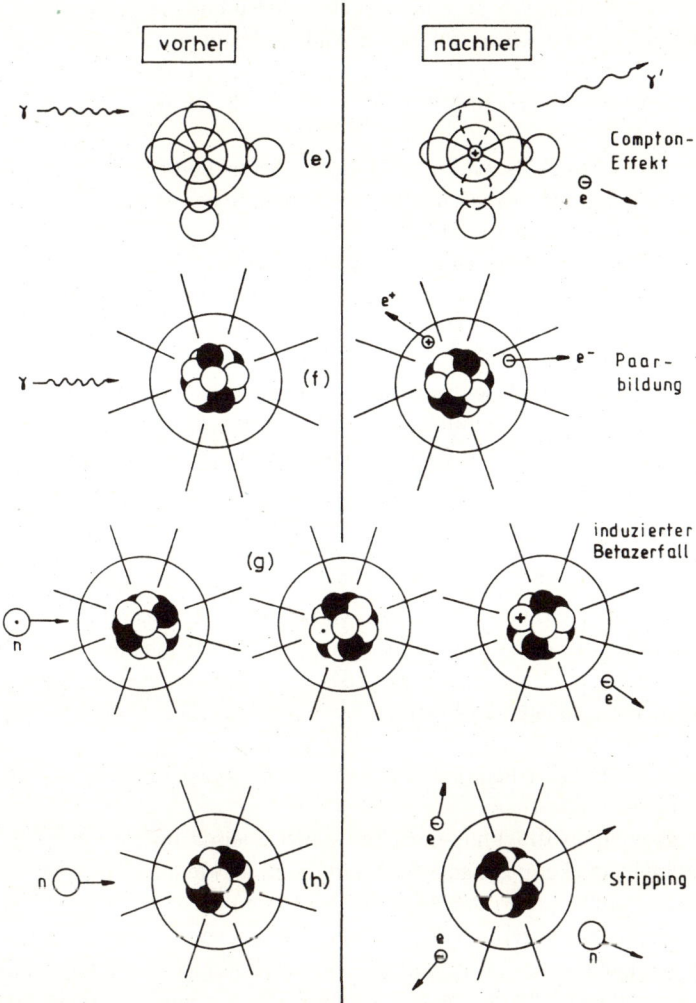

Abb. 4.1 Physikalische Primärprozesse (Forts.).

Zunächst betrachten wir die Wechselwirkung von Alpha- und Betastrahlung mit dem Molekül, denn sie ist qualitativ fast gleich[*]. Kommt ein solches, elektrisch geladenes Teilchen in die Nähe eines Moleküls, so übt es eine elektrische Kraft auf dessen Elektronen aus (Abb. 4.1 a – c). Die Elektronen befinden sich in den kugel- und keulenförmigen Gebilden, den *Orbitalen* des Moleküls (s. auch Abb. 2.1). Ein in Abb. 4.1 mit durchgezogenen Linien dargestelltes Orbital ist mit zwei Elektronen voll besetzt; es haben dort nicht mehr als diese beiden Elektronen Platz. Ein gestrichelt gezeichnetes Orbital enthält nur ein Elektron und kann noch ein zweites aufnehmen. Daher ist ein Molekül mit einem nur

---

[*] Alphateilchen sind Heliumatomkerne und zweifach positiv elektrisch geladen; Betateilchen sind Elektronen und einfach negativ geladen.

halb vollen Orbital chemisch besonders reaktionsfreudig; man bezeichnet ein solches Molekül auch als *freies Radikal*. Fliegt ein Alphateilchen an einem Molekülorbital vorbei, so zieht es die dort befindlichen Elektronen wegen seiner positiven Ladung an, ein vorbeifliegendes Betateilchen stößt sie ab. Als Folge dieser Anziehung oder Abstoßung kann dreierlei passieren:

- Ein Elektron des Moleküls wird in ein anderes Orbital befördert ($\ominus$ in Teilbild a). In diesem Fall spricht man von *elektronischer Anregung* des Moleküls.
- Eines oder mehrere Elektronen des Moleküls werden in ihren Orbitalen nur etwas verschoben. Dadurch entstehen elektrische Kräfte zwischen den Atomen des Moleküls (in unserem Beispiel Wasserstoff und Sauerstoff) und die Atome fangen an, gegeneinander zu schwingen (Teilbild b). Diesen Vorgang nennt man *Vibrations-* bzw. *Schwingungsanregung*.
- Eines oder mehrere Elektronen werden aus dem zunächst noch elektrisch neutralen Molekül herausgestoßen (Teilbild c). Bei einer solchen *Ionisierung* entsteht ein positiv geladenes Rumpfmolekül; die negative Ladung befindet sich in den herausgeschleuderten Elektronen.

Bei der Wechselwirkung von Gammaquanten mit Molekülen gibt es ebenfalls drei verschiedene Prozesse[*]. Die drei Wechselwirkungsprozesse der Gammastrahlung mit Materie sind folgende (Abb. 4.1 d – f):

- Ein Gammaquant, das an einem Molekül vorbeifliegt, übt eine periodisch fluktuierende elektrische Kraft auf dessen Elektronen aus. Dabei kann die gesamte Energie des Gammaquants auf ein Elektron übertragen werden. Das nennt man *Photoeffekt* (Teilbild d). Das Gammaquant verschwindet dabei, und das Elektron fliegt mit praktisch dessen ganzer Energie davon. Dieses Elektron wirkt dann auf andere Moleküle genauso wie ein Betateilchen (Teilbilder a – c). Das ionisierte Molekül bleibt positiv geladen zurück.
- Das Gammaquant überträgt nur einen Teil seiner Energie auf ein Elektron des Moleküls, verschwindet aber nicht ganz, sondern fliegt mit kleinerer Energie weiter (Teilbild e). Dann spricht man vom *Compton-Effekt*, der 1922 von Arthur H. Compton entdeckt wurde. Das wegfliegende Elektron wirkt ebenso wie ein Betateilchen. Das Gammaquant kann diesen Vorgang der teilweisen Energieübertragung an Elektronen mehrmals nacheinander ausführen, bis es nur noch so wenig Energie hat, dass sie höchstens noch für einen Photoeffekt reicht.
- Wenn das Gammaquant eine Energie von mehr als 1,02 Megaelektronenvolt ($1{,}63 \cdot 10^{-13}$ J) besitzt, dann kann es sich in der Nähe eines Atomkerns vollständig in ein Elektron-Positron-Paar verwandeln[**]. Diesen Vorgang nennt man *Paarbildung* (Teilbild f). Elektron und Positron fliegen mit dem Betrag der 1,02 Megaelektronenvolt übersteigenden Energie des Gammaquants weiter und wirken dabei wie Betateilchen (Teilbilder a – c). Schließlich vereinigt sich das Positron mit einem anderen Elektron, wobei eine Gammastrahlung entsteht, die der Gesamtenergie der beiden Teilchen entspricht.

---

[*] Gammastrahlung ist eine elektromagnetische Welle wie das Licht oder die Röntgenstrahlung, nur mit im Allgemeinen viel größerer Energie als diese.
[**] Ein Positron ist ein Elektron mit positiver Ladung.

4.1 Physikalische Primärprozesse

In den Teilbildern g und h der Abb. 4.1 ist die Wechselwirkung von Neutronen mit Materie erläutert. Da sie keine elektrische Ladung tragen, üben sie auf die Elektronen der Moleküle auch fast keine Kraft aus; es gibt nur eine ganz schwache magnetische Kraft. Die Neutronen können aber mit den Atomkernen der Moleküle reagieren, und zwar auf zweierlei Art:
* Entweder werden sie von einem Kern absorbiert (Teilbild g), der dadurch ein zu großes Neutron-zu-Proton-Verhältnis bekommt und betaradioaktiv wird (*induzierte Betaradioaktivität*, s. auch Abb. 3.5)
* oder das Neutron stößt einen Atomkern nur an und überträgt ihm dabei einen Teil seiner Bewegungsenergie. Der Kern wird dann meist so stark beschleunigt, dass das Atom einige seiner Elektronen verliert (*Strippingprozess*, Teilbild h) und als positiv geladenes Rumpfatom weiterfliegt. Er wirkt dann auf die Moleküle, die er trifft, ähnlich wie ein Alphateilchen (Teilbild a – c).

Die Vielfalt der in Abb. 4.1 dargestellten Prozesse beim Durchgang von energiereicher Strahlung durch Materie wirkt zunächst verwirrend. Insbesondere, wenn man berücksichtigt, dass die Reaktionswahrscheinlichkeiten für alle diese Prozesse noch von der Energie der Strahlung und der Art der getroffenen Atome oder Moleküle abhängen. Letzten Endes findet sich der größte Teil der Strahlungsenergie in einer, wenn auch sehr kleinen, Erwärmung der bestrahlten Materie wieder. Betrachten wir die Abb. 4.1 jedoch noch einmal gründlich, so merken wir, dass es zunächst oft auf eine Ionisation hinausläuft. Dabei wird ein Elektron von einem neutralen Atom oder Molekül abgetrennt. Nur bei der elektronischen und der Schwingungsanregung (Teilbilder a und b) wird kein Elektron aus dem getroffenen Molekül entfernt. Bei einer Ionisation jedoch bleibt das jeweilige Rumpfatom mit positiver Ladung zurück, das heißt als positiv geladenes Atom- oder Molekülion. Das abgespaltene Elektron lagert sich nach einiger Zeit an andere, neutrale Atome oder Moleküle an und bildet so ein negatives Ion. Diese positiven und negativen Ionen sind die Quellen aller weiteren chemischen und biologischen Strahlenwirkungen. Wir besprechen das in den folgenden Abschnitten dieses Kapitels. Zuvor wollen wir jedoch noch zwei Charakteristika der Wechselwirkung von radioaktiver Strahlung mit Materie betrachten: die Reichweite der verschiedenen Strahlungsarten und ihre Ionisierungsdichte. Das ist die Zahl der Ionenpaare, welche die Strahlung beim Durchlaufen einer Strecke erzeugt, dividiert durch die Länge dieser Strecke.

Wie gesagt, sind die Endprodukte der physikalischen Primärprozesse immer Paare von negativen und positiven Ionen, mit Ausnahme der Anregungsprozesse in Abb. 4.1 a und b. Der *mittlere Energieverlust* eines Strahlungsteilchens beträgt bis zur Erzeugung eines Ionenpaares etwa 34 Elektronenvolt ($5,4 \cdot 10^{-18}$ J) [Jä 74, Kr 02]. Darin sind bis zu fünf Anregungsprozesse enthalten; für eine Ionisation allein bräuchte man weniger Energie. Die 34 Elektronenvolt sind ein gemittelter Wert für viele Strahlenarten in Luft und Wasser. Das gilt für den bei Spaltprodukten vorkommenden Energiebereich der Strahlen. Ein Strahlungsteilchen bzw. ein Gammaquant von einem Megaelektronenvolt Energie erzeugt also im Mittel eine Million geteilt durch 34, das heißt 29 400 Ionenpaare.

Dagegen sind die Abstände zwischen zwei aufeinanderfolgenden Ionenpaaren für die einzelnen Strahlenarten sehr unterschiedlich [Jä 74]. Bei Alphastrahlen sind diese Abstände am kleinsten. Für ein Megaelektronenvolt Energie betragen sie in Flüssigkeiten und Festkörpern etwa 0,000 000 000 2 Meter (0,2 Nanometer), das ist etwa der Abstand benachbarter Atome. Für Betastrahlen derselben Energie sind die Abstände rund 2500-mal so groß, das heißt 0,5 Mikrometer, ein halber tausendstel Millimeter. Für Gammastrahlen sind die Abstände im Mittel noch etwa einhundertmal größer. Dieser Unterschied in der *Ionisierungsdichte* erklärt die viel stärkere biologische Wirksamkeit von Alphastrahlen gegenüber derjenigen von Beta- und Gammastrahlen, die wir in einem späteren Abschnitt besprechen werden (s. Kap. 4.4).

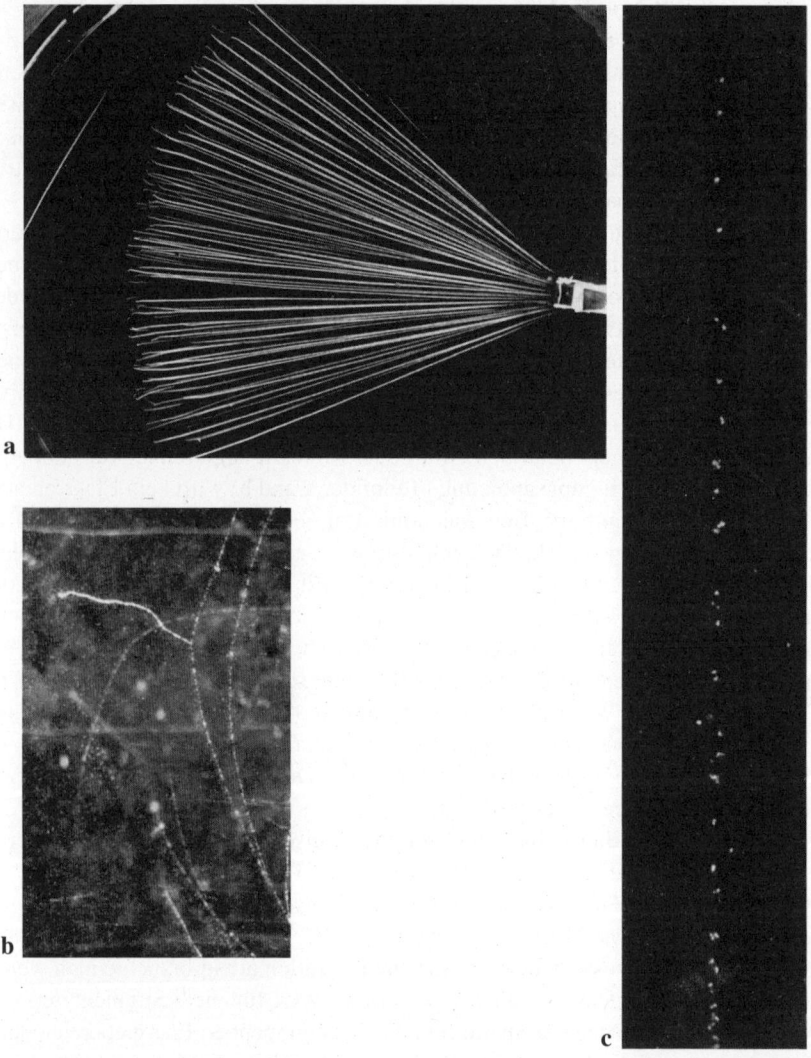

Abb. 4.2 Nebelkammeraufnahmen energiereicher Strahlung (Fotos aus [Ge 54]). (a) Alphastrahlen in Luft bei vermindertem Druck (0,024 bar, Energie etwa fünf Megaelektronenvolt, Originalbildhöhe zehn Zentimeter), (b) Betastrahlen in Luft (Energie 300 Kiloelektronenvolt, Originalbildhöhe sieben Zentimeter), (c) Gammastrahlen treten von unten in eine mit Argon gefüllte Kammer (Energie neun Kiloelektronenvolt, Originalbildhöhe 24 Zentimeter; man erkennt die exponentielle Abnahme der Intensität mit der Dicke der durchquerten Gasschicht).

4.1 Physikalische Primärprozesse

In Abb. 4.2 sind Bahnspuren von radioaktiven Strahlen in einer Wilson'schen *Nebelkammer* fotografiert. Das ist ein Glasgefäß mit übersättigtem Wasserdampf. Sobald ein ionisierendes Teilchen da hindurchfliegt, hinterlässt es eine weiße Spur aus kleinen Wassertröpfchen, die aussieht wie ein Flugzeugkondensstreifen en miniature. Jedes durch Zusammenstoß des Teilchens mit einem Gasmolekül gebildete Ion wirkt als Kondensationskeim für den sonst unsichtbaren Wasserdampf. Die an den Ionen kondensierten Wassertröpfchen haben Durchmesser von einigen Mikrometern und streuen das Licht einer Lampe nach allen Richtungen. Daher erscheinen sie weiß auf schwarzem Hintergrund.

Wir besprechen diese Nebelkammerbilder jetzt etwas ausführlicher, weil sie uns die radioaktive Strahlung sichtbar vor Augen führen. Bei allen späteren Überlegungen zur Wirkung solcher Strahlung sollten wir diese Bilder im Gedächtnis haben.

Teilbild a der Abb. 4.2 zeigt die Bahnspuren von Alphateilchen in verdünnter Luft. Sie kommen aus einer Quelle am rechten Bildrand und haben eine Reichweite von neun Zentimeter. Teilbild b zeigt die gegenüber den Alphateilchen von (a) etwa einhundertmal kleinere Ionisierungsdichte von Betastrahlen. Die Betateilchen (Elektronen) kommen von rechts unten. Ihre Bahnen sind durch ein Magnetfeld etwas gekrümmt. Im oberen Bildteil überträgt ein Elektron etwa zehn Prozent seiner Energie auf ein anderes Elektron des Kammergases, und dieses fliegt nach links oben weg. Die Wirkung von Gammastrahlen sieht man im Teilbild c. Jedes Gammaquant überträgt hier, beim Photoeffekt, seine gesamte Energie auf ein Elektron. Diese Elektronen haben jedoch nur eine Reichweite von einigen zehntel Millimetern. Ihre Bahnspuren erscheinen in dieser Vergrößerung nicht aufgelöst als weiße Punkte. Nun wissen wir, wie radioaktive Strahlen „aussehen".

Die Teilchen der radioaktiven Strahlung kommen in Materie erst dann zur Ruhe, wenn ihre ganze Bewegungsenergie durch Zusammenstöße aufgebraucht ist. Für Alphateilchen von fünf Megaelektronenvolt, wie sie von Transuranen emittiert werden, ist das in Luft nach etwa vier Zentimetern Weglänge der Fall, in Wasser oder biologischem Gewebe nach 40 Mikrometern (0,04 Millimeter). Diese Größe nennt man die *Reichweite* der Strahlung (s. auch Abb. A-1 und A-2 im Anhang). Die Betateilchen der Spaltprodukte haben bei einer Energie von einem Megaelektronenvolt in Luft eine Reichweite von zwei Metern, in Wasser oder biologischem Material von drei Millimetern. Für elektrisch geladene Teilchen wie in Alpha- und Betastrahlen nimmt die Reichweite mit der Energie zu. Bei Gammastrahlen gibt es, wie schon erwähnt, keine feste Reichweite, nach der ihre gesamte Energie aufgebraucht ist. Sie verlieren ihre Energie ja normalerweise nicht nach und nach durch viele Zusammenstöße (außer beim Compton-Effekt), sondern bei einem einzigen Absorptionsprozess (s. Abb. 4.1 d u. f). Wann dieser stattfindet, das hängt vom Zufall ab, nämlich davon, ob ein getroffenes Elektron oder ein Atomkern den Prozess „mitmacht". Man kann daher für Gammastrahlen keine Reichweite angeben, jedoch die Strecke, nach der ihre Intensität auf die Hälfte abgefallen ist, die *Halbwertsdicke* (s. Abb. A-3 im Anhang). Sie beträgt für Gammastrahlen von 0,5 Megaelektronenvolt, einer typischen Gammaenergie von Spaltprodukten, in Luft 65 Meter und in Wasser oder biologischem Gewebe zehn Zentimeter. Nach der doppelten Halbwertsdicke ist die Intensität der Gammastrahlung, das heißt, die Zahl der Gammaquanten pro Sekunde, auf ein Viertel abgefallen, nach der dreifachen Halbwertsdicke auf ein Achtel usw. (Abb. 4.3). Für Neutronen schließlich sind die Halbwertsdicken von der gleichen Größenordnung

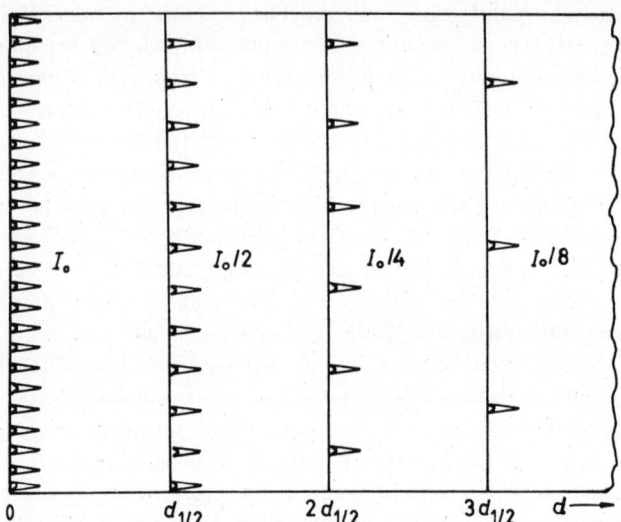

Abb. 4.3 Abnahme der Intensität von Gammastrahlung, bzw. der Zahl der Gammaquanten, die von links her einfallen, mit der Dicke d der durchquerten Materie. Am linken Rand beträgt die Intensität I_0, nach drei Halbwertsdicken ($d_{1/2}$) nur noch $I_0/8$. Die Intensität der Strahlung ist hier durch die Anzahl der Pfeile repräsentiert.

wie für Gammastrahlen, sofern diese Neutronen Kernprozesse auslösen oder von Atomkernen absorbiert werden [Gl 73, Re 90]. Schnelle Neutronen von einigen Megaelektronenvolt Energie verlieren diese jedoch zunächst durch elastische Zusammenstöße mit Atomkernen, und für diesen Fall lässt sich eine Reichweite angeben, innerhalb derer sie auf thermische Geschwindigkeit (etwa zwei Kilometer pro Sekunde) abgebremst werden. In Wasser sind das etwa 20 Zentimeter, in Luft 100 Meter [He 97, Ja 62, Se 53].

Dividiert man die Anzahl der erzeugten Ionenpaare durch die Reichweite der Strahlung, so erhält man die *mittlere Ionisierungsdichte*. Wie bereits erwähnt, spielt sie für die biologische Strahlenwirkung eine große Rolle. Die zu ihrer Berechnung notwendige Anzahl der erzeugten Ionenpaare erhält man einfach als Quotienten der Anfangsenergie der Strahlung und der mittleren Energie zur Erzeugung eines Ionenpaares, nämlich 34 Elektronenvolt (s. o.). Bei einer Anfangsenergie von fünf Megaelektronenvolt ergibt dies etwa 147 000 Ionenpaare, bei einem Megaelektronenvolt etwa 29 400. Für Alphateilchen von fünf Megaelektronenvolt beträgt demnach die mittlere Ionisierungsdichte in Wasser 147 000 geteilt durch die Reichweite von 40 Mikrometer (s. o.). Das ergibt 3680 Ionenpaare pro Mikrometer. Ein solches Alphateilchen ionisiert also praktisch jedes Atom, an dem es vorbeifliegt. Für Betastrahlen von einem Megaelektronenvolt ist die mittlere Ionisierungsdichte in Wasser natürlich viel geringer, nämlich mit den oben genannten Zahlen (29 400 Ionenpaare) : (3 Millimeter) ≈ 10 Ionenpaare pro Mikrometer. Ein solches Betateilchen ionisiert daher in Wasser nur etwa jedes dreihundertste Atom, an dem es vorbeifliegt. In organischem Gewebe, das zum größten Teil aus Wasser besteht, sind die Verhältnisse sehr ähnlich.

Abbildung A-4 im Anhang zeigt die gemessene Ionisierungsdichte für Alpha- und Betastrahlen. Sie stimmt nicht genau mit den soeben gemachten Abschätzungen überein, weil bei diesen die atomare Struktur des ionisierten Mediums vernachlässigt wurde. Bei Gammastrahlen kann man keinen sinnvollen Wert für die mittlere Ionisierungsdichte angeben, denn ihre Intensität nimmt, entsprechend Abb. 4.3, exponentiell mit der durchquerten Schichtdicke ab.

Wir wissen nun, was beim Durchgang radioaktiver Strahlung auf atomarer Ebene geschieht: Es werden im Wesentlichen Ionen gebildet. Ihre Dichte hängt von der Art und Energie der Strahlung sowie von der Natur des bestrahlten Mediums ab. Als nächstes betrachten wir jetzt die chemischen Vorgänge in radioaktiv bestrahlter Materie.

4.2 Chemische Primärprozesse

Alle Lebensfunktionen von Organismen beruhen auf Veränderungen von Struktur und Bestandteilen ihrer Moleküle. Die Anordnung der Atomkerne und Elektronen in einem Molekül wird durch die physikalischen Vorgänge bei radioaktiver Bestrahlung verändert. Im vorigen Abschnitt haben wir gesehen, dass hierbei die Anregung von Elektronen und von Schwingungen in einem Molekül, hauptsächlich aber die Ionisation der Moleküle eine Rolle spielen. In einem ungestörten Molekül nehmen alle Atomkerne und Elektronen solche Positionen ein, dass ihre Gesamtenergie möglichst klein wird. Stört man diese Konfiguration, so verändert das Molekül seine Eigenschaften und mit ihnen seine biologischen Funktionen. Da die Zellen lebender Organismen hochentwickelte „chemische Fabriken" sind, wirkt eine beliebige, ungezielte Störung fast immer schädlich. Es wäre ein sehr großer Zufall, wenn eine solche Störung irgendeine Zellfunktion verbessern würde. Ein ähnlich unwahrscheinliches Ereignis, wie wenn die in einen Computer geschossene Pistolenkugel seine Rechenleistung verbessern würde.

Im menschlichen Körper gibt es einige hunderttausend verschiedene Molekülsorten. Die wichtigsten Biomoleküle sind Proteine (Eiweiße), Nukleinsäuren (Erbsubstanz), Saccharide (Kohlehydrate), Lipide (Fette) und Enzyme (Katalysatoren). Außerdem enthält ein Mensch etwa 60 Prozent Wasser und eine ganze Reihe anorganischer Verbindungen wie Phosphate, Sulfate oder Nitrate. Als Beispiel ist in Abb. 4.4 die Struktur eines wichtigen Biomoleküls, des Myoglobins, eines Bestandteils unserer Muskeln, gezeigt.

Wir können hier natürlich auch nicht annähernd alle in Lebewesen vorkommenden Molekülsorten und ihre Veränderungen durch radioaktive Strahlung besprechen. Daher wollen wir uns auf zwei Beispiele beschränken: die Strahlenwirkung auf Wasser und auf Nukleinsäuren. Wegen des hohen Wassergehalts der meisten organischen Zellen sind dessen strahleninduzierte Veränderungen Ausgangspunkte vieler, sekundärer biochemischer Reaktionen. Die Strahlenwirkung auf Nukleinsäuren andererseits ist wegen ihrer genetischen Folgen und wegen der Auslösung von Krebserkrankungen von Bedeutung. Die Bestrahlungseffekte im Wasser bezeichnet man auch als indirekte Strahlenwirkung, diejenigen in Nukleinsäuren als direkte [Kr 02].

Zunächst zur Strahlungsionisierung von Wasser. In Abb. 4.5 ist dargestellt, was alles mit einem ionisierten Wassermolekül passieren kann [Ho 77, Tu 95]. Teilbild a zeigt die drei Hauptprodukte der physikalischen Primärprozesse aus Abb. 4.1, die in reinem Wasser (H_2O) ablaufen: Ein angeregtes neutrales Wassermolekül ($H_2O^\#$) mit zwei ungepaarten Elektronen, ein positiv geladenes Wassermolekül (H_2O^+) und ein von diesem abge-

Abb. 4.4 Räumliche Struktur des Myoglobins. Das fadenförmige Gebilde im Inneren stellt schematisch die Aminosäurenkette dar (nach [Ho 77]).

spaltenes Elektron (e⁻). Daneben entstehen auch noch mehrfach ionisierte Moleküle (H_2O^{++}, H_2O^{+++} usw.), die aber durch Rekombination mit den abgespaltenen Elektronen fast augenblicklich wieder verschwinden. Die *freien Radikale* $H_2O^{\#}$ und H_2O^{+} reagieren chemisch besonders leicht mit anderen Atomen oder Molekülen, weil ein ungepaartes Elektron (gestrichelt dargestellte Orbitale in der Abbildung) bestrebt ist, sich mit einem anderen Elektron zu paaren, und das Molekül kehrt dadurch wieder in einen Zustand geringerer Energie zurück.

Daher geschieht zunächst Folgendes (Teilbilder b – e): Das H_2O^+-Ion nimmt einem neutralen Wassermolekül ein Wasserstoffatom weg und wird damit zu einem positiv geladenen Oxoniumion (H_3O^+). Dafür bleibt vom neutralen Molekül ein freies, ungeladenes Hydroxidradikal OH übrig (Teilbild b). Das angeregte Wassermolekül $H_2O^{\#}$ gibt eines der äußersten Elektronen ab und bleibt als H_2O^+-Ion zurück (Teilbild c); oder $H_2O^{\#}$ zerfällt in ein neutrales Wasserstoffatom (H), das ebenfalls ein Radikal ist, und ein Hydroxidradikal OH (Teilbild d). Die freien Elektronen aus Teilbild a und c umgeben sich mit polarisierten, aber neutralen Wassermolekülen und bilden hydratisierte Elektronen (e^-_{aq}, Teilbild e). Alle diese Prozesse laufen sehr schnell ab, innerhalb einer billionstel Sekunde (10^{-12} Sekunden) nach der primären Anregung bzw. Ionisation.

Danach gibt es in reinem Wasser außer den ungestörten Molekülen nur noch die Folgeprodukte H_3O^+, OH, H und e^-_{aq}. Nun laufen innerhalb einer millionstel Sekunde (10^{-6} Sekunden), also sehr viel langsamer als bisher, die folgenden *chemischen Sekundärprozesse* ab (Teilbilder f – j): zwei Hydroxidradikale vereinigen sich zu Wasserstoffperoxid (H_2O_2), das ein starkes Oxidationsmittel und ein bekanntes Zellgift ist (Teilbild f). Ein Hydroxidradikal und ein hydratisiertes Elektron bilden zusammen ein Hydroxidion OH^- (Teilbild g). Ein Hydroxidradikal und ein Wasserstoffatom bilden neutrales Wasser (Teilbild h). Ein hydratisiertes Elektron und ein Oxoniumion liefern neutrales Wasser und ein Wasserstoffatom (Teilbild i). Aus zwei Wasserstoffatomen entsteht neutrales Wasserstoffgas H_2 (Teilbild j). Etwa eine millionstel Sekunde nach der primären Strahlenwirkung sind alle diese Reaktionen abgelaufen, und es existieren jetzt nur noch die Folgeprodukte H_2O_2, H_2 sowie überschüssiges OH^- und H_3O^+. Letztere Ionen bleiben in reinem Wasser für einige Sekunden erhalten, bevor sie wieder zu H_2O rückgebildet werden. Sind aber andere Moleküle vorhanden, so reagieren die Radikale mit diesen oft in wesentlich kürzerer Zeit. Wasserstoffperoxid (H_2O_2) und Hydroxidradikale sind starke Oxidationsmittel. Sie binden Wasserstoff und entziehen daher anderen organischen Molekülen ihre Wasserstoffatome. Auf zellulärer Ebene spricht man dabei von oxidativem Stress, den die Zellen unter anderem durch Antioxidantien abzuwehren versuchen, zum Beispiel durch Ascorbinsäure, Carotinoide oder Harnsäure [Rö 92].

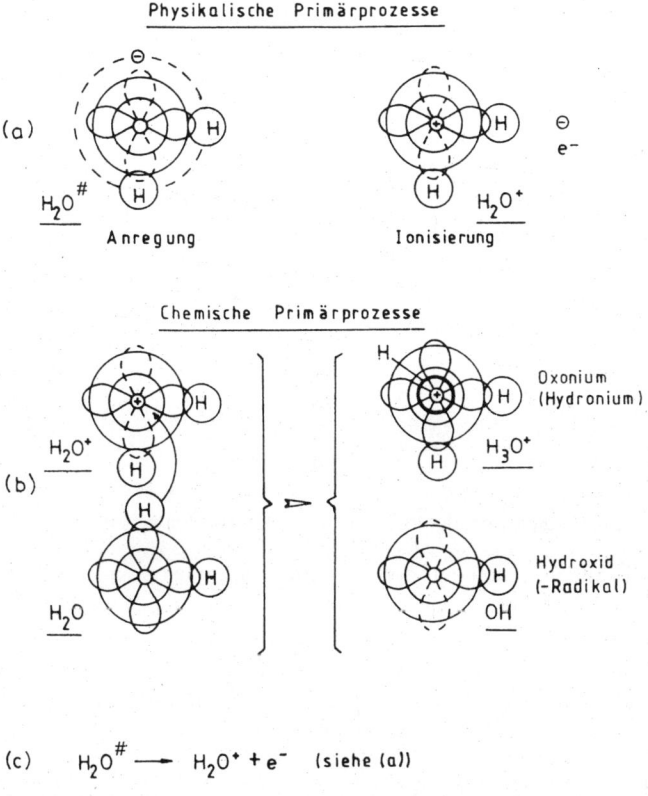

Abb. 4.5 Chemische Vorgänge bei der Ionisierung von Wasser. Die gestrichelt gezeichneten Orbitale der Wassermoleküle sind mit nur einem Elektron halb besetzt, die durchgezogenen mit je zwei Elektronen ganz gefüllt. (a) Hauptprodukte der physikalischen Primärprozesse (s. Abb. 4.1), (b) Bildung von Oxoniumion und Hydroxidradikal aus H_2O^+ und H_2O (der dicke konzentrische Kreis stellt ein Wasserstoffatom vor der Zeichenebene dar), (c) Umwandlung von $H_2O^\#$ in H_2O^+ und e^-, (d) Umwandlung von $H_2O^\#$ in H und OH, (e) Bildung eines hydratisierten Elektrons, (f) Bildung von Wasserstoffperoxid, (g) Bildung von Hydroxidionen, (h) Inaktivierung von Hydroxidradikalen, (i) Neutralisierung von Oxoniumionen, (j) Bildung von Wasserstoffmolekülen.

(d) $H_2O^{\#} \rightarrow H + OH$

(e) $e^- \rightarrow e^-_{aq}$

Chemische Sekundärprozesse

(f) $OH + OH \rightarrow H_2O_2$

(g) $OH + e^-_{aq} \rightarrow OH^-$

(h) $OH + H \rightarrow H_2O$

(i) $H_3O^+ + e^-_{aq} \rightarrow H_2O + H$

(j) $H + H \rightarrow H_2$

Abb. 4.5 Chemische Vorgänge bei der Ionisierung von Wasser (Forts.).

Aus der Fülle anderer, nicht auf der Wasserionisation beruhender Strahlenwirkungen an organischen Molekülen erwähnen wir noch kurz einige Beispiele [Ho 77, Rö 92]:
- Aminosäuren, die Bausteine aller Proteine, bestehen aus eine Kohlenstoffkette mit in der Regel einer COOH-Gruppe am einen und einer NH_2-Gruppe am anderen Ende. Durch Ionisation werden Aminosäuren gespalten. Es entsteht in mehren Folgeschritten Wasserstoff und Nitrat, wobei die Aminosäure und damit das Protein modifiziert oder zerstört wird.
- Schwefelhaltige Fermente bzw. Enzyme besitzen die allgemeine Formel E-SH. Dabei steht E für ein größeres organisches Molekül, in dem als Bestandteil Cystein oder Cysteamin enthalten ist. Durch Ionisation wird von der SH-Gruppe Wasserstoff abgespalten und es entsteht eine Disulfid-Bindung (– SS –):
$E-SH + E'-SH \longrightarrow E-SS-E' + H_2$.
Disulfide sind starke Zellgifte. Sie sind zwar an der Bindung zwischen Polypeptidketten in Proteinen beteiligt, aber schaden dort, wo sie nicht hingehören.
- Nukleinsäuren sind die Bausteine der Erbsubstanz. Wird die Erbsubstanz durch radioaktive Strahlung verändert (*strahleninduzierte Mutation*), so entsteht bei deren Reproduktion eine geschädigte Zelle. Im Unterschied dazu bewirkt ein Strahlenschaden an

einem Protein oder einem anderen nicht genetischen Molekül im Allgemeinen einen funktionellen Fehler, der nicht weiter vererbt wird[*].

Wegen der besonderen Bedeutung der Erbsubstanz für das Leben wollen wir die Strahlenwirkung auf diese nun noch etwas genauer besprechen.

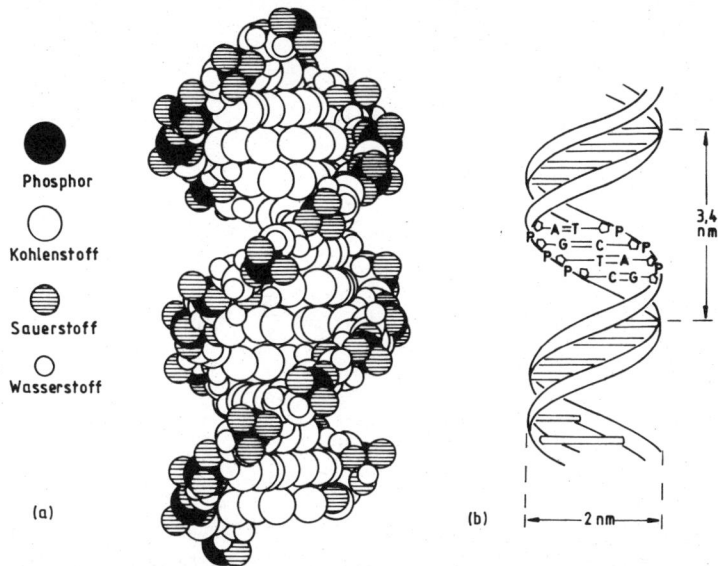

Abb. 4.6 Struktur der Desoxyribonukleinsäure (DNS) (nach [Ho 77]). (a) Atomares Modell eines Teils des Moleküls, (b) schematischer Aufbau der Doppelhelix. Die Nukleinbasen A, C, G und T bestehen aus je 15 bis 20 Atomen (C, H, N und O). Die Phosphorsäure ist hier mit P bezeichnet, die kleinen Fünfecke sind Zuckerreste (Desoxyribose).

Zunächst betrachten wir in Abb. 4.6 die Struktur der Erbsubstanz, der Desoxyribonukleinsäure (DNS). Sie ist, abgesehen von den Proteinen, das Biomolekül mit der komplexesten bis heute bekannten Struktur. Diese wurde 1953 von Francis H. C. Crick, James D. Watson und Maurice H. Wilkins entdeckt. Teilbild a der Abb. 4.6 zeigt ein räumliches Modell eines kleinen Abschnitts des DNS-Moleküls. Seine Struktur gleicht einer doppelt gewundenen Schraube und wird als Doppelhelix bezeichnet (Teilbild b). Bei jedem Lebewesen steckt die gesamte Erbinformation in der Aufeinanderfolge von vier relativ einfach gebauten Molekülgruppen im Inneren der Doppelhelix, die durch ein Zucker-Phosphat-Gerüst zusammen gehalten werden. Es sind dies die Nukleinbasen Adenin (A), Cytosin (C), Guanin (G) und Thymin (T). Beim Menschen enthält ein DNS-Molekül 3,2 Milliarden solcher Basenpaare, die in dem etwa einen Meter langen Molekül aufgereiht sind [Rö 92]. In jedem menschlichen Zellkern ist eines dieser Moleküle, vielfach zusammengewickelt, enthalten. Bei der Zellteilung wird es entfaltet und dupliziert. In den letzten Jahren ist es gelungen, die genaue Anordnung aller dieser Basenpaare im

---

[*] Neuere Untersuchungen zeigen allerdings, dass es auch Ausnahmen von dieser Regel gibt: Eine Strahlenschädigung im Cytoplasma kann in den Zellkern wandern [Da 99].

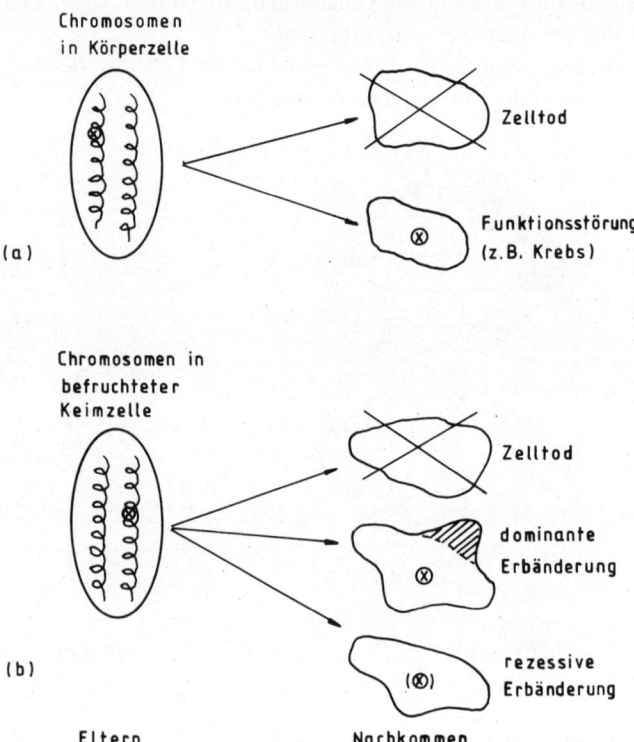

Abb. 4.7 Schematische Darstellung möglicher Folgen von Mutationen ($\otimes$). (a) bei Körperzellen, (b) bei befruchteten Keimzellen.

DNS-Molekül bei einer Reihe von Lebewesen und auch beim Menschen zu entschlüsseln. Allerdings wissen wir bis auf wenige Ausnahmen noch nicht, welche Erbinformation zu welcher Gruppe von Basenpaaren gehört. Allein das „Lesen" von drei Milliarden Buchstaben (A, C, G und T) dauert bei einer Lesegeschwindigkeit von einem Basenpaar pro Sekunde rund hundert Jahre!

Wird auch nur eine einzige dieser Nukleinbasen verändert, indem etwa eines ihrer Atome ionisiert wird, so kann das zu einer Erbänderung, einer *Mutation* führen. Auch eine Strahlenschädigung im Zucker-Phosphat-Gerüst der DNS kann den gleichen Effekt haben. Beide Arten genetischer Strahlenschädigung führen eventuell zum Absterben der Zelle oder zur Veränderung ihrer biologischen Funktion nach der Zellteilung (Abb. 4.7, s. auch Abb. 4.19). Körperzellen können auf diese Weise zum Beispiel zu Krebszellen entarten. Keimzellen geben, wenn sie die Schädigung überleben, die veränderte Information an Nachkommen weiter. Die Mutationen sind zwar in den meisten Fällen rezessiv, das heißt, sie treten nur in Erscheinung, wenn bei beiden Eltern die gleiche oder eine sehr ähnliche molekulare Veränderung stattgefunden hat. Das ist bei schwacher Bestrahlung oder kleiner Ionisierungsdichte aber relativ selten. Dominante Mutationen dagegen manifestieren sich schon bei Schädigung nur eines Elternteils (s. Kap. 4.4.7).

Diese wenigen Beispiele mögen genügen. In *lebenden Zellen* gibt es viele zehntausende ähnlicher, strahleninduzierter chemischer Reaktionen, die heute erst zum kleinen Teil genauer erforscht sind. Besser bekannt sind die biologischen Auswirkungen dieser chemischen Prozesse (s. Kap. 4.4). Allerdings muss man sich in Unkenntnis der genauen chemischen Vorgänge auf der biologischen Ebene mit einer empirischen und phänomenologischen Beschreibung begnügen, was bis dato eines der großen Probleme der Strahlenbiologie darstellt. Hierin liegt eine der Ursachen für die Meinungsverschiedenheiten unter Fachleuten über die Gefährlichkeit oder Harmlosigkeit des Atommülls.

Bevor wir die biologischen und medizinischen Folgen der chemischen Strahlenwirkungen besprechen, müssen wir uns im nächsten Abschnitt mit einer quantitativen Messgröße für solche Wirkungen beschäftigen, der Strahlendosis.

4.3 Die Strahlendosis und ihre Messung

Wie kann man die biologischen und medizinischen Strahlenwirkungen messen? Und wovon hängt die Stärke einer solchen Wirkung ab: von der Art der Strahlung, ihrer Aktivität oder ihrer Energie? Zur Beantwortung dieser Fragen müssen wir eine geeignete Messgröße einführen. Zunächst stellen wir fest, dass es zwei verschiedene Gruppen biologischer Strahlenschädigungen gibt: Zur ersten Gruppe gehören vererbbare Mutationen, die *genetischen Schäden*. Zur zweiten Gruppe gehören die *somatischen Schäden* wie Verbrennungen, Schleimhauterkrankungen, Tumore und der bei starker Bestrahlung eintretende Strahlentod. Die Schäden der ersten Gruppe sind „irreversibel", das heißt, sie werden bei der Zellteilung weitergegeben. Diejenigen der zweiten Gruppe sind überwiegend „reversibel", das heißt, sie können im Prinzip geheilt werden (dies gilt natürlich nicht für den Strahlentod). Beide Gruppen von Schäden unterscheiden sich auch in ihrer Abhängigkeit von der *Strahlendosis*. Was steckt hinter diesem Begriff? Die Strahlendosis ist diejenige Energie E, die eine bestimmte Menge von Strahlung an die Atome der bestrahlten Materie abgibt, geteilt durch die Masse m dieser Materie. Die *Energiedosis*, $D = E/m$, ist also eine „spezifische Energie" oder „Energie pro Masse". Um sie zu berechnen, muss man E aus der Aktivität A, das heißt der Anzahl der pro Zeitintervall zerfallenden Teilchen entnehmen (s. Kap. 3.1). Man muss dazu A mit der Bestrahlungsdauer t und der Energie e eines einzelnen Zerfalls multiplizieren: $E = A \cdot t \cdot e$. Für die inkorporierte Energiedosis, oder kurz: Dosis, ergibt sich dann

Dosis = Energie/Masse = (Aktivität · Zeit · Zerfallsenergie)/Masse,

$$D = \frac{E}{m} = \frac{A \cdot t \cdot e}{m} \ . \tag{4}$$

Die Maßeinheit der Dosis ist Joule pro Kilogramm und hat in der Radiologie einen eigenen Namen, nämlich Gray, nach dem englischen Physiker Louis H. Gray:
- 1 Gray = 1 Joule pro Kilogramm.

(*Achtung*: Die Gleichung (4) für den Zusammenhang zwischen Strahlendosis und Aktivität gilt nur für den Fall, dass die Strahlenquelle sich im Inneren des Mediums bzw. des

Körpers befindet, und dass die Strahlung dort vollkommen absorbiert wird; dass also nichts davon nach außen dringt.)

Ein Gray ist, verglichen mit den im täglichen Leben vorkommenden Werten eine relativ kleine spezifische Energie. So braucht man etwa zum Erwärmen von einem Liter Wasser um ein Grad eine Wärmeenergie von 4187 Joule (entsprechend 4187 Gray). Und bei einem einstündigen Bad in der warmen Badewanne nimmt unser Körper eine Energie von etwa 4500 Joule pro Kilogramm auf, also bei 75 Kilogramm rund 340 000 Joule. Das entspricht einer spezifischen Strahlungsenergie von 4500 Gray. Andererseits kann man mit einem Gray einen Liter Wasser nur um etwa 0,0002 Grad erwärmen. Und eine solche Temperaturerhöhung würde unserem Körper überhaupt nicht schaden. Medizinisch gesehen ist aber schon ein Gray ein sehr hoher Wert. Eine solche Strahlungsenergie führt, wie wir im nächsten Abschnitt sehen werden, zur akuten Strahlenkrankheit. Offenbar kommt es also nicht auf die absolute Menge der zugeführten Energie an, sondern darauf, in welcher Form der Körper sie erhält. Ein Gray Strahlungsenergie erzeugt in jeder davon getroffenen Zelle unseres Körpers etwa 90 000 molekulare Veränderungen [Ja 62]. Wegen ihrer relativen Kleinheit wird die Strahlungsenergie daher oft unterschätzt. Folgender Vergleich ist hilfreich: Von langsam fallenden kleinen Stahlkugeln berieselt zu werden, schadet uns nichts. Aber eine einzige schnell bewegte Kugel, an die richtige Stelle geschossen, kann tödlich sein.

Als Beispiel für die Anwendung der Dosis-Aktivitäts-Beziehung berechnen wir mit Hilfe der Gleichung (4) die Strahlendosis, die unser Körper von der Radioaktivität des natürlichen, in ihm enthaltenen Kaliums empfängt. Das natürliche Kalium besteht fast ausschließlich aus Kalium-39 und enthält nur 0,012 Prozent des radioaktiven Isotops Kalium-40 [Nu 98]. Dieses zerfällt zu 90 Prozent durch Aussendung von Betastrahlen (Energie: 1,3 Megaelektronenvolt) in Calcium-40 und zu 10 Prozent durch Einfang eines Elektrons und Aussendung von Gammastrahlung in Argon-40. Die Halbwertszeit beträgt 1,28 Milliarden Jahre, die Zerfallskonstante $1,7 \cdot 10^{-17}$ (Sekunden)$^{-1}$. Ein erwachsener Mensch enthält etwa 150 Gramm natürliches Kalium [Ki 87, Kr 02]. Das entspricht 0,018 Gramm Kalium-40 bzw. $2,7 \cdot 10^{20}$ Atomen dieses radioaktiven Isotops. Die Aktivität einer solchen Menge erhält man aus unserer Gleichung (1) ($A = \lambda \cdot N$) zu $A = 4600$ Becquerel. Setzen wir dies in Gleichung (4) ein, die Energie eines Betazerfalls zu 1,3 Megaelektronenvolt = $2,1 \cdot 10^{-13}$ Joule, und die Masse der Person zu $m = 75$ Kilogramm, so erhalten wir eine mittlere Dosis für den ganzen Körper von $D = 1,3 \cdot 10^{-11}$ Gray pro Sekunde oder 0,41 Milligray pro Jahr[*]. Was diese Strahlendosis für unsere Gesundheit bedeutet, das besprechen wir im nächsten Abschnitt (s. Kap. 4.4).

Durch zahlreiche Beobachtungen hat man gelernt, dass die biologische Strahlenwirkung nicht nur vom Betrag der absorbierten Dosis abhängt, sondern auch von deren zeitlicher Verteilung, von der Art des Organs, das bestrahlt wird, und natürlich von der Ionisierungsdichte. Alle diese Einflüsse sind heute gründlich erforscht. Der wichtigste Faktor ist dabei die *Ionisierungsdichte*. Wir haben in Abb. 4.2 gesehen, dass sie für Alphastrahlen am größten ist, für Gammastrahlen am kleinsten, bezogen auf gleiche Energie der Strahlung. Je dichter die Ionen in der bestrahlten Materie liegen, desto größer ist im Allgemeinen ihre biologische Wirksamkeit. Die Ursache dafür liegt in der Effektivität der

---

[*] 1 Milligray = 0,001 Gray; 1 Jahr = 31,5 Millionen Sekunden

4.3 Die Strahlendosis und ihre Messung

körpereigenen Reparaturmechanismen für beschädigte Moleküle. Je dichter diese beieinander liegen, umso schwieriger wird ihre vollständige Reparatur oder ihre Beseitigung. Man berücksichtigt dies durch einen *Qualitätsfaktor Q* in der Dosisformel (4) und führt damit die *Äquivalentdosis H* ein:

$$H = Q \cdot D = Q \cdot \frac{E}{m} = Q \cdot \frac{A \cdot t \cdot e}{m} \quad . \tag{5}$$

Das ist diejenige Dosis einer beliebigen Strahlung, welche die gleiche biologische Wirkung erzeugt wie 1 Gray Gammastrahlung. Der Zahlenwert von Q wird empirisch bestimmt und beträgt im Mittel 1 für Beta- und Gammastrahlen, 20 für Alphastrahlen und mittelschnelle Neutronen (zwischen einhundert Kiloelektronenvolt und zwei Megaelektronenvolt) sowie 5 bis 10 für langsame und sehr schnelle Neutronen [Tu 95]. Alphastrahlen sind also biologisch etwa zwanzigmal so wirksam wie Beta- und Gammastrahlen. Diese Pauschalwerte für Q berücksichtigen zwar nicht genau die Abhängigkeit der Wirkung von der Energie der Strahlung, sind aber für die meisten Strahlenschutzzwecke ausreichend. Die Äquivalentdosis H wird, ebenso wie die Energiedosis D, in der Einheit Joule pro Kilogramm gemessen. Ihre Einheit hat aber, um sie von D (in Gray) zu unterscheiden, einen anderen Namen bekommen, nämlich *Sievert*, nach dem schwedischen Physiker Rolf M. Sievert. Man verwendet die Energiedosis D in Gray, wenn man sich auf eine bestimmte, vorher festgelegte Strahlenart bezieht. Die Äquivalentdosis H in Sievert wird verwendet, wenn man von verschiedenen Strahlenarten gemeinsam spricht[*]. Unter Berücksichtigung des Q-Faktors gilt für Beta- und Gammastrahlen: 1 Sievert = 1 Gray; für Alphastrahlen und mittelschnelle Neutronen aber: 1 Sievert = 0,05 Gray. Ebenso wie bei D der Vorsatz „Energie-" vor Dosis oft weggelassen wird, so auch der Vorsatz „Äquivalent-" bei H!

Neben der unterschiedlichen Ionisierungsdichte der einzelnen Strahlenarten, die pauschal durch den Q-Faktor berücksichtigt wird, spielt die unterschiedliche Empfindlichkeit der einzelnen Körperorgane eine große Rolle. Sie wird durch den *Gewebewichtungsfaktor w* charakterisiert. Dieser Faktor beschreibt allerdings nur die Unterschiede bezüglich genetischer Strahlenwirkungen und bezüglich der Krebsentstehung. Er beträgt 0,20 für die Keimdrüsen, 0,12 für Knochenmark, Dickdarm, Lunge und Magen, 0,01 für Haut und Knochen, sowie jeweils 0,05 für Blase, Brust, Leber, Speiseröhre, Schilddrüse und den ganzen nicht genannten Rest des Körpers [Bu 02, Tu 95]. Das bedeutet zum Beispiel, dass die Keimdrüsen 20-mal empfindlicher sind als die Knochen oder die Haut. Diese Gewebewichtungsfaktoren, deren Summe Eins ergibt, beschreiben den relativen Beitrag der einzelnen Organe zum Krebsrisiko des Gesamtkörpers. Man braucht die w-Faktoren vor allem zur Abschätzung der Strahlenwirkung bei ungleichmäßiger Bestrah-

---

[*] In der Literatur begegnet man häufig noch den *alten Dosiseinheiten*, die vor 1978 im Gebrauch waren (ebenso wie die alte Einheit der Radioaktivität, das Curie, vor der Einführung des Becquerel). Anstelle des Gray hat man damals für die Energiedosis die Einheit rad verwendet (von *R*öntgen *a*bsorbed *d*ose), die einhundertmal kleiner ist als das Gray: 1 Gray = 100 rad. Bei der Äquivalentdosis wurde früher die Einheit rem benutzt (von *R*öntgen *e*quivalent *m*an): 1 Sievert = 100 rem.

lung der Körperorgane, zum Beispiel bei Inkorporation durch Atmung oder Nahrung. Weiterhin benutzt man manchmal die *effektive Gesamtkörperdosis* H_{eff}. Sie setzt sich additiv aus den Beiträgen $w_i H_i$ für die einzelnen Organe (i) zusammen. Ein Beispiel: Die Lunge erhält 0,5 Sievert, der Magen 0,3 Sievert, die übrigen Organe nichts. Dann ist $H_{\text{eff}} = 0{,}12 \cdot 0{,}5 + 0{,}12 \cdot 0{,}3 = 0{,}096$ Sievert.

Bei den oben angegebenen Dosisformeln (4) und (5) haben wir so getan, als würde die gesamte Energie $E = A \cdot t \cdot e$ einer Strahlung in Materie der Masse m vollständig absorbiert. Das ist zum Beispiel dann der Fall, wenn eine Strahlenquelle sich im Inneren des Körpers oder eines Organs der Masse m befindet, und wenn die Reichweite der Strahlung kleiner als der Abstand von der Strahlenquelle zur Körperoberfläche bzw. Organoberfläche ist (Abb. 4.8 a)[*]. In vielen Fällen sind die Verhältnisse jedoch komplizierter: Die Strahlen werden entweder nicht vollständig im Körper bzw. in einem Organ absorbiert, oder die Strahlenquelle befindet sich außerhalb des Körpers (Abb. 4.8 b). Dann trifft nur ein Teil der Strahlen den Körper, oder es wird nur ein Teil ihrer Energie absorbiert; der Rest geht durch. Alpha- und Betastrahlen werden wegen ihrer kurzen Reichweite von weniger als fünf Millimeter allerdings sehr oft vollständig absorbiert, wenn sie von einer Quelle im Körperinneren ausgehen. Bei Gammastrahlen ist das nicht so; ein Teil derselben wird durch die Körperoberfläche nach außen dringen. Befindet sich die Strahlenquelle selbst außerhalb des Körpers, so hängt es vom Abstand ab, welcher Teil der verschiedenen Strahlen den Körper erreicht, in ihn eindringt und ihn wieder verlässt.

Die Gleichung (4) für die Energiedosis muss daher in zweierlei Weise korrigiert werden: Zum einen mit einem Faktor f_g für die *Geometrie* der Anordnung von Strahlenquelle und bestrahltem Organ, und zum anderen mit einem Faktor f_a für die unvollständige *Absorption*.

Nach Abb. 4.8 b gilt für die Absorptionskorrektur: $f_a = (1 - N/N_0)$ bei Abwesenheit des Compton-Effekts (Abb. 4.1 e). Dabei ist N_0 die Zahl der auf den Körper treffenden Gammaquanten und N die Zahl derjenigen, die ihn wieder verlassen. Werden alle Quanten absorbiert, so ist $N = 0$ und damit $f_a = 1$; gehen alle durch, so ist $N = N_0$ und daher $f_a = 0$. Für 0,5-Megaelektronenvolt-Gammastrahlen beträgt die Halbwertsdicke in Wasser oder Körpergewebe zehn Zentimeter (s. Abb. A-3 im Anhang). Daraus erhält man für einen Erwachsenen mit einer über den ganzen Körper gemittelten Dicke von zwanzig Zentimetern ($N = N_0/4$) einen f_a-Wert von 0,75.

Der Geometriefaktor f_g ergibt sich nach Abb. 4.8 b aus dem mittleren Abstand R einer Person, die eine effektive Querschnittsfläche q hat, von einem punktförmigen Gammastrahler zu $f_g = q/(4\pi R^2)$. Mit $q = 0{,}5$ Quadratmeter und $R = 10$ Meter wird $f_g = 0{,}0004$. Das bedeutet: Nur 0,4 Promille der Gesamtstrahlung der Quelle treffen in diesem Fall auf den Körper. Man sieht schon hier, dass „Abstand ein guter Strahlenschutz" ist. Befindet man sich statt in zehn Metern Abstand einhundert Meter von der Quelle entfernt, so sinkt f_g auf

---

[*] Zur Erinnerung: Die Reichweite von 5-Megaelektronenvolt-Alphastrahlen beträgt in Wasser bzw. Körpergewebe etwa 0,04 Millimeter, diejenige von 1-Megaelektronenvolt-Betastrahlen drei Millimeter (s. Abb. A-1 und A-2 im Anhang).

4.3 Die Strahlendosis und ihre Messung

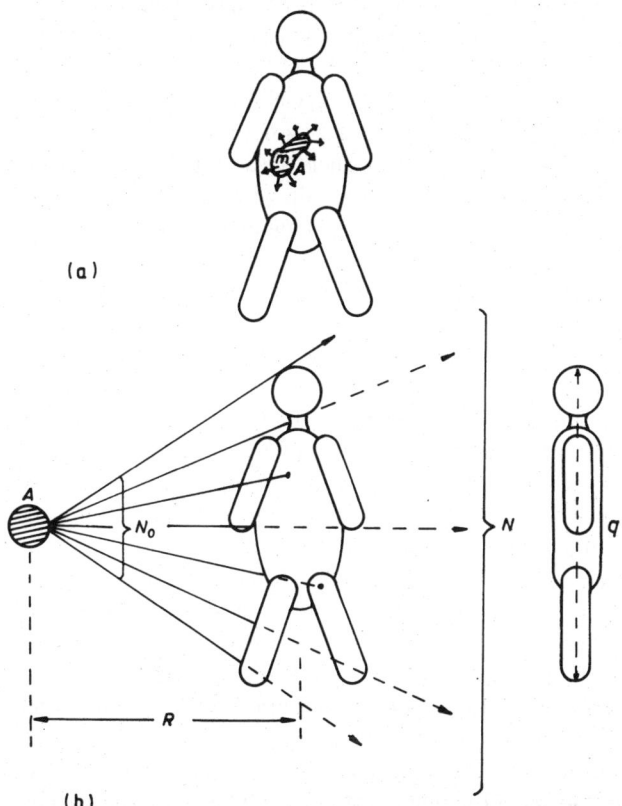

Abb. 4.8 Absorption und Geometrie bei der Dosisberechnung (schraffiert: Strahlenquelle der Aktivität A; m Masse des die Quelle enthaltenden Körperteils). (a) Strahlenquelle im Inneren des Körpers, (b) Strahlenquelle außerhalb des Körpers in der Entfernung R. q ist die Querschnittsfläche des Körpers senkrecht zur Strahlung, N_0 die Zahl der auf den Körper treffenden Teilchen oder Quanten, N die Zahl der nicht absorbierten und durchgehenden.

ein Hundertstel des vorigen Wertes, nämlich auf vier Millionstel. Unter Berücksichtigung des Abstands von der Strahlenquelle und der teilweisen Absorption lautet die Dosisformel (4) für eine außerhalb des Körpers befindliche und annähernd punktförmige Gammaquelle:

$$D_{ext} = \frac{A \cdot t \cdot e}{m} \cdot f_g \cdot f_a = \frac{A \cdot t \cdot e}{m} \cdot \frac{q}{4\pi R^2} \cdot \left(1 - \frac{N}{N_0}\right) \ . \tag{6}$$

In entsprechender Weise muss man die Formel (5), die für die Äquivalentdosis gilt, ergänzen, wenn sich die Strahlenquelle außerhalb des Körpers befindet oder wenn die Strahlung nicht vollständig absorbiert wird.

Hiermit wollen wir die Erläuterung der Beziehungen zwischen Dosis und Aktivität abschließen. Wir müssen uns merken, dass *Aktivität* und *Strahlendosis* zwei ganz verschiedene Dinge sind; sie werden leider oft verwechselt[*]. Man kann die von einem Objekt oder Lebewesen empfangene Dosis immer aus der Aktivität der Strahlenquelle berechnen, wenn man deren räumliche Verteilung und das Absorptionsvermögen der bestrahlten Substanzen kennt. Wir werden später noch davon Gebrauch machen. Neben der Strahlendosis wird in der Praxis noch oft der Begriff der *Dosisleistung* verwendet. Dies ist nichts anderes als die Dosis, geteilt durch die Zeitdauer der Bestrahlung, also die pro Zeitintervall und pro Masse absorbierte Energiemenge. Sie wird in Gray pro Sekunde (oder pro Stunde usw.) angegeben, die Äquivalentdosisleistung entsprechend in Sievert pro Sekunde.

Die biologische Wirkung einer Strahlung hängt in weiten Grenzen von der empfangenen Strahlendosis ab. Daher muss man diese zuverlässig messen können. Ein Geiger-Müller-Zählrohr (s. Abb. 3.4) genügt dazu nicht, denn es misst nur die Anzahl der Strahlteilchen, die das Zählrohr in einer bestimmten Zeit durchqueren. Zur Bestimmung der Dosis müssen wir aber auch den Teil der Strahlungsenergie kennen, der im Zählrohr absorbiert wird. Um die Energie zu messen, benutzt man normalerweise ein Kalorimeter oder Joule-Meter. Das ist ein Gerät, in dem die absorbierte Energie vollständig in Erwärmung einer bestimmten Substanz umgesetzt wird. Die zugehörige Temperaturerhöhung wird mit einem Thermometer gemessen, und mit Hilfe der bekannten Wärmekapazität der Substanz wird daraus die absorbierte Energie berechnet. Für die winzigen Energiemengen, mit denen wir es bei radioaktiver Strahlung zu tun haben (etwa 10^{-13} Joule pro Sekunde für ein Becquerel oder 10^{-3} Joule pro Sekunde für 10^{10} Becquerel), ist die zu erwartende Temperaturerhöhung jedoch sehr klein und daher schwer zu messen. Ein tausendstel Joule erwärmt einen Liter Wasser nur um etwa 0,25 millionstel Grad. Aus diesem Grund verwendet man statt der Erwärmung einer Substanz die Anzahl der in einem bestimmten Volumen erzeugten Ionenpaare zur Energiemessung. Wir wissen aus anderen Untersuchungen, wieviel Energie im Mittel zur Erzeugung eines Ionenpaares nötig ist, nämlich 34 Elektronenvolt = $5,4 \cdot 10^{-18}$ Joule (s. Kap. 4.1). Misst man also die Anzahl der erzeugten Ionenpaare, so kann man daraus die absorbierte Energie bestimmen.

In der Strahlenschutzpraxis wird die Zahl der erzeugten Ionenpaare und damit die Dosis mit zwei verschiedenen Geräten gemessen, mit einem Füllhalterdosimeter oder mit einem Filmdosimeter. Das *Füllhalterdosimeter* verdankt seinen Namen seiner äußeren Form (Abb. 4.9 a). Es ist ähnlich konstruiert wie ein Geiger-Müller-Zählrohr (s. Abb. 3.4), wird aber mit wesentlich niedrigerer elektrischer Spannung betrieben, mit nur 150 anstatt mit 1000 Volt. Das Füllhalterdosimeter besteht aus einem zylinderförmigen Kondensator mit einer beweglichen Mittelelektrode, einem metallisierten Quarzfaden. Vor Beginn der Messung wird der Kondensator auf etwa 150 Volt aufgeladen, und der Quarzfaden dadurch in bestimmter Weise verbogen. Beim Durchgang ionisierender Strahlen durch die Kammerwand und das Füllgas wird letzteres ionisiert. Die Ionen wandern unter dem Einfluss der Kammerspannung zu den Elektroden und entladen den Kondensator teilweise. Dadurch verändert sich die Kraft auf den Quarzfaden, seine Verbiegung

---

[*] Das ist ähnlich wie bei einem Medikament: Der eingenommenen Menge entspricht die Aktivität der Strahlenquelle. Der chemischen Wirkung im Zielorgan des Medikaments entspricht die Strahlendosis.

4.3 Die Strahlendosis und ihre Messung

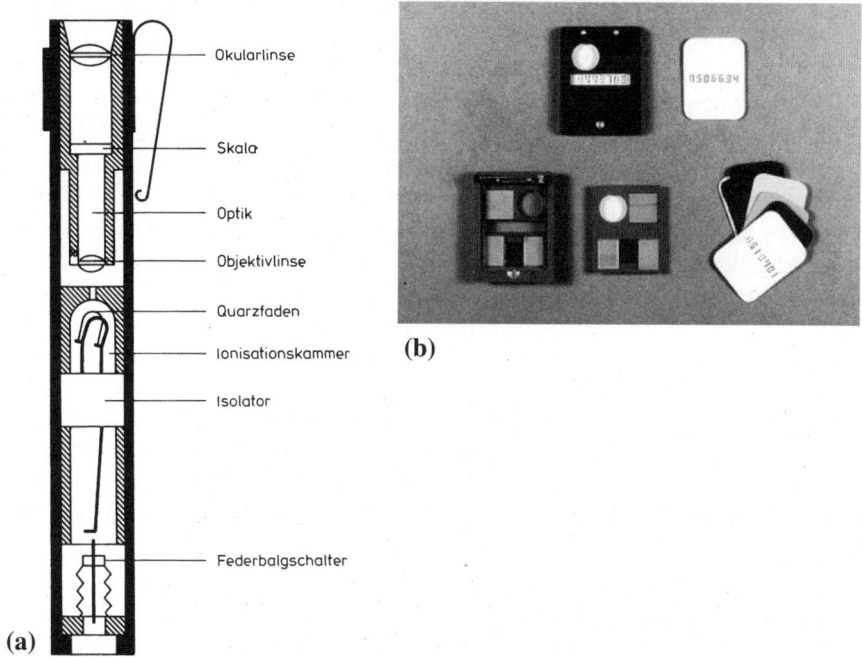

Abb. 4.9 Dosismessgeräte. (a) Füllhalterdosimeter (aus [Ki 87]); (b) Filmdosimeter, zerlegt (aus [Dr 86]).

wird kleiner, und man erhält so ein Maß für die Anzahl der durch die Strahlung erzeugten Ionenpaare. Ein viel einfacheres Gerät ist das *Filmdosimeter* (Abb. 4.9 b). Es enthält mehrere Stücke eines fotografischen Films in einer lichtdichten Plastikhülle. Die Filmstücke sind stufenweise mit Metallblechen verschiedener Stärke abgedeckt. Durch radioaktive Strahlung werden die Filmstücke „belichtet", und die nach dem Entwickeln gemessene Schwärzung ist proportional zur absorbierten Strahlendosis. Die Metallplättchen absorbieren bestimmte Anteile der Strahlung und dienen so zur Unterscheidung der Strahlenarten (Alpha, Beta, Gamma) und zur ungefähren Bestimmung ihrer Energie. Auch dieses Dosimeter muss geeicht werden. Das Filmdosimeter ist gegenüber dem Füllhalterdosimeter sehr robust gegen Erschütterungen. Sein Nachteil besteht darin, dass der Film erst entwickelt werden muss, um die Dosis feststellen zu können. Beim Füllhalterdosimeter kann man sie direkt und jederzeit durch das eingebaute Mikroskop ablesen.

Nachdem wir nun wissen, was eine Strahlendosis ist, wie man sie berechnen und messen kann, werden wir uns endlich den biologischen und gesundheitlichen Wirkungen radioaktiver Strahlung zuwenden.

4.4 Biologische und medizinische Strahlenwirkungen

4.4.1 Überblick

Radioaktive Strahlung löst in Materie eine Fülle physikalischer und chemischer Vorgänge aus. Diese hatten wir in den vorigen Abschnitten besprochen. Noch vielfältiger sind die daraus resultierenden biologischen Prozesse und ihre medizinischen Folgen. Wir beschäftigen uns in diesem Abschnitt vor allem mit der Wirkung auf den Menschen. Die Ergebnisse der sehr zahlreichen Untersuchungen an Pflanzen und Tieren werden wir dagegen nur gelegentlich erwähnen. Ihre systematische Behandlung würde uns zu weit von unserem Thema, der Entsorgung des Atommülls, wegführen. Aus verständlichen Gründen sind gezielte Bestrahlungsversuche an Menschen kaum durchführbar. Man ist auf die Beobachtung von Strahlenwirkungen aus medizinischen und beruflichen Anwendungen radioaktiver Substanzen angewiesen. Allerdings wurden in der Anfangszeit der Kernforschung auch eine Reihe von Menschenversuchen durchgeführt; zum Teil ohne Wissen der Betroffenen [Ma 94]. Diese Versuche blieben aus militärischen Gründen lange Zeit geheim und wurden erst vor einigen Jahren bekannt. An Pflanzen und Tieren hat man jedoch tausende von gezielten Versuchsreihen unternommen. Deren Ergebnisse lassen sich wegen der biologischen Unterschiede aber nicht einfach auf den Menschen übertragen. Wir sind daher, was die Strahlenwirkung auf Menschen betrifft, auch auf Beobachtungen an Personen angewiesen, die, manchmal ohne es zu wollen, eine größere Strahlendosis erhalten haben: Opfer von Atombomben und andere strahlenexponierte Personen. Wir erinnern uns zu Beginn dieses Abschnitts noch einmal an die früher besprochene Tatsache, dass bei einer Strahlenschädigung winzige Energiemengen große biologische Wirkungen auslösen können und zwar dann, wenn diese winzigen Energien an biochemisch besonders empfindlichen Molekülen im Organismus wirksam werden. Am Schluss dieses Abschnitts werfen wir dann noch einen Blick auf das umstrittene Gebiet der „positiven" biologischen Strahlenwirkungen.

4.4.2 Schädliche Wirkungen (Übersicht)

Zunächst wollen wir uns einen Überblick über die Natur der bekannten Strahlenschäden verschaffen. Die Bestrahlung unseres Körpers kann zum einen von außen erfolgen, aus der Luft, dem Wasser, dem Boden, einem radioaktiven Präparat für medizinische oder technische Zwecke, einem Reaktor oder einem Abfallbehälter. Die Strahlenquelle kann sich zum anderen auch innerhalb des Körpers befinden, wie eingeatmete radioaktive Gase oder Stäube, mit der Nahrung aufgenommene Substanzen oder medizinische Präparate. Entsprechend verschieden wird die räumliche Verteilung der Strahlenwirkung auf unseren Körper sein. So durchdringen etwa Alphastrahlen von außen her nicht einmal unsere Haut, erzeugen aber in ihrer obersten Schicht große Veränderungen. Inhalierte oder mit der Nahrung aufgenommene Alphastrahlen können hingegen, je nach ihrer chemischen Natur, in jede Zelle des Körpers gelangen (Abb. 4.10). Sie haben aber auch dort nur einen Wirkungsradius von einigen hundertstel Millimetern, das heißt, von wenigen Zelldurchmes-

4.4 Biologische und medizinische Strahlenwirkungen

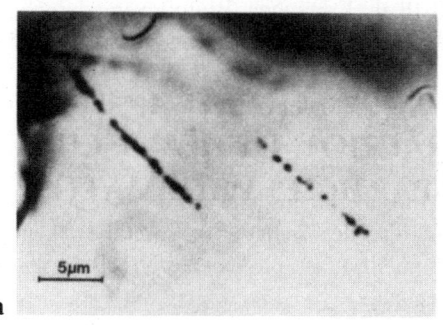
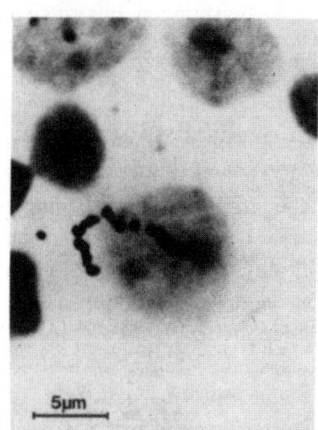

Abb. 4.10 Autoradiografie* von Alpha- und Betastrahlen in Körpergewebe. (a) Spuren von Alphastrahlen in Rattenknochen nach Inhalation von Americium-241 (Alphaenergie 5,49 Megaelektronenvolt). (b) Spuren von Betastrahlen im Rattenhirn nach Applikation von Kohlenstoff-14-dotiertem Thymidin (aus [Tu 95] mit Erlaubnis von John Wiley & Sons, Inc., Hoboken NJ).

sern. Andererseits ist die Wirkung von Gammastrahlen und Neutronen meist ziemlich gleichmäßig über den ganzen Körper verteilt, unabhängig davon, ob sie von außen oder von innen einwirken.

Nun zu den verschiedenen Arten der biologischen Strahlenwirkungen [Ho 77, Kr 02, Tu 95]: Man unterscheidet *genetische* und *somatische* Wirkungen. Bei den *genetischen Strahlenwirkungen* wird die Erbsubstanz in den Keimzellen verändert, und das Ergebnis, eine *Mutation*, kann dominant oder rezessiv weiter vererbt werden. Genetische Strahlenschäden können einzelne Nukleinsäurebestandteile betreffen (*Punktmutationen*, s. Abb. 4.6 u. Abb. 4.19) oder auch größere Bereiche der DNS, was zu Chromosomenbrüchen, Fehlkombinationen von Chromosomen oder Änderungen ihrer Anzahl führt.

Somatische Strahlenwirkungen sind im Unterschied zu den genetischen nicht direkt vererbbar, sondern betreffen nur das bestrahlte Individuum. Man unterscheidet zwei Arten: *somatische Früh-* und *Spätschäden*.

Bei den *somatischen Frühschäden* handelt es sich um Defekte im Kern, im Plasma oder in den Membranen von Körperzellen. Diese führen zur (akuten) *Strahlenkrankheit* oder, bei höherer Dosis, zum *akuten Strahlentod*. Die hauptsächliche biologische Schädigung besteht dabei in einer Verlangsamung der Zellteilung von Körperzellen, der *Mitosehemmung*. Sie hat eine *Schädigung der Mausergewebe*** zur Folge. Die medizini-

---

* Eine Autoradiografie entsteht durch die ionisierende Strahlung als Schwärzung eines fotografischen Films, der direkt auf dem Präparat liegt.
** Mausergewebe finden sich in Organen, deren Körperzellen besonders schnell reproduziert werden. So müssen etwa unsere 25 Billionen roten Blutzellen alle 120 Tage erneuert werden (2,4 Millionen pro Sekunde), während das bei Knochenzellen mehrere Jahre dauert [Mö 89]. Die wichtigsten Mausergewebe sind die blutbildenden Organe (Knochenmark, Milz), die Drüsen, die Schleimhäute des Verdauungssystems, das Lungenepithel, Haut, Haare, Nägel usw.

schen Auswirkungen äußern sich in Übelkeit, Erbrechen, Blutbildveränderungen (vor allem Abnahme der Leukozytenzahl), Müdigkeit, Durchfall, Haarausfall, Hautblutungen, Unfruchtbarkeit und Entzündungen aller Schleimhäute. Dieser Symptomenkomplex kann, je nach empfangener Strahlendosis, innerhalb weniger Wochen wieder abklingen; oder er führt zum Tod, der dann meist auf einem Zusammenbruch des Immunsystems beruht. Dieses wird durch in die geschädigten Schleimhäute eindringende Krankheitserreger überstrapaziert und ist durch die Mitosehemmung sowieso schon stark geschwächt. Aus dem Gesagten folgt unter anderem, dass der *Embryonalzustand* besonders strahlenempfindlich ist. In diesem Lebensstadium sind fast alle Körperzellen in rascher Teilung begriffen, deren Hemmung fatale Folgen hat.

Schließlich wollen wir noch die *somatischen Spätschäden* kurz charakterisieren. Es sind dies alle Krebsarten (solide Tumore), Leukämie, Trübung der Augenlinse (Grauer Star) und eine unspezifische Verkürzung der Lebensdauer. Die Abb. 4.11 zeigt einen Überblick über die beim Menschen bekannten Strahlenwirkungen. Bevor wir erläutern, wie die Stärke und die Häufigkeit der dadurch verursachten Schäden von der empfangenen Strahlendosis abhängen, müssen wir uns den Zusammenhang zwischen Strahlenwirkung und Dosis klarmachen, die *Wirkungs-Dosis-Beziehung*.

4.4.3 Die Wirkungs-Dosis-Beziehung

Wir besprechen jetzt unter Anwendung der bereits eingeführten Dosismaße Energie- und Äquivalentdosis (s. Kap. 4.3) die medizinischen Wirkungen und das Gefahrenpotential einer aufgenommenen Strahlungsmenge. Die biologische und medizinische Wirkung einer Strahlung lässt sich nicht einfach aus der Dosis berechnen. Sie muss für jedes strahleninduzierte Phänomen eigens definiert, gemessen und festgelegt werden. Üblicherweise bezeichnet man mit W (für Wirkung) die Schwere oder die Häufigkeit einer Strahlenschädigung bzw. Erkrankung. So kann W etwa die Anzahl mutierter Gene oder Krebszellen sein, aber auch der gemessene Grad einer Blutbildveränderung oder einer Linsentrübung. Hat man W geeignet definiert, so lässt sich diese Größe zahlenmäßig angeben und gegen die absorbierte Dosis D oder H auftragen. Man erhält dann eine *Wirkungs-Dosis-Kurve*, die auch als Dosis-Effekt-Kurve bezeichnet wird.

Diese Kurven haben im Allgemeinen einen s-förmigen Verlauf (Abb. 4.12) [Ja 62, Ki 87, Kö 89, Kr 02, Tu 95]. Die Wirkung W wächst mit zunehmender Dosis zunächst langsam an, dann immer schneller und mündet schließlich in einen maximalen Wert ein. Die Dosis, bei der die Kurve am steilsten ansteigt, wird als *charakteristische Dosis* (D_c oder H_c) bezeichnet; oft entspricht sie etwa der Hälfte der maximal möglichen Wirkung. Als Beispiel betrachten wir in Abb. 4.12 den akuten Strahlentod für eine einmalige kurzzeitige Bestrahlung des ganzen Körpers mit Gammastrahlen. Die Wirkung W wird hier als der Prozentsatz der Todesfälle innerhalb von vier Wochen nach der Bestrahlung definiert. Für dieses Beispiel beträgt die charakteristische Dosis 4,5 Sievert. Bei einem Sievert sterben etwa ein Prozent der Bestrahlten innerhalb von vier Wochen, bei 6,5 Sievert etwa 90 Prozent [Gl 60, Kr 02, Tu 95]. Die charakteristische Dosis D_c von 4,5 Sievert wird hier als Dosis LD-50 bezeichnet, bei der die Wirkung in 50 Prozent der Fälle letal, also tödlich ist. Bei einer Bestrahlung mit dieser Dosis werden in jeder Körperzelle etwa

4.4 Biologische und medizinische Strahlenwirkungen

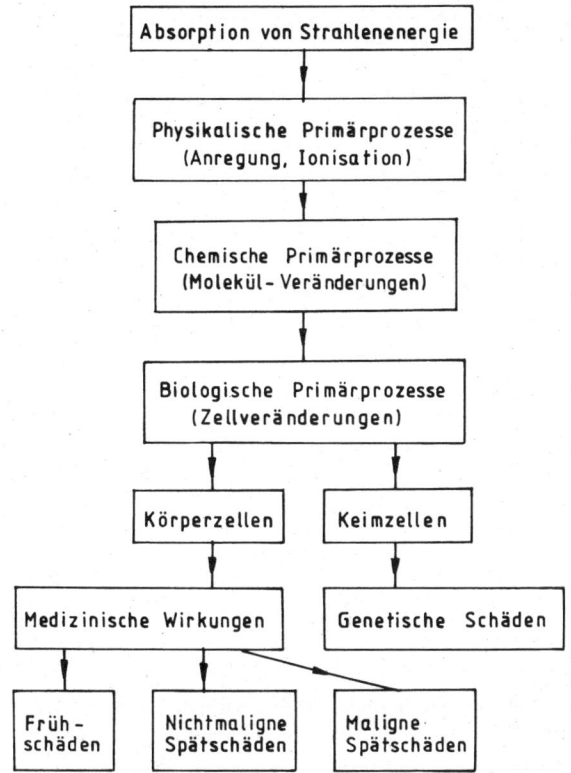

Abb. 4.11 Überblick über die Strahlenschäden beim Menschen.

400 000 Moleküle verändert, darunter einige hundert DNS-Moleküle. Insgesamt ist aber nur jedes 25-millionste der zehn Billionen Moleküle einer Zelle betroffen [Ja 62, Up 82].

Die Zahlenwerte für die Kurve in Abb. 4.12 stammen aus Beobachtungen der Opfer von Hiroshima, Nagasaki und Tschernobyl sowie von schwereren Unfällen bei Kernwaffentests, an Reaktoren (s. Kap. 7) und bei der Abfallbeseitigung (s. Kap. 6). Im medizinischen Bereich gibt es dazu einige Beobachtungen aus der Tumortherapie. Um eine Vorstellung von der Größenordnung der Dosiswerte in Abb. 4.12 zu gewinnen, nennen wir hier im Vorgriff auf die folgenden Kapitel einige Zahlen aus der Praxis:
- Anfangsgammastrahlung der Hiroshima-Bombe innerhalb der ersten Sekunde in einem Kilometer Entfernung vom Explosionsort: zehn Sievert [Gl 60],
- Gammastrahlung innerhalb einer Sekunde im Reaktorkern eines 1-Gigawatt-Kernkraftwerks: mehr als zehntausend Sievert [Ch 91],
- Gammastrahlung in einem Meter Entfernung von einem abgebrannten Brennelement, wenn es aus dem Reaktor kommt, innerhalb einer Sekunde: ein bis zwei Sievert [Ll 94],
- natürliche Umgebungsstrahlung innerhalb einer Sekunde: ein zehnmilliardstel Sievert [Bu 02],
eine Röntgenuntersuchung der Lunge: 0,03 Millisievert [Bu 02].

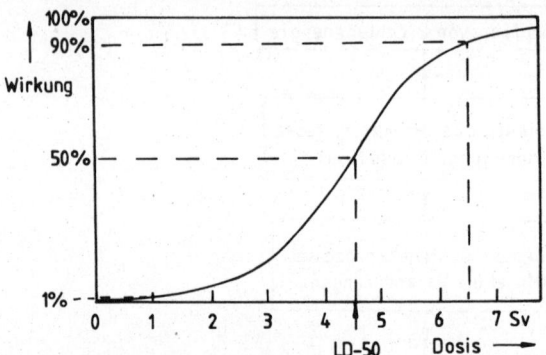

Abb. 4.12 Wirkungs-Dosis-Beziehung für den akuten Strahlentod. LD-50 ist die Dosis, bei der die Hälfte der Bestrahlten innerhalb von vier Wochen stirbt.

Nicht alle Lebewesen sind so strahlenempfindlich wie der Mensch. Viele Organismen überleben bedeutend höhere Strahlendosen. So beträgt die Dosis LD-50 für Kaninchen und Hamster das Doppelte der menschlichen, nämlich 8,5 Sievert, bei Schnecken sind es 200 Sievert und bei Amöben sowie Wespen 1000 Sievert, bei parasitären Pilzen 5000 Sievert [Kr 02, Ra 56, Sa 58]. Das gegen radioaktive Strahlen widerstandsfähigste Lebewesen von allen ist das Bakterium *Deinococcus radiodurans*. Es kann noch bei 30 000 Sievert überleben [Da 95, Le 03]. Diese erstaunliche biologische Leistung schafft es mit einem speziellen Reparaturmechanismus[*]. Man vermutet, das Bakterium hat diese Fähigkeit entwickelt, weil es oft extremer Austrocknung unterliegt, die ähnliche Chromosomenschäden wie radioaktive Bestrahlung hervorrufen kann. Ähnlich hohe Strahlendosen wie diese Bakterien vertragen manche Pflanzen. So wird etwa das Wachstum von Hafer erst durch 10 000 Gray wesentlich behindert, dasjenige von Reis und Zitrusfrüchten schon durch 2500 Gray [La 58].

Wir kommen zurück zur Wirkungs-Dosis-Beziehung (Abb. 4.12). Vergleicht man die Kurven für verschiedene Arten von Strahlenschäden, so findet man oft auch Abweichungen vom s-förmigen Verlauf. Das hat verschiedene Gründe: Zum einen die zeitliche Verteilung der Dosisleistung, das heißt der Dosis pro Zeit; zum anderen die Unterschiede in der medizinischen Wirkung bei verschiedenen Organen. Zunächst zur zeitlichen Verteilung: Ein und dieselbe Dosis kann entweder in sehr kurzer Zeit empfangen werden (*Einmalbestrahlung*), wobei die Dosisleistung hoch ist. Die gleiche Dosis kann aber mit niedriger Dosisleistung oder mit Unterbrechungen auch über einen längeren Zeitraum verteilt werden (*Dauerbestrahlung* oder *fraktionierte Bestrahlung*). Als Beispiel hierfür gibt die Abb. 4.12 die Sterbewahrscheinlichkeit nach einmaliger kurzzeitiger Bestrahlung des ganzen Körpers wieder. „Kurzzeitig" heißt dabei: innerhalb eines Tages. Wird die

---

[*] Die ringförmige DNS von *Deinococcus radiodurans* ist besonders dicht gepackt, was das Auseinanderdriften von freien Enden bei Doppelstrangbrüchen (s. Abb. 4.19) verhindert. Bei derartig hohen Dosen treten zwar in jedem DNS-Molekül viele hundert solche Doppelstrangbrüche auf, doch die freien Enden können hier rasch rekombinieren.

4.4 Biologische und medizinische Strahlenwirkungen

gleiche Dosis über eine Woche verteilt, so liegt die Kurve tiefer (Abb. 4.13). Die Dosis LD-50 beträgt dann etwa 6 statt 4,5 Sievert [Tu 95]. Ähnliches gilt für eine Bestrahlung mit zeitlichen Unterbrechungen [Ra 56].

Die Ursache für die Abnahme der Strahlenempfindlichkeit bei kleinerer Dosisleistung sind die Selbstheilungsprozesse unseres Körpers [Ho 77, Fe 86]. Kranke oder nicht normal funktionierende Zellen werden vom Immunsystem erkannt, zerstört und abgebaut. Zellen, deren Erbsubstanz entscheidend beschädigt ist, reproduzieren sich nicht mehr und eliminieren sich daher selbst. Auch unser genetisches System verfügt über *Reparaturmechanismen* in Form von Enzymen, die schadhafte Teile abbauen und durch fehlerfreie ersetzen. Wie das auf molekularer Ebene funktioniert, ist erst zum Teil erforscht. Alle diese Möglichkeiten zur Schadensbegrenzung sind aber geeignet, die Folgen einer Strahlenschädigung bis zu einem gewissen Grad auszuheilen. War diese nicht zu schwerwiegend, so kann sie innerhalb einer bestimmten Zeit ganz oder teilweise überwunden werden. In diesem Fall ist insgesamt eine höhere Dosis notwendig um die gleiche Wirkung zu erzeugen wie bei einmaliger Kurzzeitbestrahlung. War der Schaden dagegen zu groß, so sind Immunsystem und Reparaturmechanismen ebenfalls zerstört oder überfordert. Die Verhältnisse bei einem Strahlenschaden sind also ganz ähnlich wie bei einer Infektion oder einer Vergiftung: Auch hier gibt es sowohl Selbstheilung als auch Todesfälle.

Ein weiterer Grund für Unterschiede in den Wirkungs-Dosis-Kurven liegt in der verschiedenen Empfindlichkeit der einzelnen Organe. So kommt eine Blutbildveränderung viel eher zustande, wenn die Milz oder das Knochenmark bestrahlt wird, als wenn man die Hand oder den Fuß der Strahlung aussetzt. Es gibt zahlreiche und umfangreiche Untersuchungen darüber, welche Dosis in welchem Körperorgan welchen Strahlenschaden hervorruft. Wie schon erwähnt, sind beim Menschen die blutbildenden Organe, die Keimdrüsen und das Verdauungssystem besonders strahlenempfindlich. Am unempfindlichsten sind Leber, Niere, Haut, Muskeln und Knochen [Bu 02, Kr 02, Tu 95]. Das wird quantitativ durch die im Kapitel 4.3 erläuterten Gewebewichtungsfaktoren w beschrieben.

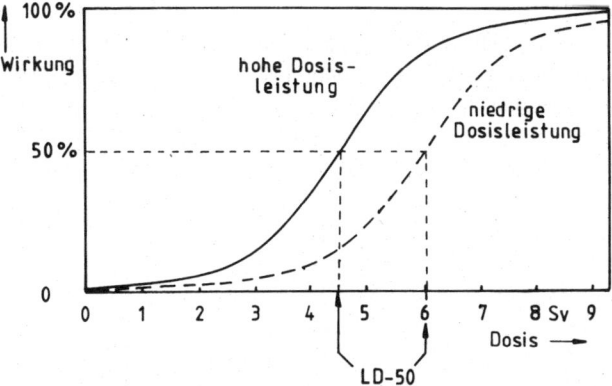

Abb. 4.13 Wirkungs-Dosis-Beziehung für den akuten Strahlentod bei verschiedener Bestrahlungsdauer, aber gleicher Strahlendosis. Durchgezogene Kurve: Kurzzeitbestrahlung, gestrichelte Kurve: Langzeitbestrahlung.

4.4.4 Die Schwellendosis

Explosionen von Atombomben oder von Reaktoren sind zum Glück sehr seltene Ereignisse. Von maßgebender Bedeutung ist daher der Verlauf der Wirkungs-Dosis-Kurven bei kleinen Strahlendosen, unterhalb von etwa einem zehntel Sievert (100 Millisievert). In diesem Bereich liegt nach Abb. 5.15 die natürliche Strahlenbelastung in Deutschland (rund zwei Millisievert pro Jahr), ebenso die durchschnittliche medizinische Dosis (rund zwei Millisievert pro Jahr), sowie diejenige durch Abfälle der Kerntechnik, Kernwaffentests und durch Reaktorunfälle (unter 0,1 Millisievert pro Jahr). Wir besprechen das im Detail im nächsten Kapitel. Hier wollen wir uns mit der Gestalt der Wirkungs-Dosis-Kurven im Millisievertbereich beschäftigen. Dabei stehen heute zwei Fragen im Vordergrund des Interesses:
- Gibt es einen *Schwellenwert*, das heißt eine kleinste Dosis D_{min}, unterhalb welcher keine Strahlenschädigung mehr auftritt?
- Wie sieht die Wirkungs-Dosis-Kurve ganz am Anfang aus? Verläuft sie von der Dosis Null an oder von D_{min} an, linear oder quadratisch? Was damit gemeint ist, zeigt die Abb. 4.14.

Diese beiden Fragen sind aus zwei Gründen heute besonders wichtig: Falls es einen Schwellenwert gibt, braucht man die Strahlendosis aus technischen Quellen (s. Kap. 5.2) nur kleiner als diesen Wert zu machen und hat sich dann um nichts mehr zu kümmern. Bei kleineren Strahlendosen sollte ja nichts passieren. Die ganze Diskussion mit den Kernkraftgegnern wäre dann mit einem Mal gegenstandslos. Falls die Wirkungs-Dosis-Kurve für kleine Strahlendosen quadratisch statt, wie meist angenommen, linear verläuft, wäre auch das von Vorteil. Dann gäbe es hier einen Bereich (in Abb. 4.14 schraffiert), in dem die Belastung kleiner ist, als man durch lineare Extrapolation von hohen Dosiswerten her erwartet. Die lineare Extrapolation war nämlich bisher das einzige plausible Verfahren, auf dem die meisten Abschätzungen und die Festlegung von Grenzwerten beruhten. Beim quadratischen Verlauf wäre im schraffierten Bereich eine höhere Dosis notwendig um eine bestimmte Wirkung zu erzielen als beim linearen Verlauf. Das heißt, man kann etwas höhere Dosen zulassen, um den Schaden unterhalb einer gewissen Grenze zu halten.

Um diese beiden Fragen – Schwellendosis und Kurvenverlauf – dreht sich heute ein großer Teil der strahlenbiologischen Diskussionen [Fe 86, Ha 84, Ka 99, Up 82, Up 91]. Das Problem ist entstanden, weil für viele Schadensarten keine zuverlässigen Messwerte im Bereich unterhalb einiger zehntel Sievert beim Menschen existieren. Zwar findet man genügend Personen, die solchen kleinen Strahlendosen ausgesetzt waren. Aber einerseits ist die empfangene Dosis oft nur ungenau bekannt und muss geschätzt werden. Andererseits sind die strahleninduzierten Gesundheitsschäden bei kleinen Dosen meist nicht von gleichen oder sehr ähnlichen Schäden zu unterscheiden, die aus anderen Gründen auftreten, zum Beispiel durch Vergiftungen, Infektionen, Umwelteinflüsse oder Alterungsprozesse. Man muss daher die bestrahlten Personen mit unbestrahlten vergleichen, die ansonsten den gleichen Risiken ausgesetzt waren und den gleichen Gesundheitszustand aufwiesen wie die bestrahlten. Infolge der unvermeidlichen statistischen Schwankungen müssen außerdem möglichst viele gleichartige Fälle untersucht werden. Soll die statistische Sicherheit der Aussage ein Prozent betragen, so muss man je 10 000 bestrahlte und

4.4 Biologische und medizinische Strahlenwirkungen

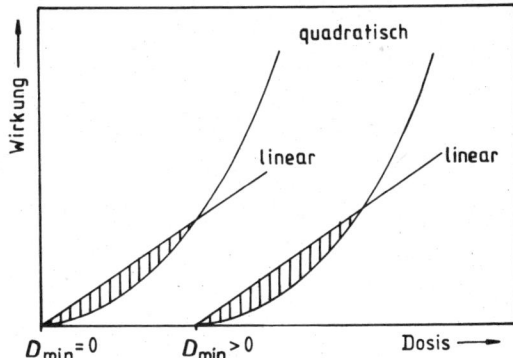

Abb. 4.14 Wirkungs-Dosis-Beziehung im Bereich kleiner Strahlendosen, links ohne und rechts mit Schwellenwert D_{min}. Für beide Fälle ist ein linearer und ein quadratischer Verlauf skizziert. Der lineare Verlauf wurde aus Messwerten bei höheren Dosen gemittelt, der quadratische extrapoliert [Kr 02].

unbestrahlte Personen unter im übrigen gleichen Voraussetzungen vergleichen. Das bedeutet einen sehr hohen Aufwand, der bisher nicht finanzierbar war. In vielen Untersuchungen wird nur über weniger als einhundert Fälle berichtet. Der statistische Fehler beträgt dann mehr als zehn Prozent, und die Messwerte lassen keine klare Aussage über die Schwellendosis und den Verlauf der Kurve zu. Die Ergebnisse von Tierversuchen lassen sich leider nur sehr bedingt auf Menschen übertragen.

Als Beispiel zeigt die Abb. 4.15 die Leukämiehäufigkeit bei den Überlebenden von Hiroshima. Hier kann man anhand der Messwerte und ihrer Fehlergrenzen nicht unterscheiden, ob es einen Schwellenwert von etwa 0,15 Gray gibt oder nicht, und ob die Messwerte der durchgezogenen linearen Kurve folgen oder der gestrichelten quadratischen. Messwerte für einige somatische Schäden wie Blutbild- und Schleimhautveränderungen, Unfruchtbarkeit, Haarausfall oder Linsentrübung legen die Existenz von Schwellenwerten nahe. Ihre Größe konnte bisher jedoch noch nicht sicher bestimmt werden [Kö 89, Kr 02].

Als Resultat müssen wir festhalten: Das Problem der *medizinischen Wirkungen von kleinen Strahlendosen* ist bis heute nicht befriedigend gelöst. Will man es in den Griff bekommen, so wären Untersuchungen im Megastatistikbereich (10 000 bis 100 000 Fälle) notwendig, die sehr teuer und aus ethischen Gründen kaum vertretbar sind. Allerdings ließen sich solche Untersuchungen schon mit einem winzigen Bruchteil der Gewinne aus den Kernkraftwerken bezahlen. In jüngster Zeit hat man auch damit begonnen, die Strahlenschäden bei den Opfern der Tschernobyl-Katastrophe genauer zu untersuchen (s. Kap. 7.2).

Nun wollen wir die Wirkungs-Dosis-Beziehungen der verschiedenen Arten von Gesundheitsschäden etwas genauer betrachten. Dabei werden wir auch Abschätzungen für das jeweilige *Strahlenrisiko* besprechen.

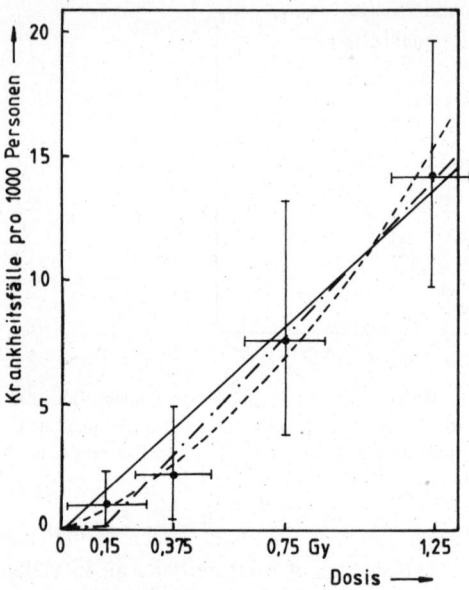

Abb. 4.15 Wirkungs-Dosis-Beziehung für die strahleninduzierte Leukämie in Hiroshima; Messpunkte mit Fehlerbalken und daran angepasste Kurven (―― linear, ‑ ‑ ‑ ‑ quadratisch, ‑·‑·‑ linear mit Schwellenwert) (nach [Ha 87]).

4.4.5 Somatische Frühschäden

Die *allgemeine, akute Strahlenkrankheit* tritt nach einmaliger, kurzzeitiger Ganzkörperbestrahlung auf [Fe 86, Gl 60, Kr 02, Tu 95]. Kurzzeitig heißt, dass die gesamte Dosis etwa innerhalb eines Tages empfangen wird. Bei geringerer Dosisleistung bzw. längerer oder fraktionierter Bestrahlungsdauer verläuft die Krankheit im Prinzip ähnlich, nur ist die Wirkungs-Dosis-Kurve zu etwas höheren Dosiswerten verschoben (Abb. 4.16). Die Wirkungsgröße W wird bei der Strahlenkrankheit durch die gemittelte Stärke der folgenden Körpersymptome definiert: Übelkeit, Erbrechen, Lymphozytenabnahme, Durchfall, Haarausfall, Hautblutungen, Unfruchtbarkeit und Schleimhautschäden. Im Dosisbereich oberhalb von einem Sievert kommen auch schon einzelne Todesfälle vor (s. Abb. 4.12), die aber in der Wirkungsgröße W der Abb. 4.16 nicht enthalten sind. Der zeitliche Verlauf der Strahlenkrankheit hängt sowohl von der empfangenen Dosis als auch von der Bestrahlungszeit ab. Bei Kurzzeitbestrahlung mit weniger als 0,25 Sievert erholen sich die Patienten innerhalb von zwei Wochen praktisch vollständig. Zwischen 0,5 und 1 Sievert treten die ersten Symptome in der ersten Woche auf; die zweite Woche ist dann subjektiv beschwerdefrei. In dieser Zeit sind das Immunsystem und Reparaturmechanismen noch teilweise intakt. In der dritten und vierten Woche treten die Symptome aber erneut und verstärkt auf, und danach erholen sich etwa 95 Prozent der Bestrahlten körperlich wieder fast vollständig. Die latenten Spätschäden bleiben hier aber außer Betracht. War die emp-

4.4 Biologische und medizinische Strahlenwirkungen

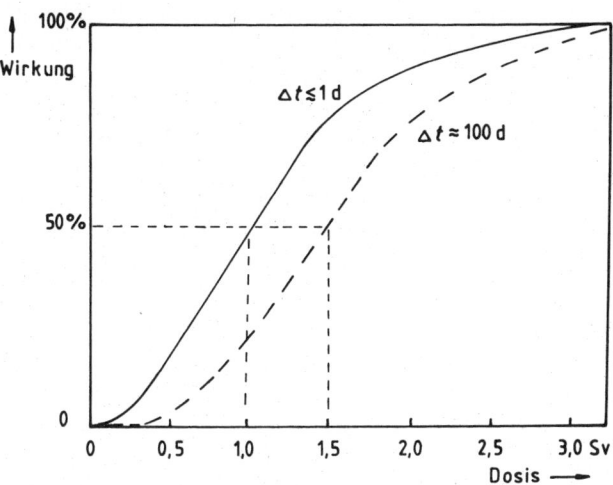

Abb. 4.16 Wirkungs-Dosis-Beziehung für die Strahlenkrankheit (ohne Todesfälle) bei Kurzzeit- und Langzeitbestrahlung mit gleicher Gesamtdosis (Δt Bestrahlungsdauer in Tagen).

fangene Strahlendosis höher als ein Sievert, so äußert sich die Krankheit ähnlich, aber heftiger. Oberhalb 1,5 Sievert nimmt die Zahl der Todesfälle dann deutlich zu.

Die Wirkungs-Dosis-Beziehung für den *akuten Strahlentod* hatten wir schon früher besprochen (s. Abb. 4.12). Die medizinisch nachweisbare Todesursache besteht hier vor allem im Zusammenbruch des Immunsystems und der Zerstörung der Mausergewebe. Die Patienten sterben schließlich an Infektionen und Auszehrung. Der zeitliche Verlauf hängt von der Dosis ab. Unterhalb von etwa fünf Sievert tritt der Tod nach maximal vier Wochen ein. Zwischen fünf und zehn Sievert nach zwei Wochen, zwischen zehn und zweihundert Sievert nach zwei bis drei Tagen, und oberhalb von etwa zweihundert Sievert innerhalb weniger Stunden [Gl 60, Le 98, Tu 95]. Eine solche Dosis erhält man aber, wie schon erwähnt nur bei einem Sturz in ein Reaktor- oder Abklingbecken und bei ähnlichen Unfällen. Bei der Explosion der Hiroshima-Bombe betrug die Dosis der primären Gammastrahlung innerhalb der ersten Sekunde in einem Umkreis von 250 Meter mehr als 200 Sievert [Gl 60]. Die meisten Todesfälle entstanden hier jedoch durch die Druck- und Hitzewelle.

4.4.6 Somatische Spätschäden

Die somatischen Spätschäden treten erst in einem Zeitraum von Jahren nach der Bestrahlung medizinisch in Erscheinung. Hierzu gehört vor allem die Krebserkrankung, als solider Tumor oder als Leukämie, ferner die Linsentrübung (Grauer Star) und die unspezifische Verkürzung der Lebensdauer. Wir beginnen mit den *soliden Tumoren*. Man beobachtete bei den japanischen Atombombenopfern einen deutlichen Anstieg der Krebshäufigkeit nach 20 bis 40 Jahren. Dabei betrug das Todesfallrisiko etwa zehn Prozent pro Sievert [Br 90, Kö 89, Kr 02, Ma 90a, NC 97, Up 91]. Das heißt, eine Kurzzeitbestrahlung von tausend Personen mit einem Sievert Gammastrahlung hatte einhundert zusätzliche Krebstodesfälle zur Folge. Davon betrafen etwa 40 Prozent Schilddrüse, Brust und Lunge, 20 Prozent das Verdauungssystem und 40 Prozent alle anderen Organe [Up 82].

Die heute anerkannten Zahlen für das Todesfallrisiko durch einen strahleninduzierten Tumor bei Einmalbestrahlung schwanken zwischen acht und zwölf Prozent. Wir verwenden im Folgenden einen Mittelwert von zehn Prozent, das heißt einen *Risikofaktor* von 0,1 pro Sievert. Bis etwa 1990 findet man in der Literatur zehnmal kleinere Risikofaktoren, nämlich 0,01 pro Sievert. Das wurde jedoch durch einen Bericht der US-Japan Joint Reassessment of Atomic Bomb Radiation Dosimetry von 1987 sowie durch den Bericht der National Academy of Science der USA von 1990 ("BEIR V Report", *B*iological *E*ffects of *I*onizing *R*adiation) korrigiert [Br 90, Kö 89, Up 91]. Diese Berichte beruhen auf einer Neuvermessung der Gamma- bzw. Neutronendosis, die bei den Atombombenexplosionen in Hiroshima und Nagasaki geherrscht hat. Zuvor hatte man die Neutronendosis überschätzt und damit die Zahl der Todesfälle durch Krebs unterschätzt [Kr 02].

Eine Extrapolation der Beobachtungen an stark bestrahlten Personen auf schwache Strahlendosen unterhalb 0,1 Sievert ist, wie schon erwähnt, unsicher. Statistisch gut gesicherte Messungen an Menschen gibt es nur wenige. Die nicht strahleninduzierte Krebstodesrate beträgt in Ländern mit hohem Lebensstandard heute etwa 20 Prozent [Tu 95]. Das heißt von 100 000 Personen sterben etwa 20 000 an Krebs. Bei einem strahleninduzierten Risiko von 10 Prozent pro Sievert kommen bei einer Einmalbestrahlung mit 0,01 Sievert etwa 100 zusätzliche Krebstote hinzu. Dieser Effekt ist kleiner als die Schwankungsbreite der natürlichen Krebstodesrate (hier 140 Fälle). Würde man zwischen natürlichen und strahleninduzierten Tumoren unterscheiden können, so wäre das kein Problem. Einem Tumor kann man aber im Allgemeinen nicht ansehen, ob er durch radioaktive Strahlung oder aus anderen Ursachen entstanden ist. Erst in neuester Zeit scheint es gelungen zu sein, bestimmte Chromosomenschäden mit Strahlenkrebs in Verbindung zu bringen [Du 98]. Sollten sich diese Beobachtungen bestätigen, so könnte es in Zukunft möglich werden, beide Tumorursachen voneinander zu unterscheiden. Solange das nicht der Fall ist, müsste man zum Beispiel eine Million Personen mit zehn Millisievert bestrahlen und ihr Krebsrisiko 50 Jahre lang verfolgen, um eine statistisch signifikante Aussage für diese Dosis zu erhalten. Die natürliche Krebsmortalität betrüge dann 200 000 ± 450 und die strahleninduzierte etwa 500. Ein solches Experiment wäre aber heute nicht finanzierbar und ist ohnehin ethisch unzulässig.

In Abb. 4.17 ist eine Radiumvergiftung im menschlichen Schenkelknochen gezeigt. Man sieht eine Anhäufung von Alphateilchenspuren. Durch die Alphateilchen kann eine Vorstufe des Knochenkarzinoms entstehen.

Aus den genannten Gründen bietet die Risikoabschätzung für niedrige Strahlendosen seit Jahrzehnten Stoff für heftige Kontroversen zwischen Strahlenoptimisten und Strahlenpessimisten. Leider entartet diese Diskussion auch unter sonst vernünftigen Fachleuten manchmal in Unsachlichkeit. Die Gründe dafür haben wir schon in der Einführung genannt. Es sind die ideologisch und ökonomisch fundierten Vorurteile.

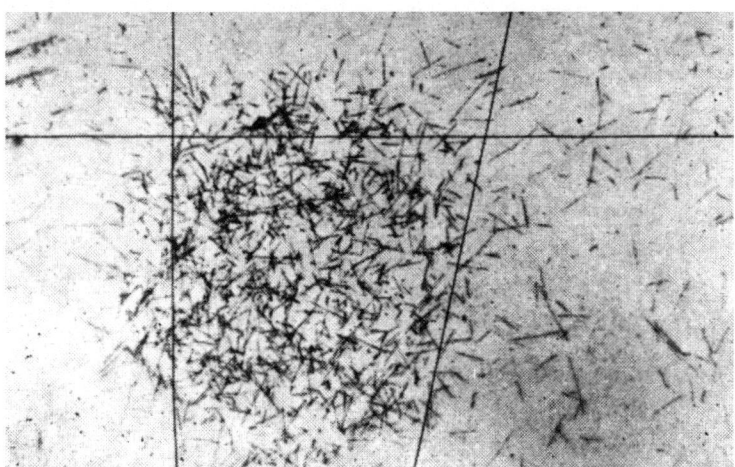

Abb. 4.17 Mikroautoradiografie der Ionisierungsspuren von Alphateilchen im Schenkelknochen (Knochensarkom) einer an Radiumvergiftung verstorbenen Person (Vergrößerung etwa 200-fach, aus [Ho 56]).

Die *Leukämie* ist eine Krebserkrankung des Knochenmarks. Für ihre strahleninduzierte Form gilt daher prinzipiell das gleiche, was wir soeben bei soliden Tumoren besprochen haben, mit folgenden Unterschieden: Das absolute Leukämierisiko ist rund zehnmal kleiner, nämlich ein Prozent pro Sievert bei einmaliger Ganzkörperbestrahlung [Br 90, Tu 95, Up 91]. Das relative Risiko, im Verhältnis zu anderen Krebserkrankungen, ist jedoch bei Leukämie am höchsten. Werden eine Million Personen einer Dosis von einem Sievert ausgesetzt, so gibt es rund zehntausend zusätzliche Leukämiefälle. Die Latenzzeit ist bei Leukämie kleiner als bei den anderen Krebserkrankungen. Die Zahl der Erkrankungen erreicht ihr Maximum etwa fünf Jahre nach einer Kurzzeitbestrahlung und verschwindet nach 25 Jahren fast ganz [Br 90, Kr 02]. Das hat man an den Opfern der Hiroshima-Bombe beobachtet.

Seit einigen Jahren häufen sich Berichte über eine erhöhte Leukämierate bei Kindern, die in der Nähe von Kernkraftwerken und anderen kerntechnischen Anlagen leben [Ev 90, For 87, Ro 90]. Die Ergebnisse dieser Untersuchungen sind aber statistisch nicht gut gesichert, mit Ausnahme derjenigen aus Sellafield (s. Kap. 7.1). Es wurden zu wenige Fälle registriert um sagen zu können, dass mehr Erkrankungen auftreten als es der natürlichen Schwankungsbreite entspricht. Erschwert wird die Beurteilung dieser Berichte dadurch, dass praktisch auf jede Veröffentlichung zu diesem Thema eine Gegenpublikation folgt. Die Befürworter und die Gegner der Kernenergie ziehen dabei aus denselben Zahlen völlig entgegengesetzte Schlüsse.

Zu den gut untersuchten Spätschäden gehört auch der *Graue Star* (Katarakt), eine Trübung der Augenlinse [Tu 95]. Dies ist der einzige Strahlenschaden, bei dem man bisher einen eindeutigen Schwellenwert gefunden hat, nämlich etwa zwei Sievert für Einmalbestrahlung und fünf Sievert für Mehrfachbestrahlung innerhalb einiger Wochen. Hierbei wurden nur die Augen bestrahlt (Teilkörperdosis!). Die Latenzzeit liegt zwischen einem halben und zehn Jahren. Die Linsentrübung ist auch deshalb bemerkenswert, weil sich hier der strahlenbedingte Effekt vom normalen, altersbedingten Star unterscheiden lässt.

Beim ersteren beginnt die Trübung am hinteren Pol der Linse, beim altersbedingten in ihrem ganzen Volumen gleichzeitig.

Wie schon erwähnt, sind wegen der hohen Strahlenempfindlichkeit von sich häufig teilenden Zellen die *ungeborenen Kinder* besonders gefährdet [Fe 86, Up 91]. Solche Schäden werden schon ab einer Dosis von 0,25 Sievert deutlich; bei 1 bis 1,5 Sievert sind etwa 50 Prozent der Feten geschädigt. Dabei handelt es sich meist um Fehl- und Frühgeburten, um Missbildungen, Wachstumsstörungen im Jugendalter und Mikroenzephalie (verringerte Schädelgröße und geistige Behinderungen).

Neben den bisher besprochenen spezifischen, das heißt somatisch lokalisierbaren Spätschäden hat man unter den Überlebenden der Hiroshima-Bombe auch eine allgemeine und unspezifische *Verkürzung der Lebensdauer* beobachtet [Co 00]. Die Betroffenen sterben zwar an den normalen natürlichen Ursachen, aber proportional zur empfangenen Dosis etwas früher als die Kontrollpersonen. Die Lebenszeitverkürzung beträgt etwa 1,3 Jahre pro Sievert. Das Ergebnis der Beobachtungen an 120 000 Überlebenden ist in Abb. 4.18 gezeigt.

Die bisher besprochenen Spätschäden wurden vor allem an japanischen Atombombenopfern und an Überlebenden von Strahlenunfällen untersucht. Noch wenig beachtet und ausgewertet sind die Schäden durch Kernwaffentests. So sollen in der Nähe des Versuchsgeländes in Kasachstan 67 000 Menschen eine Dosis von mehr als einem Sievert erhalten haben. Dadurch sei bei ihnen eine 40- bis 50-prozentige Zunahme der Krebsrate aufgetreten, ebenso ein Anstieg von Säuglingssterblichkeit und Geburtsfehlern sowie eine Verkürzung der Lebensdauer um zehn Jahre [Sto 03a].

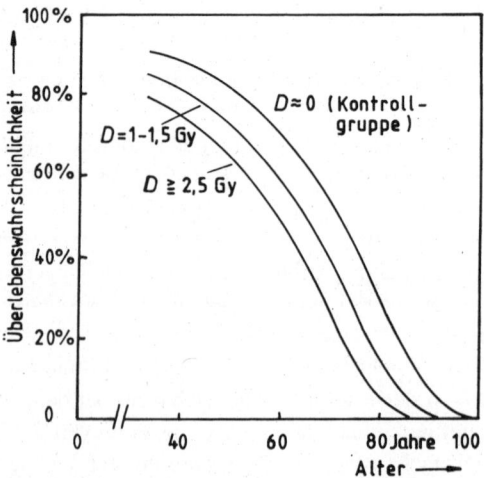

Abb. 4.18 Lebenszeitverkürzung bei Opfern der Hiroshima-Bombe, die hohen Strahlendosen ausgesetzt waren (nach [Co 00]). Diese Kurven sind der Deutlichkeit halber horizontal versetzt. In Wirklichkeit betragen die horizontalen Abstände hier nur etwa 1,5 mm.

4.4.7 Genetische Schäden

Radioaktive Bestrahlung der Keimdrüsen kann zum einen Punktschäden in der Erbsubstanz zur Folge haben, wobei nur einzelne Basenpaare der DNS betroffen sind (Abb. 4.19). Zum anderen können auch Chromosomenbrüche entstehen. Dabei werden einzelne Teile der DNS getrennt oder falsch wieder zusammengefügt. Schließlich beobachtet man Totalverluste einzelner Chromosomenteile (Aneuploidie). Bei genetischen Schäden wurde bis heute kein Anzeichen für einen Schwellenwert gefunden [Tu 95]. Das bedeutet aber nicht, dass es keinen Selbstheilungsmechanismus des Körpers gibt. Die Wirksamkeit von Reparaturenzymen ist durchaus bekannt. Man hat jedoch keine signifikanten Ergebnisse bei kleinen Strahlendosen gefunden, bei denen die Reparaturleistung alle Fehler vollständig beseitigen würde [Kol 00]. Die *natürliche Mutationsrate*, das heißt die durchschnittliche Zahl von molekularen, nicht reparierten natürlichen Veränderungen in einer Generation dürfte pro Zelle bei etwa 175 der rund 7 Milliarden Basenpaare der menschlichen DNS liegen, also etwa jedes 40-millionste Basenpaar betreffen [Ey 99, Na 00][*]. Von diesen natürlichen Mutationen sind ungefähr zwei Prozent, also 3,5 pro Zelle, durch die natürliche radioaktive Umgebungsstrahlung von zwei Millisievert pro Jahr verursacht. Eine zusätzliche Einmaldosis von einem Sievert verdoppelt nach heutigen Kenntnissen die natürliche Mutationsrate [Ei 63, Kr 02, We 01].

Nur ein kleiner Teil dieser Mutationen wird aber durch die Keimzellen auf Nachkommen übertragen und als Erbschäden erkennbar [Br 70, Mö 89, Na 00]. Der größte Teil führt zum Tod der Zelle, bevor sie zur Fortpflanzung kommt. Ein weiterer Teil der befruchteten Zellen und Embryonen stirbt vor der Geburt. Ein Teil der Schäden wird auch rechtzeitig wieder repariert. Nur wenige der natürlichen und der strahleninduzierten Mutationen werden also bei den Nachkommen manifest. Etwa drei Prozent der Neugeborenen haben aufgrund natürlicher Mutationen Erbkrankheiten [Ei 63, Ha 84]. Demnach erzeugt eine Strahlendosis von einem Sievert zusätzlich etwa drei Prozent manifeste Erbänderungen. Von einer Million Lebendgeburten würden etwa 30 000 eine Strahlenschä-

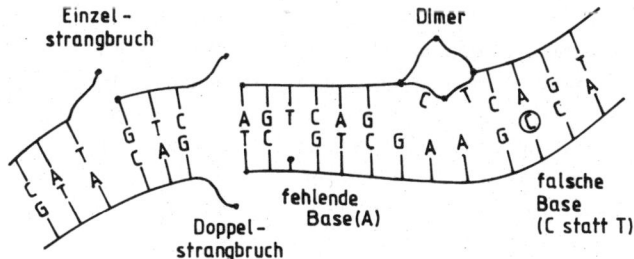

Abb. 4.19 Verschiedene Arten von Strahlenschäden an der Erbsubstanz DNS (s. Abb. 4.6). Durch Wärmeenergie werden täglich etwa 5000 solche Fehler in jeder Zelle erzeugt. Diese werden jedoch durch Reparaturenzyme zu über 99 Prozent sofort wieder beseitigt.

---

[*] Das gilt für Körperzellen mit diploidem Chromosomensatz, also zwei DNS-Strängen mit je 3,5 Milliarden Basenpaaren.

digung aufweisen, wenn einer ihrer Eltern mit einem Sievert bestrahlt worden wären. Fast alle beim Menschen nachgewiesenen Mutationen sind schädlich, das heißt, sie verkürzen die Lebenserwartung oder verhindern die Fruchtbarkeit [Cro 97]. Ergänzend sei hier noch erwähnt, dass eine Einmaldosis von 0,15 Sievert auf die Keimdrüsen bei Männern und von 1,5 Sievert bei Frauen zu vorübergehender Sterilität führt. Dauernde Sterilität beobachtet man ab 4 Sievert bei Männern und ab 4,5 Sievert bei Frauen. Oberhalb einer solchen Dosis sind natürlich keine vererbbaren Schäden mehr zu erwarten [Tu 95].

4.4.8 „Nützliche" Strahlenwirkungen?

Nun kommen wir zu einer ganz überraschenden, aber sehr umstrittenen Erscheinung: Es scheint manchmal auch *positive Folgen* radioaktiver Bestrahlung von belebter Materie zu geben. Man spricht dann von *Hormesis* (griechisch: Antrieb, Anregung). Derartige Beobachtungen wurden lange Zeit als Argument für die Harmlosigkeit der Kernenergietechnik missbraucht, aber auch als Werbemittel für die Radiumkuren in Bad Gastein und anderen Heilbädern. Über folgende positiven Effekte bei Bestrahlung mit relativ niedrigen Dosen wurde berichtet [Wa 89]: Bei Pflanzen zwischen 0,1 und 3 Gray erhöhtes Wachstum und Steigerung des Ertrags, bei Viren und Bakterien bis zu etwa 10 Gray eine größere Vitalität und Fertilität, bei Insekten für 5 Gray schnelleres Wachstum und längeres Leben, bei Mäusen und Ratten für 0,3 Gray eine Erhöhung der Lernfähigkeit. Übersteigt die Strahlendosis jedoch die angegebenen Werte, so überwiegen in allen Fällen schädliche Wirkungen.

Was ist von diesen Beobachtungen zu halten? Unter Fachleuten sind die Ergebnisse aus einer ganzen Reihe von Gründen umstritten [Kö 89, Sa 87]:

- Zunächst wird kaum bezweifelt, dass durch niedrige Strahlendosen das DNS-Reparatursystem aktiviert wird, ähnlich wie unser Immunsystem durch eine Infektion. Dabei werden, neben anderen Prozessen, beschädigte Nukleotide gegen andere zufällig verfügbare ausgetauscht. Dies sind aber nicht immer die genau Passenden. Die Zelle oder das Individuum überlebt – aber mit einer erhöhten Mutationsrate. Als Folge davon haben zum Beispiel die bestrahlten Nagetiere zwar eine größeres Gewicht als die unbestrahlten, aber auch mehr Tumore in Milz, Keim- und Lymphdrüsen [Ka 03]. In diesen Effekten insgesamt eine positive Strahlenwirkung zu sehen, das bedarf schon einiger Fantasie.
- Ähnlich verhält es sich bei den meisten anderen Beobachtungen. Ein positiver Teileffekt wird begleitet von anderen, aber negativen Veränderungen. Die Reaktion des Organismus auf eine Bestrahlung verläuft fast immer ähnlich wie bei einer Temperaturerhöhung, bei Glukosemangel oder bei Proteinschäden: Eine gewisse Überreaktion gegen den Primäreffekt hat einige positive biologische Prozesse aber auch vielerlei negative Wirkungen zur Folge. Diese muss man gegeneinander abwägen, um eine Gesamtaussage zu erhalten. Das Endresultat ist in vielen Fällen fatal.
- Bei der überwiegenden Zahl der Beobachtungen ist der molekulare Mechanismus der strahlenbiologischen Wirkung nicht bekannt. Wenn das stabile Gleichgewicht physiologischer Prozesse, die Homöostase, gestört wird, laufen viele gekoppelte Regelmechanismen ab, die zu den verschiedensten somatischen Erscheinungen Anlass geben.

Nur wenige davon können aber im positiven Sinne gedeutet werden, das heißt eine Verbesserung des Ertrags oder der Lebenssituation zur Folge haben.

Damit ergibt sich folgendes Bild: Solange nicht klar ist, was bei kleinen Strahlendosen auf molekularer Ebene abläuft, und solange man nicht *alle* beobachtbaren Wirkungen dieser Prozesse mit in Betracht zieht, kann nicht von einem positiven Gesamteffekt gesprochen werden. Am Beispiel der „Radiumkur" wird das ganz deutlich: Zwar bessert sich das subjektive Befinden der Patienten durch die allgemeine Pflege, Erholung und Entspannung während eines Kuraufenthalts. Dass man aber dabei ein erhöhtes Lungenkrebsrisiko erworben haben kann, welches eventuell erst nach 25 Jahren in Erscheinung tritt, das vergisst man leicht.

Kapitel 5

Natürliche und „künstliche" Strahlenbelastung

In diesem Kapitel besprechen wir, welcher Strahlendosis der Mensch aus natürlichen und zivilisatorischen Quellen ausgesetzt ist. Man bezeichnet die zivilisatorischen Strahlenquellen auch oft als „künstliche", im Gegensatz zu den natürlichen. Hier lassen wir die Reaktorabfälle noch außer Betracht. Sie sind ja unser Hauptthema und werden im nächsten Kapitel ausführlich behandelt. Zunächst werden wir uns mit denjenigen Strahlenquellen beschäftigen, die nichts mit der Kerntechnik zu tun haben, und denen wir alle mehr oder weniger ausgesetzt sind. Die auf diese Weise empfangene Strahlendosis wird uns später als Vergleichsmaßstab dienen, um zu beurteilen, welches Risiko wir noch akzeptieren können.

5.1 Die natürliche radioaktive Strahlung

Das Leben ist seit seiner Entstehung einer natürlichen radioaktiven Strahlung ausgesetzt. Sie hat verschiedene Ursachen, die in Abb. 5.1 skizziert sind: die kosmische Strahlung aus dem Weltraum, die Strahlung radioaktiver Stoffe in der Luft, im Wasser und im Erdboden sowie die Strahlung unseres Körpers selbst durch eingeatmete oder mit der Nahrung aufgenommene radioaktive Substanzen. Wir besprechen alle diese Quellen natürlicher Strahlung jetzt der Reihe nach.

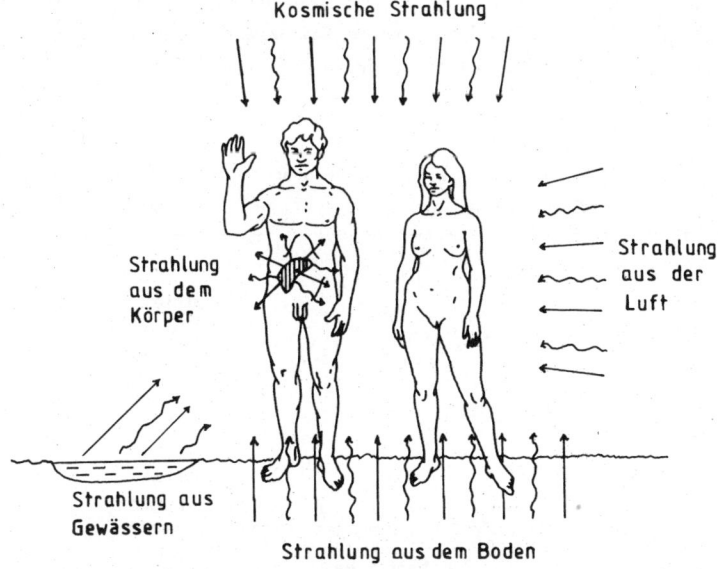

Abb. 5.1 Quellen der natürlichen radioaktiven Strahlung.

5.1.1 Kosmische Strahlung

Zunächst zur kosmischen Strahlung, die auch *Höhenstrahlung* genannt wird [Ei 63, Is 62, Ki 87]. Die kosmische Strahlung entsteht wahrscheinlich vor allem bei dramatischen Sternentwicklungsprozessen wie der Bildung von roten Riesen, weißen Zwergen, Neutronensternen oder schwarzen Löchern. Sie kommt zum größten Teil von Sternen unseres Milchstraßensystems, nur wenige Prozent stammen direkt von der Sonne, außer bei starken Sonneneruptionen. Die Strahlung besteht zu 80 Prozent aus sehr energiereichen Protonen mit einem Maximum der Intensität bei 300 Megaelektronenvolt ($5 \cdot 10^{-11}$ Joule) und mit einer maximalen Energie bis zu 10^{20} Elektronenvolt (rund sechzehn Joule) pro Teilchen. Der Rest besteht aus Alphateilchen, schweren Atomkernen, Elektronen und Photonen. Pro Sekunde treffen etwa 16 000 solcher Teilchen auf jeden Quadratmeter der hohen Atmosphäre. Die gesamte Energie dieser *primären kosmischen Strahlung* ist etwa so groß wie diejenige des Lichts aller Sterne, das die Erde trifft. In unserer Atmosphäre entsteht durch Zusammenstöße der Primärteilchen mit den Atomen und Molekülen der Luft die *sekundäre* Komponente der *kosmischen Strahlung*. Dabei laufen ganz ähnliche Prozesse ab, wie wir sie in Abb. 4.1 kennengelernt haben. Es entstehen aber auch zahlreiche Sekundärteilchen hoher Energie wie etwa Atomkerne vom Wasserstoff bis zum Argon, darunter vor allem die radioaktiven Nuklide Tritium (Wasserstoff-3), Beryllium-7 und Beryllium-10, Kohlenstoff-14, Natrium-22, Phosphor-32 und -33, Silicium-32, Schwefel-35, Chlor-36 und -39 sowie Elektronen und Myonen. Letztere sind schwere Elektronen mit der 200-fachen Masse eines normalen Elektrons. Ein einzelnes primäres Proton hoher Energie kann eine Kaskade von Millionen solcher Sekundärteilchen auslösen (Abb. 5.2). Wenn sie auf der Erdoberfläche ankommen, sind sie über eine Fläche von mehreren Quadratkilometern verteilt. Mit zunehmender Eindringtiefe in die Atmosphäre nimmt die Energie der Teilchen einer Kaskade durch immer mehr Zusammenstöße mit Luftmolekülen ab (Abb. 5.3). Bei diesen Abbremsprozessen erwärmt sich die Atmosphäre ein wenig, aber das ist kaum messbar; die Erwärmung entspricht etwa derjenigen durch

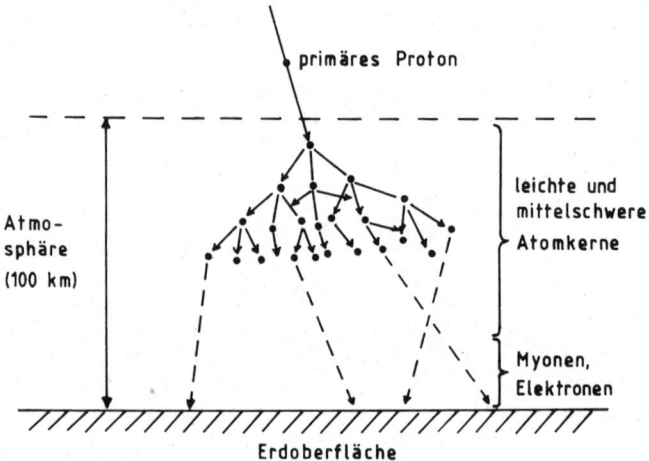

Abb. 5.2 Teilchenkaskade der kosmischen Höhenstrahlung.

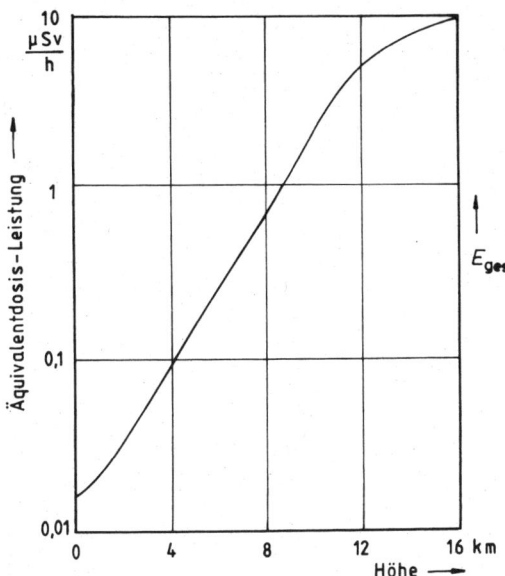

Abb. 5.3 Dosisleistung (H/t) in Mikrosievert pro Stunde und Gesamtenergie (E_{ges}) der kosmischen Strahlung in Abhängigkeit von der Höhe über dem Erdboden (logarithmische Darstellung, nach [Ki 87]).

das Licht der Sterne. Dicht über der Erdoberfläche – im Bereich, in dem wir leben – besteht die kosmische Strahlung fast nur noch aus Elektronen und Myonen. Diese erzeugen bei ihren Zusammenstößen mit Luftmolekülen pro Kubikzentimeter Luft etwa zwei Ionenpaare in jeder Sekunde. Das entspricht einer Energieproduktion von 68,0 Elektronenvolt pro 1,29 Milligramm Luft (s. Kap. 4.1). Daraus ergibt sich eine Dosisleistung von 0,27 Millisievert pro Jahr auf Meereshöhe.

In Abb. 5.3 ist zu sehen, dass die Dosisleistung der kosmischen Strahlung mit zunchmender Höhe stark anwächst. In zehn Kilometern Höhe ist sie bereits einhundertmal so groß wie am Erdboden. Bei einem achtstündigen Flug in dieser Höhe erhält man demnach eine zusätzliche Dosis, die derjenigen von 800 Stunden bzw. 33 Tagen auf Meereshöhe entspricht, nämlich 0,023 Millisievert. Fliegt man nur gelegentlich über den Atlantik, so ist das völlig unbedenklich. Für das fliegende Personal kann es jedoch zu einer beträchtlichen Strahlenbelastung führen. Sie summiert sich bei hundert Flügen in einem Jahr auf rund 2,3 Millisievert und ist damit so groß wie die gesamte übrige natürliche Strahlenbelastung (s. Abb. 5.10). Recht bedenklich kann die kosmische Strahlung für Astronauten werden. Zwar betrug ihre Dosis während der Apollo-Mondflüge nur je einige Millisievert [Ki 87]. Doch bei einer größeren Eruption auf der Sonne, wie sie alle paar Jahre einmal vorkommt, kann die Strahlendosis im Inneren eines Raumfahrzeugs bis auf fünf Sievert ansteigen. Und diese Dosis ist bereits tödlich, wie wir aus Abb. 4.12 wissen. Das zeigt uns, wie wichtig unsere Atmosphäre ist, nämlich als Schutz nicht nur gegen die ultravioletten Strahlen der Sonne, sondern auch gegen die energiereichen kosmischen Teilchen.

Der Vollständigkeit halber sei hier noch erwähnt, dass die Intensität der kosmischen Strahlung an den Polen etwa zehn Prozent höher ist als am Äquator [Is 62, Ki 87]. Das rührt vom Magnetfeld der Erde her. Es lenkt die elektrisch geladenen Teilchen vom Äquator zu den Polen hin ab, wenn sie nicht genau senkrecht zu den Feldlinien auftreffen. Dort beobachten wir daher auch die Polarlichter. Sie entstehen, indem die Teilchen der kosmischen Strahlung Luftmoleküle elektrisch anregen (s. Abb. 4.1 a – c) und sie so zum Leuchten bringen.

5.1.2 Terrestrische Strahlung

Als nächsten Anteil der natürlichen Strahlung besprechen wir die terrestrische, die uns aus dem *Boden* und aus den *Gewässern* erreicht (s. Abb. 5.1). Sie rührt von den darin enthaltenen natürlichen radioaktiven Stoffen her. Das sind vor allem Isotope der schwersten Elemente [Is 62, Ki 87]: Quecksilber, Thallium, Blei, Bismut, Radon, Radium, Thorium und Uran; außerdem einige Isotope leichterer Elemente wie Kalium, Rubidium und Lanthan.

Diese teilweise radioaktiven Elemente sind in den verschiedenen Bodenarten, Gesteinen und Gewässern in ganz verschiedenen Mengen enthalten. So variiert zum Beispiel die Aktivität des Isotops Kalium-40 von 100 Becquerel pro Kilogramm in Moorboden oder Kalkstein, 400 Becquerel pro Kilogramm in Schwarzerde und Sandstein bis zu 1000 Becquerel pro Kilogramm in Granit. Für Thorium-232 und Uran-238 sind die entsprechenden Werte rund zehnmal niedriger. Diese beiden Isotope sind die Ausgangsprodukte von je einer ganzen Serie radioaktiver Nuklide (Abb. 5.4); auch von Uran-235 und Plutonium-241 gehen solche Zerfallsreihen aus.

Im Meerwasser findet man etwa hundert- bis tausendmal kleinere Konzentrationen als im Boden [Bu 02, Ha 69, Is 62]. Die von Kalium-40 liegt im Mittel bei zwölf Becquerel pro Liter, von Thorium-232 bei 0,000 001 Becquerel pro Liter, von Radium-226 bei 0,004 Becquerel pro Liter und von Uran-238 bei 0,04 Becquerel pro Liter. In Binnengewässern, Flüssen, Seen, Quellen und Grundwasser sind die Konzentrationen meist noch rund zehnmal kleiner. Eine Ausnahme bilden „radioaktive Quellen" und manche Thermalwässer mit Radiumgehalten bis zu 30 000 Becquerel pro Liter, in Bad Gastein etwa 4000 Becquerel pro Liter [Ha 69]. Wer oft aus solchen Quellen trinkt, erhält eine erhebliche Strahlenbelastung, vor allem des Knochenmarks, da sich Radium bevorzugt in den Knochen ablagert. Knochenmarkbestrahlung kann zu Leukämie führen (s. Kap. 4.4.6).

Um aus der Aktivität von Böden und Gewässern die gesamte *terrestrische Strahlenbelastung* unseres Körpers zu berechnen, kann man im Prinzip die Gleichungen (4) bis (6) verwenden (s. Kap. 4.3). Aber die Rechnung ist aufwändig, denn die Radioaktivität ist im Boden weiträumig verteilt und nicht in einem Punkt konzentriert, wie wir bei jenen Gleichungen angenommen haben. Außerdem wird die Strahlung im Boden und im Gewässer selbst zum Teil schon absorbiert („Selbstabsorption"), sofern sie nicht unmittelbar von der Oberfläche ausgeht. Wenn wir uns die früher besprochenen Reichweiten der verschiedenen Strahlenarten ins Gedächtnis zurückrufen (s. Abb. 5.5 und Abb. A-1 bis A-3 im Anhang), so erkennen wir Folgendes: Alphastrahlen mit einer Energie von fünf Megaelektronenvolt haben in Wasser nur eine Reichweite von 0,05 Millimetern

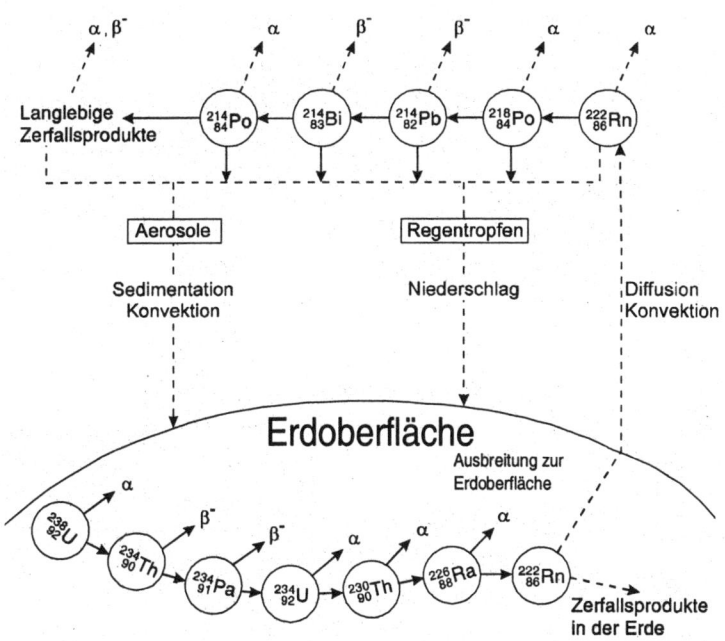

Abb. 5.4 Entstehung von Radon-222 aus dem im Boden befindlichen Uran-238 und die Verbreitung seiner Zerfallsprodukte nach Austritt in die Luft. Das Bild für aus Thorium-232 entstehendes Radon-220 sieht ähnlich aus (aus [Bu 02]).

(50 Mikrometer). Sie erreichen uns nur von direkt auf der Bodenoberfläche liegenden Stoffen und kommen in Luft nur vier Zentimeter weit. Betastrahlen von einem Megaelektronenvolt Energie haben in Wasser eine Reichweite von drei Millimetern, in Böden von ein bis drei Millimetern. Sie können also aus dünnen Oberflächenschichten austreten und kommen dann in Luft noch etwa drei Meter weit. Gammastrahlen von 0,5 Megaelektronenvolt Energie haben in Wasser eine Halbwertsdicke von zehn Zentimetern, in Böden von ein bis sechs Zentimetern. Sie gelangen aus den obersten 50 Zentimetern Boden bzw. Wasser in die Luft und kommen dort noch mehr als einhundert Meter weit. Die bedeutendste Quelle terrestrischer Strahlung ist deshalb die Gammaemission der radioaktiven Stoffe dicht unter der Erdoberfläche. Welcher Strahlendosis wir dabei ausgesetzt sind, hängt von der Art und der Zusammensetzung des Bodens ab. In Abb. 5.6 ist die geografische Verteilung der gemessenen Äquivalentdosis in Deutschland dargestellt. Man erkennt deutlich den Einfluss der Bodenbeschaffenheit: Granit mit hoher Aktivität im Bayerischen Wald, Sedimente mit niedriger Aktivität in Nord- und Süddeutschland. Im Mittel beträgt die terrestrische Dosisleistung in Deutschland 0,4 Millisievert pro Jahr, der gemessene Maximalwert 4,0 Millisievert pro Jahr [Bu 02, Ki 87].

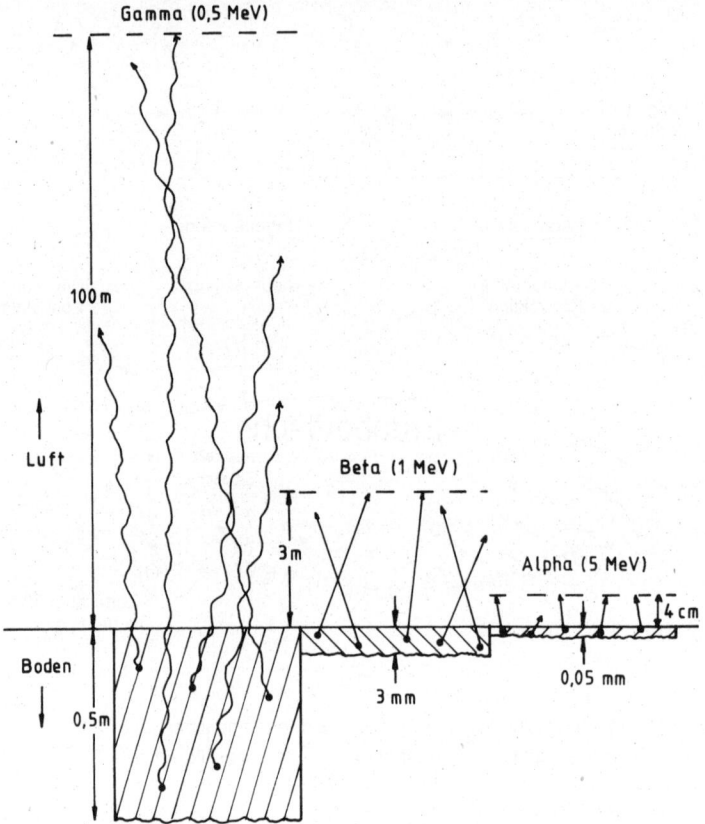

Abb. 5.5 Reichweite der terrestrischen Strahlung im Boden und in der Luft, schematisch und nicht maßstäblich (Strahlungsenergie in Klammern). Bei der Gammastrahlung ist 100 Meter die Halbwertsdicke in der Luft (s. Abb. A-3).

In vielen anderen Ländern sind die Verhältnisse ähnlich. Doch gibt es auch einige Gebiete mit sehr viel höherer terrestrischer Strahlung: In Brasilien, in Indien und im Iran ist die Dosisleistung stellenweise bis zu hundertmal größer als der Höchstwert in Deutschland, nämlich bis zu 350 Millisievert pro Jahr [Ki 87]. Dort enthalten die Böden Monazitsand, ein Gemisch von Phosphaten und Silikaten des Thoriums und der Seltenen Erden, die zum Teil ebenfalls radioaktiv sind. Die betreffenden Landstriche sind allerdings relativ dünn besiedelt, und bis heute wurden keine systematischen Untersuchungen über die gesundheitlichen Folgen einer so hohen Dauerbestrahlung bekannt. Eine Dosisleistung von 350 Millisievert pro Jahr akkumuliert sich im Lauf von zehn Jahren zu 3,5 Sievert. Eine solche Dosis erhöht das Krebsrisiko um rund 17 Prozent (s. Kap. 4.4.6). Allerdings haben die Menschen in den betroffenen Gebieten aus anderen Gründen eine relativ niedrige Lebenserwartung, so dass sich der Einfluss der hohen Strahlenbelastung kaum bemerkbar macht.

5.1 Die natürliche radioaktive Strahlung

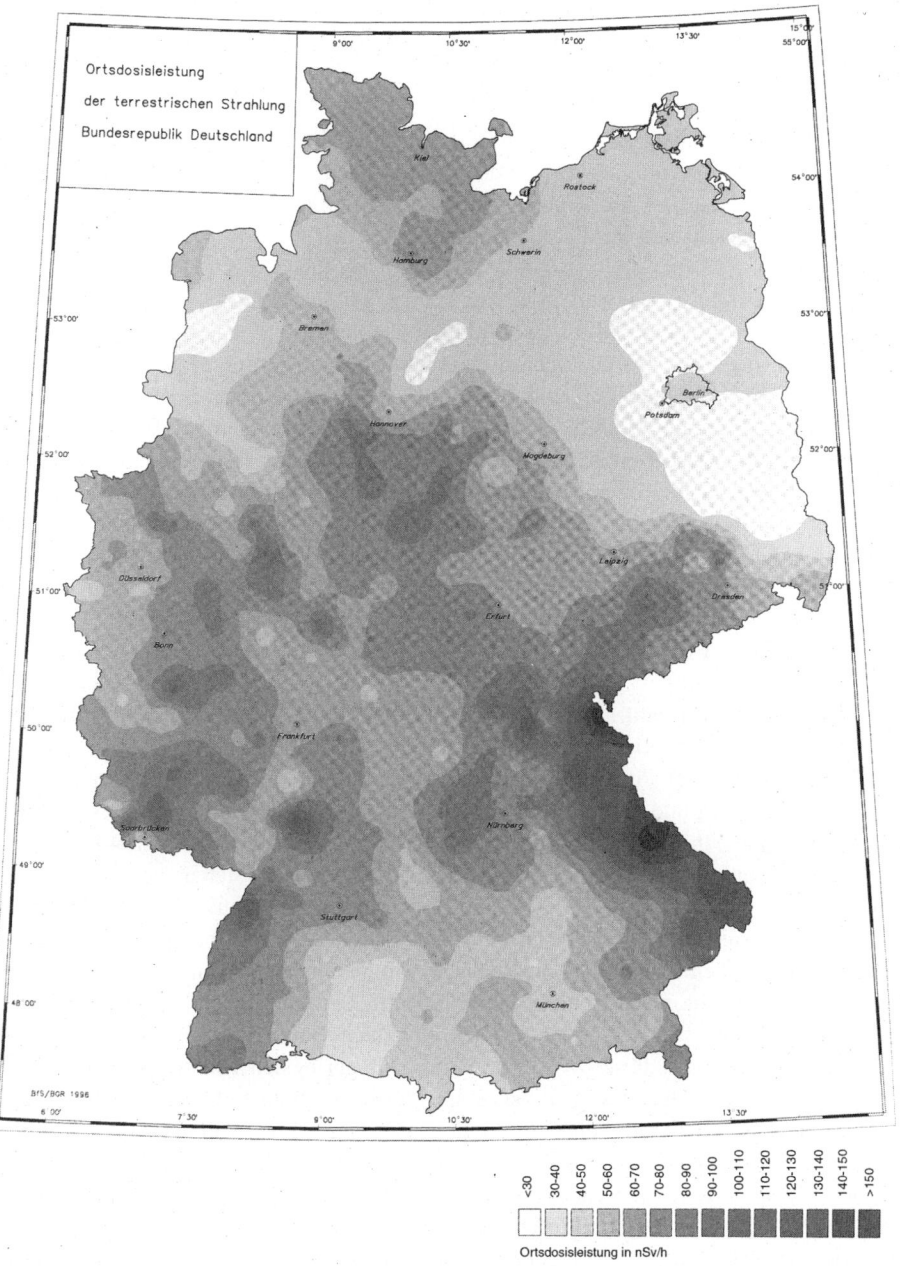

Abb. 5.6 Terrestrische Strahlung im Freien im Jahr 1996 nach Abzug der Dosis der kosmischen Strahlung (mit freundlicher Genehmigung von Prof. Dr. W. Weiss, Bundesamt für Strahlenschutz, Oberschleißheim/Neuherberg).

Die Frage, ob radioaktive *Strahlung aus den Baumaterialien* unserer Häuser und Wohnungen zur natürlichen oder zur künstlichen Belastung gehört, ist Definitionssache. Einerseits absorbieren die Hausmauern einen Teil der terrestrischen Strahlung, andererseits strahlt das Baumaterial selbst wegen der darin enthaltenen radioaktiven Stoffe. Im Mittel überwiegt in Deutschland der zweite Effekt und liefert eine zusätzliche Baustoffdosis von 0,08 Millisievert pro Jahr. Dabei wurde angenommen, dass sich die Bevölkerung zu 20 Prozent ihrer Zeit im Freien und zu 80 Prozent in den Häusern aufhält. Zusammen mit der direkten terrestrischen Strahlung aus dem Erdboden (0,4 Millisievert pro Jahr, s. o.) ergibt dies einen Mittelwert von 0,48 Millisievert pro Jahr [Ki 87]. Dieser Wert ist also knapp doppelt so hoch, wie derjenige der kosmischen Strahlung.

Von geringerer Bedeutung als die Strahlung aus der festen Erde ist diejenige aus den *Oberflächengewässern*. Bei uns leben ja verhältnismäßig wenige Menschen ständig auf dem Wasser oder sehr dicht an Gewässern. Außerdem sind, wie wir oben gesehen hatten, die Konzentrationen der wichtigsten Radioisotope im Wasser hundert- bis zehntausendmal niedriger als in den Böden. Das gleiche gilt dann auch für die Strahlenbelastung über einer Wasseroberfläche. Sie ist gegenüber derjenigen auf dem festen Land vernachlässigbar klein, wieder nur mit Ausnahme der radioaktiven Quellwässer. Aber außer Fanatikern wird sich wohl kaum jemand freiwillig für längere Zeit in diesen aufhalten.

5.1.3 Strahlung aus der Luft

Wir kommen jetzt zur natürlichen Strahlenbelastung durch die radioaktiven Stoffe in der uns umgebenden Luft [Ki 87]. Das sind hauptsächlich die Isotope des Edelgases Radon (Radon-220[*] und 222) sowie ihre radioaktiven Zerfallsprodukte (Astat, Polonium, Bismut, Blei, Thallium und Quecksilber). Beide Radonisotope zerfallen unter Aussendung von Alphastrahlen mit Energien von 5,5 bzw. 6,3 Megaelektronenvolt, Radon-222 mit einer Halbwertzeit von 3,8 Tagen, und Radon-220 mit einer solchen von 56 Sekunden [Nu 98]. Sie entstehen beim Zerfall des im Boden und in den Baustoffen unserer Häuser vorhandenen Urans und Thoriums (Abb. 5.4). Daher sind sie im Boden (Abb. 5.7) und in der uns umgebenden Luft allgegenwärtig. Die Strahlenbelastung durch Radon und seine Folgeprodukte macht in Deutschland über die Hälfte der natürlichen Dosis aus, im Mittel zwischen 1,0 und 1,5 Millisievert pro Jahr, je nach Baumaterial der Häuser [Bu 02, Ki 87]. Allerdings rührt diese Dosisleistung nur zum geringsten Teil von der Aktivität der uns *umgebenden* Luft her. Vielmehr ist es die Alpha- und Betastrahlung der *eingeatmeten* Luft, die in unseren Lungen eine relativ hohe jährliche Dosis von acht Millisievert erzeugt. Umgerechnet auf den ganzen Körper ergibt dies mit Hilfe des Gewebewichtungsfaktors (s. Kap. 4.3) die oben genannte Dosisleistung von 1 bis 1,5 Millisievert pro Jahr. Eine solche Umrechnung ist natürlich etwas problematisch, denn die Lungen sind etwa sechsmal so hoch belastet wie die übrigen Organe. Zudem ist die Strahlenwirkung punktuell und hängt nicht linear von der Dosis ab. Wir sind hiermit schon bei der Strahlenbelastung durch radioaktive Bestandteile unseres Körpers.

---

[*] alter Name: Thoron

5.1 Die natürliche radioaktive Strahlung

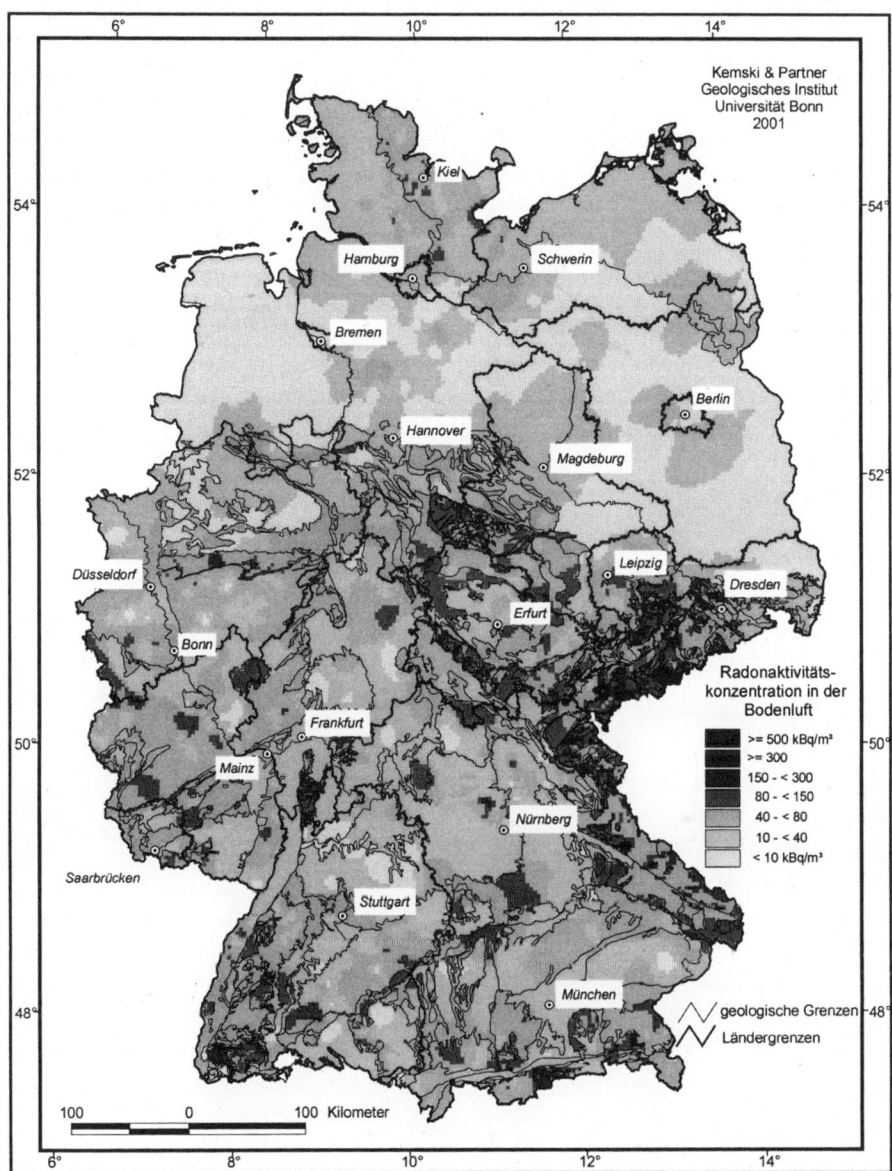

Abb. 5.7 Radonkonzentration in der Bodenluft in einem Meter Tiefe in Deutschland im Oktober 2001, gemessen an 2213 Orten (mit freundlicher Genehmigung von Prof. Dr. A. Siehl, Geologisches Institut der Universität Bonn).

5.1.4 Strahlung aus unserem Körper

Die *Zerfallsprodukte des Radons* sind bei ihrer Entstehung elektrisch geladen. Bei einer Alphaemission ist diese Ladung negativ, weil dem Atom zwei positive Ladungen mit dem Alphateilchen verloren gehen. Bei Betaemission bleibt ein positiv geladenes Atom (ein Ion) zurück, weil eine negative Ladung abgegeben wird (s. Abb. 3.1). Solche geladenen Ionen lagern sich schnell an in der Luft vorhandene feste Staubteilchen an oder sie bilden Kondensationskeime für Wasserdampf und andere Gase (s. Abb. 4.2). Atmen wir diese Luft ein, so bleibt ein Teil ihrer festen und flüssigen Partikel in den Bronchien und Alveolaren, den kleinsten Lungengefäßen, hängen (Abb. 5.8). Das sind vor allem die mittelgroßen Teilchen mit Durchmessern zwischen einem tausendstel und einem hunderttausendstel Millimeter (ein Mikrometer bis zehn Nanometer) [Ja 65]. Größere und kleinere Teilchen werden an den Wänden der oberen Bronchien abgeschieden und durch das Flimmerepithel wieder hinaustransportiert. Die großen Teilchen prallen aufgrund ihrer Trägheit schon im oberen Bereich auf die Bronchialschleimhaut und bleiben dort haften, die kleineren wegen ihrer hohen Diffusionsgeschwindigkeit. An den mittelgroßen Teilchen, die bis in die Alveolaren gelangen, ist auch die Hauptmenge der Radonfolgeprodukte angelagert. Diese senden vor allem dicht ionisierende Alpha- und Betastrahlen aus. Dadurch wird unser Lungengewebe punktuell stark belastet. Glücklicherweise sorgt aber das Immunsystem dafür, dass geschädigte Zellen zum größten Teil eliminiert werden und daher nicht zu Keimen der Krebsentstehung werden können.

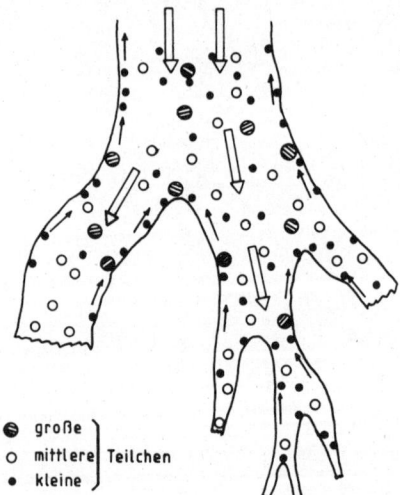

Abb. 5.8 Retention von Staubteilchen in Lungengefäßen, schematisch. Die abwärts gerichteten Doppelpfeile bezeichnen den Einatmungsstrom, die aufwärts gerichteten einfachen den Rücktransport längs der Gefäßwände durch das Flimmerepithel.

Die Radonkonzentration beträgt in deutschen Wohnungen im Mittel 40 Becquerel pro Kubikmeter mit Maximalwerten bis zu einigen tausend Becquerel pro Kubikmeter [Schr 04b]. Im Freien ist der Mittelwert geringer, nämlich nur 15 Becquerel pro Kubikmeter. Daraus berechnet sich die schon genannte mittlere Äquivalentdosisleistung für den ganzen Körper von 1,0 bis 1,5 Millisievert pro Jahr [Bu 02, Ki 87]. Dabei wurde die durchschnittliche Aufenthaltsdauer im Haus und im Freien berücksichtigt; der untere Wert gilt für Freilandarbeiter, der obere für Stubenhocker. Es wurden aber auch Maximalwerte bis zu 280 Millisievert pro Jahr gemessen. Hält man sich dauernd in einer Wohnung mit einer solchen Radonkonzentration auf, so erwirbt man in vier Jahren ein zusätzliches zehnprozentiges Lungenkrebsrisiko infolge dieser Bestrahlung. Nach neueren Untersuchungen steigt dieses bei einer Zunahme der Radonkonzentration in der Wohnraumluft um einhundert Becquerel pro Kubikmeter um jeweils zehn Prozent [Schu 00].

Man hat auch herausgefunden, dass der größte Teil der in geschlossenen Räumen vorhandenen Radonaktivität aus dem Erdboden und aus den Wänden herausdiffundiert (Abb. 5.9). Da die Konzentration im Freien etwa dreimal kleiner ist, hilft häufiges Lüften. Dadurch lässt sich das strahleninduzierte Lungenkrebsrisiko auf etwa die Hälfte vermindern.

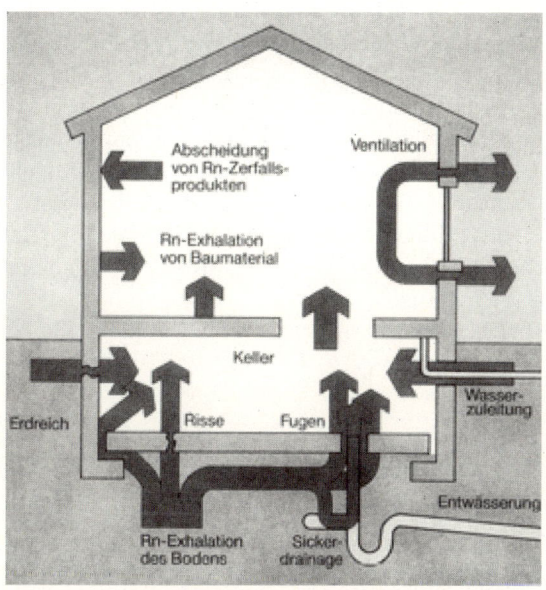

Abb. 5.9 Radonströmungen in einem Wohnhaus (aus [Ni 86]).

Allerdings dürften nur etwa zehn Prozent aller Lungenkrebsfälle durch Strahlung bedingt sein, die übrigen 90 Prozent durch Rauchen und Verbrennungsprodukte, vor allem der Kraftfahrzeuge [Schu 00]. Zusammenfassend lässt sich feststellen, dass die Strahlenbelastung durch natürliches Radon und seine Folgeprodukte mit im Mittel 1,4 Millisievert pro Jahr fast doppelt so hoch ist wie diejenige durch kosmische und terrestrische Strahlung zusammen. Enthält das Leitungswasser größere Mengen von gelöstem Radon, wie zum Beispiel in Finnland, so kann dies beim Duschen leicht entweichen. Eine Messung in Kanada zeigte, dass die Raumluftkonzentration nach fünf Minuten Duschzeit von 20 auf 3520 Becquerel pro Kubikmeter anstieg und erst nach einigen Stunden wieder auf den ursprünglichen Wert zurückging [Ki 87]. Allerdings enthielt dieses Wasser sehr viel Radon, 4,4 Millionen Becquerel pro Kubikmeter, während es in Deutschland im Mittel nur etwa 5900 Becquerel pro Kubikmeter sind (Maximalwert hier 1,5 Millionen Becquerel pro Kubikmeter) [Bu 02].

Wir kommen jetzt zur vierten und letzten Quelle der natürlichen Strahlenbelastung, den außer Radon sonst noch in unserem Körper enthaltenen radioaktiven Stoffen. Das sind vor allem Kalium-40, Kohlenstoff-14, Rubidium-87, Wasserstoff-3 (Tritium), Beryllium-7, Natrium-22 sowie Uran und Thorium nebst deren Zerfallsprodukten [Bu 02, Ki 87]. Alle diese Elemente sind naturgemäß in unserer Nahrung und in den Organen unseres Körpers recht unterschiedlich verteilt. Die leichteren Elemente finden sich bevorzugt in den Weichteilen, die schwereren in den Knochen. Das hängt mit der chemischen Natur dieser Elemente zusammen. Zur internen Strahlenbelastung trägt das Kalium-40 mit etwa 0,17 Millisievert pro Jahr am meisten bei. Unser Körper enthält insgesamt etwa 150 Gramm natürliches Kalium. Das liefert eine Aktivität von 4500 Becquerel bzw. 60 Becquerel pro Kilogramm Körpergewicht. Jede Sekunde zerfallen in unserem Körper also 4500 Kaliumatome. Kuhmilch enthält etwa 50 Becquerel Kalium-40 pro Kilogramm. Kohlenstoff-14 liefert eine Ganzkörperdosis von etwa 0,012 Millisievert pro Jahr, Uran und Thorium mit ihren Zerfallsprodukten 0,15 Millisievert pro Jahr. Der Gehalt unseres Körpers an radioaktiven Elementen hängt natürlich auch stark von den Essgewohnheiten ab. Pflanzliche Nahrung enthält im Allgemeinen etwas mehr Aktivität als tierische. Insgesamt beträgt die Strahlenbelastung durch inkorporierte radioaktive Stoffe etwa 0,33 Millisievert pro Jahr. Darin sind das Radon und seine Folgeprodukte aus der Atemluft in der Lunge nicht enthalten. Man kann abschätzen, dass die interne Aktivität in jeder Sekunde etwa fünf bis zehn Milliarden Moleküle ionisiert [He 97]. Auf das Jahr umgerechnet ist das jedes zehnmilliardste Molekül unseres Körpers. Mit dieser Strahlenbelastung wird unser Immunsystem fertig.

Einen Überblick über die Quellen der natürlichen Strahlenbelastung zeigt Abb. 5.10.

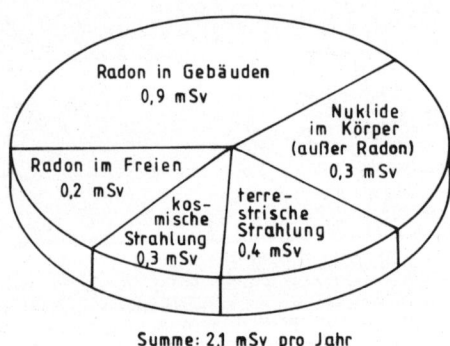

Abb. 5.10 Mittlere jährliche Strahlendosis natürlichen Ursprungs in Deutschland.

5.2 Die „künstliche" Strahlenbelastung

Neben der Strahlung aus natürlichen Quellen sind wir einer etwa gleich großen Dosisleistung durch medizinische Maßnahmen, durch bestimmte konventionelle Techniken, durch den Normalbetrieb kerntechnischer Anlagen sowie durch Kernwaffentests und Unfälle in kerntechnischen Anlagen ausgesetzt (Abb. 5.11). Alle diese Einflüsse werden zusammenfassend als „künstliche" Strahlenbelastung bezeichnet (besser wäre der Begriff „zivilisa-

5.2 Die „künstliche" Strahlenbelastung

torische" Strahlenbelastung). Der medizinische Anteil überwiegt hierbei deutlich. Die Unfälle in kerntechnischen Anlagen besprechen wir gesondert in einem späteren Kapitel (s. Kap. 7.1).

Die künstliche Strahlenbelastung ist weniger gleichmäßig auf die verschiedenen Bevölkerungsgruppen verteilt als die natürliche, denn von medizinischen Maßnahmen oder von kerntechnischer Radioaktivität ist ja nur ein Teil der Bevölkerung betroffen. Trotzdem ist es sinnvoll, die Strahlendosis dieser Personen auf die Gesamtzahl aller Einwohner eines Landes umzurechnen, indem man sie mit dem jeweils betroffenen Bevölkerungsanteil multipliziert. Erhalten fünf Prozent der Bevölkerung eine Dosis von 0,1 Millisievert, so ergibt das eine mittlere Dosis von $0{,}1 \cdot 0{,}05 = 0{,}005$ Millisievert pro Person der Gesamtbevölkerung. Diese auf die Gesamtbevölkerung bezogene Belastung bezeichnet man als *Kollektivdosis*, sie ist ein Maß für das Strahlenrisiko jedes Einzelnen.

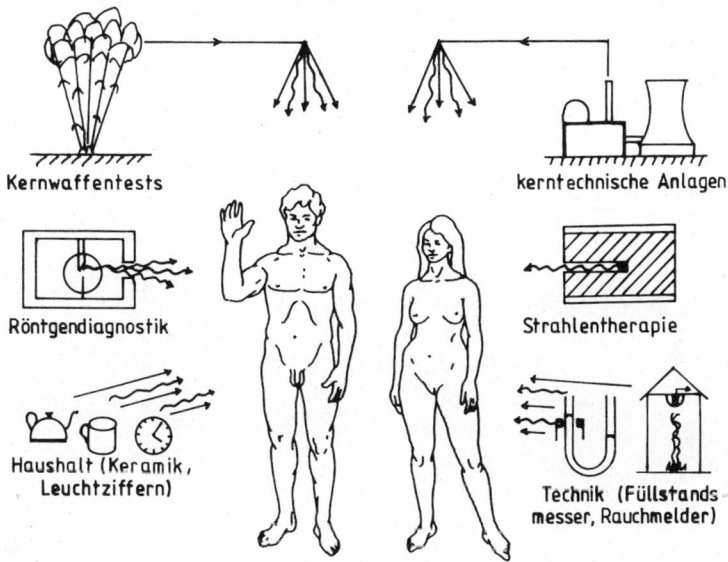

Abb. 5.11 Quellen der „künstlichen" Strahlenbelastung.

5.2.1 Medizinische Strahlenbelastung

Zunächst zur Medizin. Hier wird in drei verschiedenen Bereichen ionisierende Strahlung verwendet: Bei der Röntgendiagnostik, bei nuklearmedizinischen Untersuchungen und bei der Strahlentherapie. Die Röntgenstrahlung ist eine elektromagnetische Wellenstrahlung wie die Gammastrahlung, nur mit etwa zehnmal kleinerer Energie. Wenn sie Materie durchdringt, erzeugt sie die gleichen physikalischen, chemischen und biologischen Wirkungen (s. Kap. 4), wie wir sie zuvor bei der Gammastrahlung besprochen hatten. Lediglich die Ionisierungsdichte ist, entsprechend der niedrigeren Energie, bei Röntgenstrahlung größer [Ja 62, Na 71]. In Deutschland werden pro Jahr rund 135 Millionen Röntgenuntersuchungen durchgeführt [Bu 02]. Die effektive, das heißt auf den ganzen

Körper bezogene Strahlendosis ist bei den verschiedenen Untersuchungen aber sehr unterschiedlich. Sie reicht von 0,001 Millisievert bei einer Knochendichtemessung über 0,03 Millisievert bei einer Lungenaufnahme, 0,5 Millisievert bei einer Mammografie und 1,3 Millisievert bei einer Aufnahme der Lendenwirbelsäule bis zu 25 Millisievert bei einer Computertomografie (CT) des Bauchraums. Der Mittelwert der röntgendiagnostischen Strahlenbelastung liegt für die Gesamtbevölkerung in Deutschland heute bei etwa zwei Millisievert pro Jahr. Das Krebsrisiko, das wir für Gammastrahlen bei Langzeitanwendung mit fünf Prozent pro Sievert angegeben hatten (s. Kap. 4.4.6), ist für die normale diagnostische Röntgenstrahlung verschwindend gering: Bei zwei Millisievert pro Jahr effektiver Strahlendosis beträgt es in 50 Jahren (0,1 Sievert) nur 0,5 Prozent. Für einige spezielle Untersuchungen ergeben sich folgende Krebsrisiken in den betreffenden Organen [Ta 00]: Lungenaufnahme 1 : 100 000, Mammografie 1 : 40 000, Brustraum-CT 1 : 2000. Dieses Risiko ist in allen Fällen erheblich geringer als die Gefahr, an einer auf diese Weise nicht entdeckten Erkrankung zu sterben.

Die mittlere effektive Dosis durch nuklearmedizinische Diagnostik und durch Strahlentherapie ist für den Durchschnittsbürger relativ klein, nämlich 0,1 Millisievert pro Jahr [Bu 02]. Solche Maßnahmen werden ja fast nur an ernsthaft erkrankten Personen durchgeführt. In Deutschland sind das etwa vier Millionen Fälle pro Jahr. Daher ist eine Umrechnung auf die Gesamtbevölkerung hier recht problematisch. Bei einer Strahlentherapie wird das betroffene Gewebe mit 20 bis 70 Sievert belastet, was zur fast vollständigen Abtötung von Krebszellen führt [Ki 87, Ta 00]. Für das im Bestrahlungsfeld liegende gesunde Gewebe bemüht man sich, die Dosis zehn- bis hundertmal kleiner zu halten. Das Risiko für eine strahleninduzierte Krebsentstehung liegt dann nur im Prozentbereich.

Zusammenfassend können wir die medizinische Strahlenbelastung mit durchschnittlich zwei Millisievert pro Jahr ansetzen [Bu 02]. Das ist etwas weniger als die gesamte natürliche Belastung, nur ist die medizinische nicht so gleichmäßig auf die Bevölkerung verteilt.

5.2.2 Technische Strahlenbelastung

Als nächstes besprechen wir die künstliche Belastung durch radioaktive und ionisierende Strahlung im Haushalt und bei der Anwendung konventioneller Techniken. Hierbei handelt es sich um die Leuchtfarben in Uhren und anderen, im Dunkeln erkennbaren Anzeigeinstrumenten, um uranhaltige Glasuren von Kacheln und Porzellan, um Rauchmelder auf der Basis ionisierender Strahlung, Glühstrümpfe für Gaslampen, Füllstandsmesser, Schweißelektroden, Herzschrittmacher, Fernsehgeräte usw. Wir wollen diese Geräte und die von ihnen herrührenden Strahlendosen aber nicht im Einzelnen besprechen. Ihre Strahlung ist, bezogen auf die Gesamtbevölkerung, sehr gering, nämlich kleiner als 0,01 Millisievert pro Jahr und damit nur rund ein Zwanzigstel der natürlichen Belastung [Bu 02]. Nur eine exzessive Verwendung solcher Geräte und Materialien würde eine Strahlendosis in der Größe der natürlichen (zwei Millisievert pro Jahr) liefern. Eine solche Dosis erhalten aber nur diejenigen, die beruflich ständig mit solchen Geräten oder solchen Substanzen umgehen.

5.2 Die „künstliche" Strahlenbelastung

Von besonderem Interesse ist die Einschätzung der Strahlenbelastung durch *Fernsehgeräte*: Eine Fernsehbildröhre erzeugt eine elektromagnetische Strahlung, die einer sehr schwachen und energiearmen Röntgenstrahlung entspricht. Bei tausend Stunden im Fernsehsessel in einer Entfernung von 2,5 Metern vom Gerät beträgt die Äquivalentdosis dieser Strahlung jedoch nur 0,000 06 Millisievert pro Jahr. Rund dreimal so hoch ist allerdings die Strahlung, die von einem Kasten Bier in einem Meter Abstand vom Fernsehsessel ausgeht [Ki 87]. Sie rührt von dem im Flaschenglas enthaltenen Kalium und Uran her und wird von fast allen Glaswaren in ähnlicher Stärke emittiert, auch von unseren Fensterscheiben. Heute werden die Fernsehbildröhren weitgehend durch Flachbildschirme ersetzt, die keinerlei Röntgenstrahlung mehr produzieren.

5.2.3 Kerntechnische Strahlenbelastung

Die direkte Strahlung und die Emissionen von Kernkraftwerken und anderen kerntechnischen Anlagen bei normalem Betrieb tragen ebenfalls zur künstlichen Strahlenbelastung bei. Dazu gehört auch der Uranbergbau, die Urananreicherung und die Verarbeitung von Brennelementen für Reaktoren. Hier ist die Gesamtbelastung der Bevölkerung noch ungleichmäßiger verteilt als bei medizinischen Anwendungen. Nur solche Personen sind einer merklichen Bestrahlung ausgesetzt, die sich in der Nähe kerntechnischer Anlagen aufhalten. Die deutsche Strahlenschutzverordnung schreibt *Höchstwerte für die Dosisleistung* vor, die auch unter ungünstigen Bedingungen nicht überschritten werden dürfen. Das sind 0,3 Millisievert pro Jahr für die Keimdrüsen, den Uterus und das Knochenmark, 1,8 Millisievert pro Jahr für die Haut und die Knochenoberfläche sowie 0,9 Millisievert pro Jahr für alle übrigen Organe [Str 01]. Diese Zahlen liegen alle unterhalb der mittleren Ganzkörperdosis aus natürlichen Quellen (s. Abb. 5.10). Nach diesen Dosishöchstwerten richten sich auch die erlaubten Aktivitätsgrenzwerte für die Emissionen radioaktiver Stoffe in der Abluft und im Abwasser kerntechnischer Anlagen. Dabei wird berücksichtigt, welche Dosis eine Person in der Nähe solcher Anlagen durch Bestrahlung von außen, durch Atmung und durch Nahrungsaufnahme erhält. Die zulässigen Grenzwerte sind zum Beispiel für ein Kernkraftwerk mit 1,3 Megawatt elektrischer Leistung je nach den örtlichen Verhältnissen [Ki 87]: In der Abluft 1 bis $3 \cdot 10^{15}$ Becquerel pro Jahr an radioaktiven Edelgasen, an radioaktiven Schwebstoffen 7 bis $70 \cdot 10^9$ Becquerel pro Jahr und radioaktives Iod 7 bis $20 \cdot 10^9$ Becquerel pro Jahr; im Abwasser 30 bis $200 \cdot 10^9$ Becquerel Spalt- und Korrosionsprodukte sowie 7 bis $40 \cdot 10^{12}$ Becquerel Tritium pro Jahr. Bei normalem Betrieb werden die Grenzwerte im Allgemeinen mehr als zehnfach unterschritten [Bu 02].

Die mittlere Strahlenbelastung der Bevölkerung aus kerntechnischen Anlagen in Deutschland betrug in den vergangenen zehn Jahren weniger als ein Hundertstel der zugelassenen Höchstwerte (maximal ein Zehntel) [Bu 02]. In Abb. 5.12 ist die Dosisleistung aus der Abluft im Umkreis von 50 Kilometer um ein Kernkraftwerk dargestellt, als Ergebnis theoretischer Berechnungen bei Annahme einer Maximaldosis von 0,3 Millisievert pro Jahr im Zentrum der Anlage.

Alle diese Zahlen lassen erkennen, dass die deutschen kerntechnischen Anlagen nur einen sehr kleinen Teil zur gesamten künstlichen Strahlenbelastung der Bevölkerung lie-

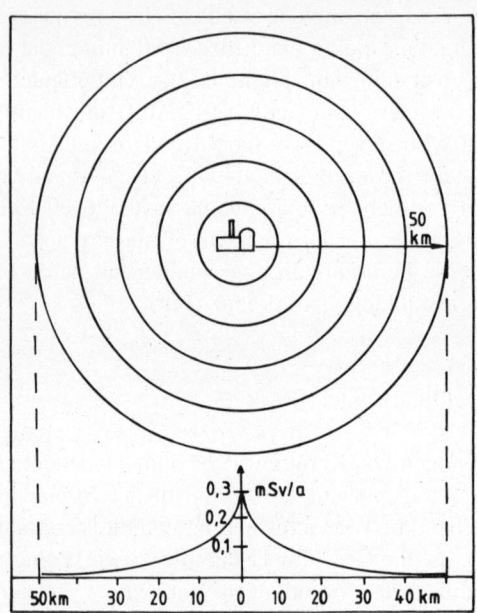

Abb. 5.12 Berechnete Werte der maximal möglichen Strahlenbelastung durch die gesetzlich zugelassene Abluftradioaktivität eines Kernkraftwerks in seiner weiteren Umgebung bei Windstille.

fern, nämlich weniger als 0,01 Millisievert pro Jahr. Leider herrschen nicht in allen Ländern so günstige Verhältnisse wie bei uns. Besonders die Behandlung radioaktiver Abfälle liegt weltweit sehr im Argen. Aber darauf kommen wir noch im nächsten Kapitel zu sprechen. Ein Kernkraftwerk in Deutschland strahlt, wie bereits erwähnt, sehr schwach. Man kann sein Haus ruhig daneben bauen – natürlich außerhalb des Sicherheitszauns, der das eigentliche Kraftwerk umschließt. Ob man dieses Vertrauen auch im Hinblick auf mögliche Störfälle haben kann, bleibt dahingestellt. Die derzeit geplante langfristige Lagerung radioaktiver Abfälle in oder nahe bei den Kernkraftwerken kann das Strahlenrisiko erheblich steigern. Näheres dazu erfahren wir später (s. Kapitel 6).

5.2.4 Kernwaffenversuche

Als letzten Beitrag zur künstlichen Strahlenbelastung besprechen wir die Radioaktivität, die weltweit durch Kernwaffenversuche verbreitet wurde. Seit 1945 waren es etwas mehr als 500 oberirdische und rund 1900 unterirdische Kernwaffentests [Bu 02]. Nur bei den ersteren gelangte der größte Teil der Spaltprodukte in die Atmosphäre und wurde durch Luftströmungen vor allem in West-Ost-Richtung transportiert. In dieser Richtung wehen die Winde bevorzugt in der hohen Troposphäre (unterhalb zehn Kilometer Höhe) und in der unteren Stratosphäre (zwischen 10 und 15 Kilometer Höhe). In der Troposphäre bleiben radioaktive Partikel bis zu drei Monaten in der Schwebe, bevor sie durch Nieder-

5.2 Die „künstliche" Strahlenbelastung

schläge und Vertikaltransport ausgewaschen werden, in der Stratosphäre sechs bis sieben Jahre [Gl 60, Is 62]. Dabei können die Luftmassen mit den Spaltprodukten innerhalb einer Woche die Erde umrunden. Durch Sedimentation und Niederschläge gelangt die Aktivität dann zum Erdboden zurück, in die Atemluft, ins Wasser und in die Nahrungsketten. Dabei werden besonders die selteneren, biologisch wichtigen Spurenelemente im Körper von Pflanzen, Tieren und Menschen gespeichert oder angereichert. Für den Menschen ist das vor allem das dem Calcium chemisch verwandte Strontium-90, das in den Knochen über mehrere Jahre akkumuliert wird [Gl 60, Ki 87, Tu 95]. Das dem Kalium verwandte Cäsium-137 lagert sich dagegen in den Weichteilen ab und bleibt dort mehrere Monate lang, das Iod-131 sammelt sich bevorzugt in der Schilddrüse.

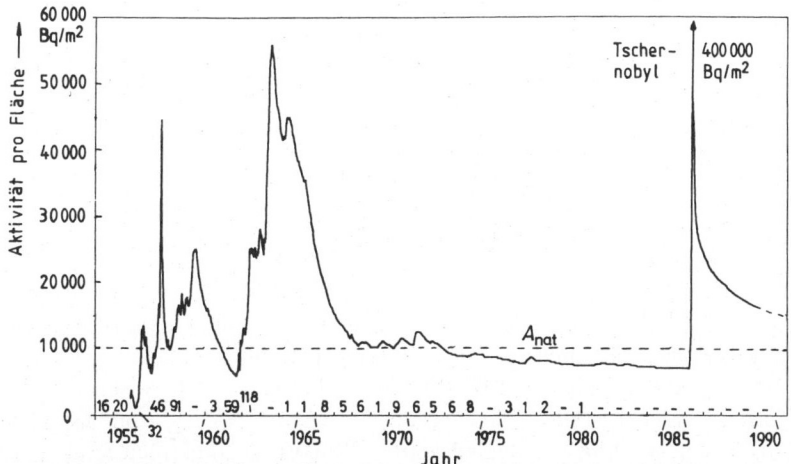

Abb. 5.13 Gesamte künstliche Betaaktivität pro Quadratmeter Erdoberfläche in München. Am unteren Rand ist für jedes Jahr die Zahl der oberirdischen Kernwaffenversuche angegeben. Die gestrichelte waagrechte Linie bezeichnet die natürliche Kalium-40-Aktivität (A_{nat}) in den obersten zehn Millimetern des Erdbodens.

In Abb. 5.13 ist die in München auf dem Erdboden und in seinen obersten Schichten angesammelte Aktivität über einen Zeitraum von 30 Jahren dargestellt [Sti 87]. Man erkennt deutlich den Zusammenhang zwischen der Zahl der oberirdischen Kernwaffenversuche und dem jeweiligen Anstieg der Aktivität wenige Wochen oder Monate später. Die Spitze im Jahr 1957 ist eine Folge der Unfälle in Windscale (Großbritannien) und Mayak (UdSSR) (s. Kap. 7.1). Das Maximum im Jahr 1963 rührt von 118 Tests im Pazifik und in der Sowjetunion im Jahr 1962 her. Darunter befanden sich zahlreiche Wasserstoffbomben mit einer Stärke bis zu 50 Megatonnen TNT [Ki 87]. Das entspricht der Sprengkraft von 2500 nominellen Atombomben (vom Hiroshima-Typ). Damals war die Aktivität im Münchener Regenwasser bereits so hoch, dass es für den Dauergebrauch als Trinkwasser laut Strahlenschutzverordnung hätte verboten werden müssen, nämlich zehn Becquerel pro Liter. Das entspricht dem 15-fachen der zugelassenen Aktivitätskonzentration für ein unbekanntes Isotopengemisch. Nach dem 1963 geschlossenen Teststoppabkommen zwischen den USA und der UdSSR nahm die von oberirdischen Kernwaffenversuchen herührende Aktivität dann im Verlauf von vier Jahren auf einen Wert ab, der fast nur noch durch die langlebigen Spaltprodukte Strontium-90 und Cäsium-137 mit einer Halbwertszeit von jeweils etwa 30 Jahren bestimmt war. Die letzte bekannt gewordene oberirdische Kernwaffenexplosion fand 1980 in China statt.

Man kann abschätzen, dass die gesamte mittlere Strahlenbelastung in Deutschland durch die bisherigen Kernwaffenversuche etwa zwei Millisievert beträgt [Ki 87]. Davon haben wir bis heute schon etwa 90 Prozent erhalten; der Rest folgt in den nächsten 100 Jahren. Zurzeit liegt die mittlere Dosisleistung aus dieser Quelle bei etwa 0,01 Millisievert pro Jahr. Natürlich hängt auch hier die mittlere Belastung vom Lebensalter, von den Essgewohnheiten und von der geografischen Situation ab. Auf der Südhalbkugel ist diese Strahlenbelastung viermal kleiner als auf der nördlichen. Die meisten und stärksten Kernwaffentests wurden nämlich zwischen dem 40. und 60. nördlichen Breitengrad durchgeführt: auf den Marshall-Inseln, in Nevada, in Zentralasien und auf Nowaja Semlja. Wie schon gesagt, findet der atmosphärische Transport der Spaltprodukte hauptsächlich in West-Ost-Richtung statt. Selbstverständlich sind die näheren Umgebungen der Testgelände noch heute unbewohnbar (zum Beispiel die Atolle Bikini und Eniwetok sowie größere Gebiete in Nevada und Kasachstan), und das wird wahrscheinlich noch einige 100 Jahre so bleiben [El 86].

Genauere Untersuchungen der Strahlenschäden durch Kernwaffentests wurden vor allem in den USA durchgeführt. Dort war die Bevölkerung durch die 90 oberirdischen Tests in Nevada insgesamt einer viel höheren Belastung ausgesetzt als hier bei uns, nämlich im Durchschnitt etwa 20 Millisievert (mit Maximalwerten bis 160 Millisievert). Das entspricht etwa zehn Jahresdosen der natürlichen Strahlung. Als Folge davon sollten etwa 80 000 zusätzliche Krebserkrankungen der Schilddrüse aufgetreten sein, wovon erst etwa ein Drittel entdeckt wurden [Go 97b, Scha 02a, Wa 97]. Wie schon besprochen (s. Kap. 4.4.6), lassen sich die strahleninduzierten Tumore aber bis heute nicht von anderen Krebsformen unterscheiden, so dass man im Einzelfall nicht sagen kann, welche Ursache die Erkrankung gehabt hat. In der früheren Sowjetunion dürften die Verhältnisse ähnlich sein wie in den USA. Im Bezirk Semipalatinsk in Kasachstan wurden zwischen 1949 und 1989 470 Kernwaffenversuche durchgeführt, wobei für Teile der Bevölkerung eine Strahlenbelastung von mehr als ein Sievert pro Person entstand [Du 02]. Bei Bewohnern in der Nähe des Versuchsgeländes wurde eine 80 Prozent höhere Mutationsrate in der Minisatelliten-DNS[*] festgestellt, bei ihren Kindern eine 50-prozentige Erhöhung.

---

[*] Minisatelliten-DNS stellen vieltausendfach aneinandergereihte Wiederholungen von DNS-Abschnitten der Länge einiger dutzend Basenpaare dar. Diese Sequenzen sind individualspezifisch, und ihre Analyse kann zur Bestimmung des genetischen Fingerabdrucks benutzt werden. Manche Minisatelliten-DNS sind beim Menschen z. B. für die Vielfalt der Antikörper und der T-Zell-Rezeptoren verantwortlich.

5.2 Die „künstliche" Strahlenbelastung

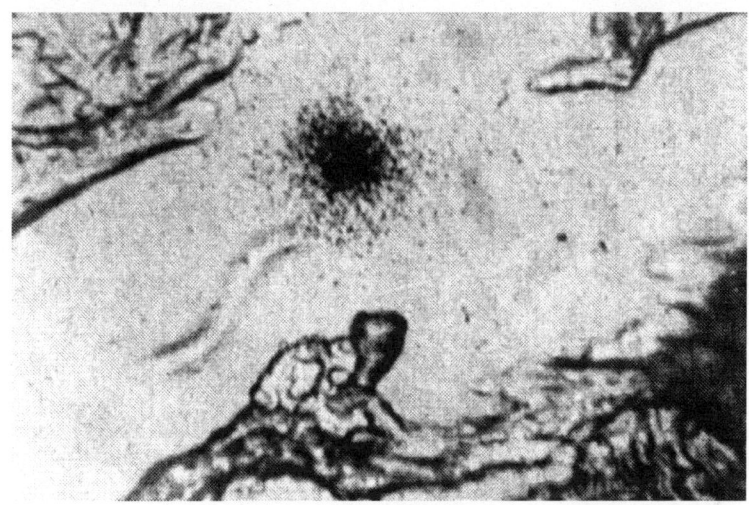

Abb. 5.14 Autoradiografie eines heißen Teilchens (Aktivität etwa 0,1 Becquerel) im menschlichen Lungengewebe (aus [We 64] mit freundlicher Genehmigung der American Association for the Advancement of Science, New York).

Ein besonderes „Produkt" der Kernwaffentests und auch der Unfälle in Windscale und Tschernobyl (s. Kap. 7) sind die „heißen Teilchen". Dabei handelt es sich um Kondensationsprodukte der verdampften Spaltelemente und Transurane an atmosphärischem Staub oder an Luft-Ionen mit Aktivitäten bis zu 50 Becquerel. Die Teilchen haben Durchmesser zwischen 0,1 und 5 Mikrometern. Im Jahr 1961 fand man in Deutschland etwa ein solches Teilchen in je 15 Kubikmeter Luft. In der menschlichen Lunge betrug die Zahl der Partikel über einen längeren Zeitraum hinweg im Mittel 40. Die Autoradiografie eines solchen Teilchens im Lungengewebe ist in Abb. 5.14 gezeigt. Die Dosisleistung betrug im Abstand von fünf Mikrometern vom Teilchen fünf Sievert pro Stunde. Dies reicht aus, um den größten Teil der betroffenen Zellen zu zerstören (s. Kap. 4.4) [Kö 89]. Die hierdurch bedingte Krebsentstehungsrate hängt von der individuellen Wirksamkeit des Immunsystems ab und ist für einen so eng lokalisierten Strahlenschaden noch nicht bekannt. Obwohl sich die genannten Untersuchungsergebnisse auf einen weit zurückliegenden Zeitraum beziehen (1955 bis 1965), sind sie durch die Tschernobyl-Katastrophe und andere Störfälle in letzter Zeit wieder aktuell geworden. In Schweden fand man heiße Teilchen aus der beim Tschernobyl-Unfall gebildeten Wolke, die eine Aktivität von bis zu 10 000 Becquerel aufwiesen [De 86].

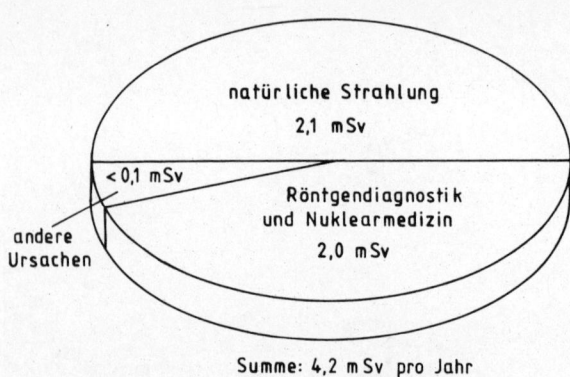

Abb. 5.15 Mittlere jährliche Strahlenbelastung in Deutschland aus natürlichen und technischen („künstlichen") Quellen. „Andere Ursachen" sind technische Geräte und Anlagen, Kernwaffenversuche, Kernenergienutzung, Tschernobyl-Unfall usw.

Die Ergebnisse dieses Kapitels sind in Abb. 5.15 nochmals zusammengestellt. Die künstliche Strahlenbelastung der Bevölkerung beträgt in Deutschland zurzeit etwas weniger als die natürliche. Dazu tragen die kerntechnischen Anlagen bei störungsfreiem Betrieb nur weniger als ein Prozent bei [Bu 02]; vorausgesetzt die Abfälle werden perfekt und emissionsfrei entsorgt. Wie dies geschehen kann, das ist der Inhalt des nun folgenden Kapitels.

Kapitel 6
Radioaktive Abfälle von kerntechnischen Anlagen

Dieses Kapitel behandelt das zweite zentrale Thema unserer Betrachtungen: „Wie gefährlich sind die Abfälle der Kernenergiegewinnung und wie soll man mit ihnen umgehen?" Zur Beantwortung dieser Fragen verschaffen wir uns zunächst einen Überblick über die Art, die Menge und die Aktivität des „Atommülls". Dabei werden wir sehen, dass radioaktive Substanzen sorgfältig behandelt und sehr gut verwahrt werden müssen, und dass dieser Aufwand sehr viel Geld kostet. Die gegenwärtige Fahrlässigkeit beim Umgang mit hoch radioaktiven Abfällen ist, gelinde gesagt, skandalös, und zwar nicht nur in Deutschland, sondern fast überall auf der Welt. Es bestehen nicht zu vernachlässigende Risiken für Teile der Bevölkerung in der Umgebung von Kernkraftwerken und anderen kerntechnischen Anlagen. Besonders dramatisch ist die Lage in den Ländern, in denen Kernkraftwerke in großem Umfang zur Plutoniumproduktion für militärische Zwecke genutzt werden. Die vergleichsweise hohe Bevölkerungsdichte Deutschlands erfordert zwingend rasche Maßnahmen, das heißt, es müssen unverzüglich entweder *ausreichend sichere* Abfalllager gebaut werden oder die Kernkraftwerke müssen abgeschaltet werden.

6.1 Menge, Zusammensetzung und Strahlenwirkung des Abfalls

6.1.1 Abfallmengen verschiedener Verbraucher

Wie bereits zuvor beschrieben, entsteht bei der Spaltung von einem Kilogramm Uran etwa ein Kilogramm radioaktive Spaltprodukte (s. Kap. 3.3). Dazu kommen innerhalb von drei Jahren im Reaktor noch etwa 400 Gramm radioaktive Transurane (einschließlich Uran-236) [Co 77, Crl 97]. Die Aktivität dieser Spaltprodukte beträgt nach drei Jahren Brenndauer im Reaktor und einen Tag nach ihrer Entnahme etwa $1,9 \cdot 10^{15}$ Becquerel. Die Aktivität der Transurane ist anfangs ungefähr 500-mal kleiner als die der Spaltprodukte; sie haben dafür aber sehr viel längere Lebensdauern, nämlich Halbwertszeiten bis zu einigen Millionen Jahren (s. Tab. A-2 im Anhang). Darum rührt der wesentliche Beitrag zur Aktivität des Abfalls in den ersten tausend Jahren von den Spaltprodukten her, danach von den Transuranen (s. Abb. 6.5).

Die Spaltung von einem Kilogramm Uran liefert, wie schon zuvor besprochen, eine Wärmeenergie von 21 Millionen Kilowattstunden oder eine elektrische Energie von 7,6 Millionen Kilowattstunden (s. Kap. 2.2). Ein durchschnittlicher Mitteleuropäer braucht heute eine elektrische Leistung von 0,75 Kilowatt, wobei Anteile für Verkehr und Industrie inbegriffen sind [He 97]. Das sind pro Tag 18 Kilowattstunden. Folglich deckt die elektrische Energie aus der Spaltung von einem Kilogramm Uran den Bedarf von 422 000 Personen für einen Tag. Alle deutschen Kernkraftwerke zusammen verbrauchen pro Tag heute etwa 3,5 Brennelemente. Diese enthalten nach drei Jahren Brenndauer rund 57 Kilogramm Spaltprodukte und 23 Kilogramm Transurane mit einer Gesamtaktivität von etwa $3,2 \cdot 10^{18}$ Becquerel, einen Tag nach Brennschluss [Bu 02].

Wieviel von dieser Aktivität entfällt auf unseren täglichen Stromverbrauch im Haushalt? Betrachten wir dazu zwei Beispiele: Kocht man seine Suppe auf einem Elektroherd mit „Atomstrom", so verbraucht man etwa eine Kilowattstunde und erzeugt dabei 0,13 Milligramm Spaltprodukte mit einer Anfangsaktivität von 1,7 Billionen Becquerel! Rasiert man sich morgens mit Atomstrom, so erzeugt man in zehn Minuten bei 20 Watt etwa ein Dreihundertstel dieser Mengen, 0,43 Mikrogramm Spaltprodukte mit 5,7 Milliarden Becquerel. Das ist immerhin das Millionenfache der natürlichen Aktivität unseres Körpers, die 4500 Becquerel beträgt (s. Kap. 5.1) [Ki 87]. Das Abfallprodukt einer winzigen Menge elektrischer Energie liefert also eine ganz beträchtliche Radioaktivität. Würden wir die Spaltprodukte von „einmal Rasieren" verschlucken, so erhielten wir davon eine Anfangsdosisleistung von etwa 0,013 Millisievert pro Sekunde, das 200 000-fache der natürlichen Dosis (s. Abb. 5.10).

Im Folgenden wollen wir die Aktivität und die Wärmeproduktion der radioaktiven Abfälle etwas genauer untersuchen; vor allem aber die von ihnen ausgehende Strahlenwirkung.

6.1.2 Aktivität eines unverbrauchten Brennelements

Konzentrierte, reine Spaltprodukte finden sich beim normalen Reaktorbetrieb kaum; man hat mit ihnen nur in den Wiederaufarbeitungsanlagen für verbrauchte Brennelemente zu tun. In einem Kernkraftwerk dagegen sind die verbrauchten Brennelemente selbst die gefährlichsten Objekte. Zunächst betrachten wir ein frisches, aber noch unbenutztes Brennelement mit 530 Kilogramm Uranoxid als Brennstoff (Abb. 6.1). Es enthält mit 3,3 Prozent Uran-235 angereichertes Uran-238 und besteht aus 512,5 Kilogramm Uran-238-dioxid und 17,5 Kilogramm Uran-235-dioxid bzw. 451,8 Kilogramm Uran-238 und 15,4 Kilogramm Uran-235 [De 98, Ke 87]. Die Aktivität eines solchen unbenutzten Brennelements ist relativ niedrig, weil die beiden darin enthaltenen Uranisotope sehr lange Halbwertszeiten haben (4,47 Milliarden Jahre für Uran-238 und 704 Millionen Jahre für Uran-235). Aus den Halbwertszeiten und der Anzahl der Uranatome pro Kilogramm ($2,53 \cdot 10^{24}$ für Uran-238 und $2,56 \cdot 10^{24}$ für Uran-235) kann man mit Hilfe von Gleichung (1) die Aktivität berechnen. In einem unbenutzten Brennelement sind das für Uran-238 5,63 Milliarden Becquerel und für Uran-235 1,23 Milliarden, zusammen also 6,86 Milliarden Becquerel. Diese Aktivität liefert nach Gleichung (6) in einem Volumen von einem Kubikdezimeter mit einer Querschnittsfläche von einem Quadratdezimeter in einem Meter Abstand und mit einer mittleren Strahlungsenergie von 0,1 Megaelektronenvolt für die Gammastrahlung des Urans eine spezifische Dosisleistung von 7,6 Millisievert pro Tag. Das entspricht etwa der natürlichen Dosis von drei Jahren (s. Abb. 5.10). Man sollte sich also nicht zu dicht und nicht zu lange in der Nähe eines solchen Brennelements aufhalten. Wir haben hier nur die Gammastrahlung des Urans berücksichtigt, denn die sehr viel gefährlichere Alpha- und Betastrahlung wird schon durch die metallische Umhüllung der Brennstäbe (Abb. 2.10; Abb. 3.1) vollständig absorbiert.

6.1 Menge, Zusammensetzung und Strahlenwirkung des Abfalls

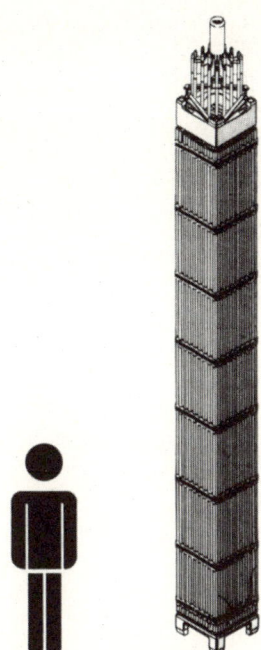

Abb. 6.1 Größenverhältnis von Mensch und Brennelement (aus [Ke 87]).

6.1.3 Spaltproduktaktivität eines verbrauchten Brennelements

Sobald die Kernspaltung im Uran beginnt, steigt die Aktivität des Brennelements aufgrund der entstehenden Spaltprodukte und Transurane drastisch an. Nach etwa drei Jahren im Reaktor ist die Konzentration von Uran-235 im Ausgangsmaterial von 3,3 Prozent auf 0,8 Prozent gesunken [Co 77, Ke 87]. Dann wird das Brennelement aus dem Reaktor genommen. Es enthält insgesamt 16,3 Kilogramm Spaltprodukte und 6,6 Kilogramm Transurane, davon etwa 4,2 Kilogramm Plutonium.

Die Aktivität eines solchen, drei Jahre lang genutzten Brennelements kann man berechnen, wenn man den Zuwachs an Spaltprodukten und deren Abklingen über den Zeitraum von drei Jahren summiert. Die Beziehung dafür lautet

$$A(T,t) = F \cdot P \cdot \left(\frac{1}{t^{0,2}} - \frac{1}{(t+T)^{0,2}} \right) \text{ Becquerel.} \tag{7}$$

Dabei ist $A(T, t)$ die Aktivität eines Brennelements, das T Tage lang im Reaktor eine *thermische* Leistung von P Watt geliefert hat, zur Zeit t Tage nach der Entnahme aus dem Reaktor. Für den Faktor F schwanken die Angaben zwischen $4 \cdot 10^{10}$ und $8 \cdot 10^{10}$. Die Leistung der einzelnen Brennelemente ist nämlich, je nach ihrer Position im Reaktorkern (s. Abb. 2.10) etwas verschieden. In den weiter innen liegenden finden mehr Spaltprozesse statt als in den äußeren. Auch die Anordnung der Regelstäbe hat einen entsprechenden Einfluss. Die Beziehung (7) gilt, ebenso wie die Gleichung (3) (Kap. 3.3), aus der sie abgeleitet ist, für einen Zeitraum, der einen Tag nach dem Ende der Brennzeit beginnt. Ein Brennelement enthält etwa 467 Kilogramm Uran. Es erzeugt in einem Reaktor mit einem Gigawatt elektrischer Leistung, der insgesamt 78 Tonnen Uran enthält, eine thermische Leistung von etwa 20 Megawatt bzw. eine elektrische von sieben Megawatt, bei einem Wirkungsgrad von 35 Prozent (s. Kap. 2.2) [De 98]. Nach einer Brenndauer von drei Jahren ergibt Gleichung (7) mit $F = 6 \cdot 10^{10}$ und einen Tag nach Brennschluss eine Aktivität von etwa 10^{18} Becquerel. Das ist 130 000 000-mal mehr als die Aktivität des Brennelements im unbenutzten Zustand. In Abb. 6.2 ist der zeitliche Verlauf der Aktivität eines verbrauchten Brennelements gemäß Gleichung (7) für verschiedene Brenndauern T dargestellt. Man beachte, dass in Gleichung (7) die *thermische* Leistung P in Watt eingesetzt werden muss und die Zeiten t und T in Tagen.

Wir betrachten im Folgenden nur die Gammaaktivität, weil die bis zu 3,5-mal höhere Betaaktivität der Spaltprodukte und auch die Alphaaktivität der Transurane durch die Metallumhüllungen der Brennstäbe und des Brennelements fast vollständig abgeschirmt wird (s. Abb. A-1 und A-2 im Anhang), und die Aktivität der Neutronenstrahlung des Brennelements erzeugt eine rund 3000-mal kleinere Dosisleistung als die Gammastrahlung [Ll 94].

Die von einem solchen verbrauchten Brennelement ausgehende Strahlung und ihre Dosisleistung ist „vielfach lebensgefährlich". Sie lässt sich aus Gleichung (6) berechnen doch ist das etwas mühsam, weil jeder Teil des Brennelements von jedem Teil der be-

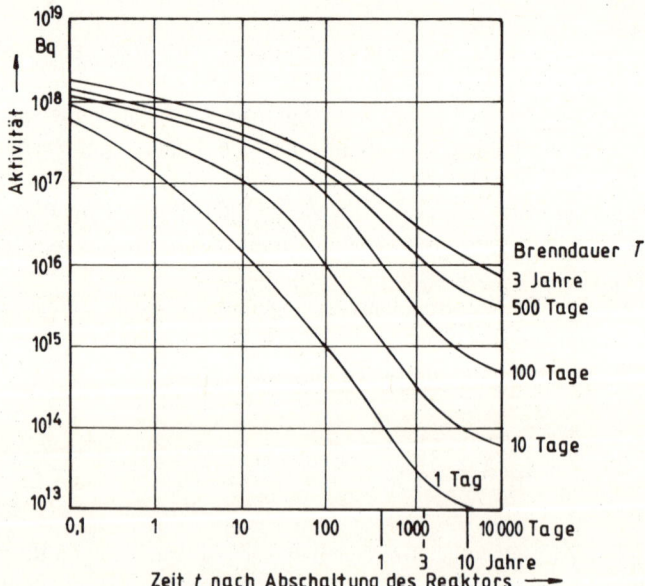

Abb. 6.2 Aktivität eines verbrauchten Brennelements (467 Kilogramm Uran) mit einer thermischen Leistung von 20 Megawatt als Funktion der Zeit gemäß Gleichung (7) in doppelt-logarithmischer Darstellung. Kurvenparameter ist die Brenndauer (nach [Ei 63]).

6.1 Menge, Zusammensetzung und Strahlenwirkung des Abfalls 113

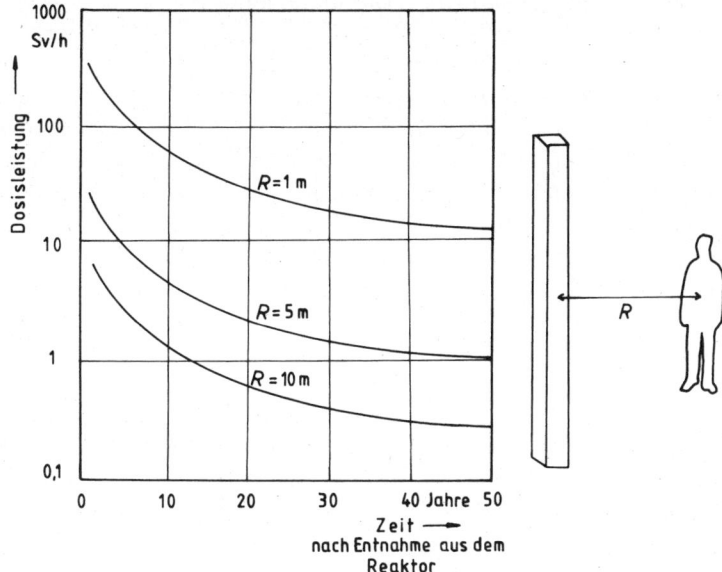

Abb. 6.3 Dosisleistung (logarithmisch) eines verbrauchten Brennelements in verschiedenen Abständen R in Luft als Funktion der Zeit. Die elektrische Leistung des Brennelements betrug 7,5 Megawatt, die Brenndauer drei Jahre (nach [Ll 94]).

strahlten Person einen anderen Abstand hat. Außerdem wird ein Teil der Strahlung schon vom Material des Brennelements selbst absorbiert. Berücksichtigt man dies alles, so ergeben sich die in Abb. 6.3 berechneten Werte [Ll 94]. Sie hängen natürlich, außer von der Konstruktion des Brennelements, von seiner Leistung, seiner Brenndauer und von der Anreicherung des Brennstoffs ab. Die Zahlen in der Abbildung gelten für ein Brennelement, das etwa drei Jahre genutzt wurde, und dabei eine elektrische Leistung von 7,5 Megawatt geliefert hat. Ein Jahr nach dem Abschalten beträgt die Dosisleistung in einem Meter Abstand somit etwa 300 Sievert pro Stunde, das heißt: LD-50 (4,5 Sievert) in etwa einer Minute! Nach zehn Jahren sind es noch etwa 40 Sievert pro Stunde (LD-50 in etwa sieben Minuten) und nach 50 Jahren noch rund 15 Sievert pro Stunde (LD-50 in etwa 20 Minuten). Extrapoliert man die Dosisleistung mittels Gleichung (7) auf den ersten Tag nach der Entnahme aus dem Reaktor zurück, so ergibt sich in einem Meter Abstand ein Wert von etwa 3000 Sievert pro Stunde (LD-50 in 5,4 Sekunden!); noch in 10 Meter Abstand erhält man dann die Dosis LD-50 in knapp vier Minuten. Um ein frisch aus dem Reaktor gezogenes Brennelement sollte man also einen sehr großen Bogen machen!

6.1.4 Transuranaktivität verbrauchter Brennelemente

Bisher hatten wir nur die Aktivität der Spaltprodukte betrachtet. Nun müssen wir noch die beim Brennprozess entstandenen Transurane berücksichtigen. In der Reihenfolge ihrer Häufigkeit sind das vor allem die Isotope Plutonium-239, Uran-236[*], Plutonium-240, Plutonium-241, Neptunium-237, Plutonium-242, Plutonium-238, Americium-243 und Curium-244. Außerdem einige Nuklide noch schwererer Elemente, Berkelium, Californium, Einsteinium usw. mit sehr kurzen Halbwertszeiten [Co 77]. Diese sind aber meistens schon wieder zerfallen, wenn das Brennelement aus dem Reaktor herausgehoben ist. Wie wir bereits besprochen hatten, entstehen die Transurane durch Einfang von Neutronen aus Uran-238 und Uran-235; sie zerfallen anschließend überwiegend durch Alphaemission (s. Kap. 3.4). Die Abb. 6.4 zeigt, in welchen Mengen die wichtigsten Transurane im Verlauf des Reaktorbetriebs gebildet werden. Summiert man alle ihre Aktivitäten für ein drei Jahre lang genutztes Brennelement mit 500 Kilogramm Uran, so ergibt sich einen Tag nach dem Abschalten des Reaktors eine Aktivität von etwa $2 \cdot 10^{15}$ Becquerel [Co 77]. Das sind etwa ein Fünfhundertstel der Spaltproduktaktivität des Brennelements von ca. 10^{18} Becquerel. Aber die Aktivität der Transurane unterscheidet sich von jener der Spaltprodukte in zwei Punkten: Erstens besteht die Transuranaktivität fast nur aus hochenergetischen Alphastrahlen ($e \approx 5$ Megaelektronenvolt) und etwa der doppelten Zahl niederenergetischer Gammastrahlen (0,05 bis 0,1 Megaelektronenvolt, s. Tab. A-2

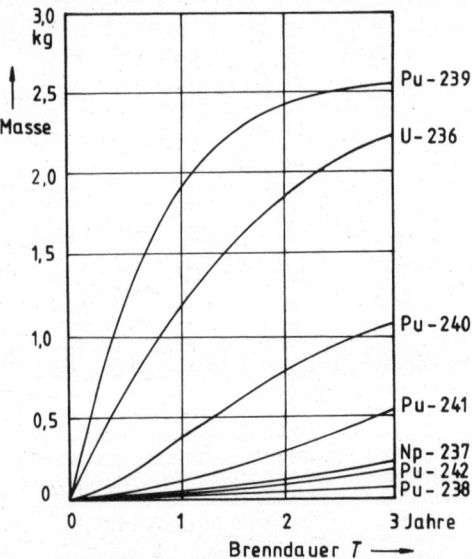

Abb. 6.4 Produktionsmengen der wichtigsten Transurane während der Kernspaltung in einem Brennelement mit 500 Kilogramm auf 3,3 Prozent angereichertem Uran als Funktion der Brenndauer (nach [Co 77]).

---

[*] Uran-236 wird hier mit zu den Transuranen gerechnet, weil es als spaltbares Nuklid in beträchtlicher Menge aus Uran-235 durch Neutroneneinfang entsteht.

6.1 Menge, Zusammensetzung und Strahlenwirkung des Abfalls

im Anhang). Die Spaltproduktaktivität besteht dagegen zu etwa gleichen Teilen aus mittel-energetischen Beta- und Gammastrahlen (1 Megaelektronenvolt bzw. 0,75 Megaelektronenvolt). Zweitens sind die Transurane meist wesentlich langlebiger als die Spaltprodukte; ihre Halbwertszeiten liegen zwischen einem und hundert Millionen Jahren (s. Tab. A-2). Daher wird die Hauptaktivität eines verbrauchten Brennelements in den ersten 1000 Jahren vor allem von den Spaltprodukten geliefert, in den anschließenden zehn Millionen Jahren überwiegend von den Transuranen. Deren Aktivität klingt mit der Zeit proportional zu $1/t^{0,7}$ ab, also wesentlich langsamer als diejenige der Spaltprodukte ($1/t^{1,2}$). In Abb. 6.5 ist der gesamte Aktivitätsverlauf beider Anteile schematisch gezeigt.

Der Beitrag der Transurane zur Strahlendosis eines verbrauchten Brennelements ist anfangs ebenfalls viel kleiner als derjenige der Spaltprodukte. Das rührt daher, dass die Transurane eine geringere Aktivität haben und dass sie nur Alphastrahlen und energiearme Gammastrahlen aussenden. Die Reichweite der Alphateilchen beträgt in fester Materie ja nur einige zehn Mikrometer, die Halbwertsdicke der Gammastrahlen einige Millimeter (s. Abb. A-1 und A-3 im Anhang). Infolgedessen werden die von den Transuranen ausgehenden Strahlen fast vollständig in den metallischen Umhüllungen der Brennstäbe absorbiert. Die Gefährlichkeit der Transurane macht sich erst bei direktem Kontakt bemerkbar. Gelangen sie auf die Haut oder in unseren Körper – etwa als Staub in der Atemluft – so liefert die energiereiche Alphastrahlung lokal eine sehr hohe Dosisleistung von bis zu zehn Sievert pro Stunde und zerstört fast alle getroffenen Zellen im Umkreis von etwa 40 Mikrometern. Das hatten wir schon in einem vorhergehenden Abschnitt besprochen (s. Abb. 5.14).

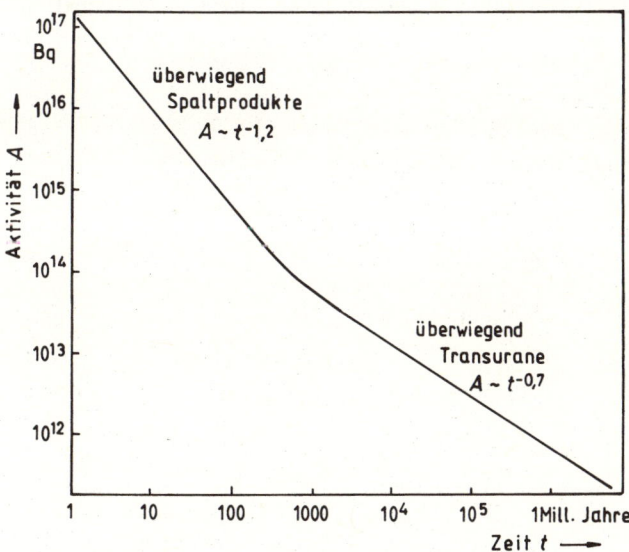

Abb. 6.5 Ungefährer Verlauf der Gesamtaktivität von Spaltprodukten und Transuranen in einem drei Jahre genutzten Brennelement während der ersten zehn Millionen Jahre nach der Entnahme aus dem Reaktor (doppelt-logarithmische Darstellung).

Wir haben festgestellt, dass die Spaltprodukte und Transurane in einem verbrauchten Brennelement eine sehr starke und gefährliche Strahlenquelle darstellen, und dass man in kürzester Zeit eine tödliche Strahlendosis erhält, wenn man ihm ungeschützt zu nahe kommt. Daher müssen diese radioaktiven Abfälle sofort nach ihrer Entnahme aus dem Reaktor in genügend dickes Abschirmmaterial eingeschlossen werden, in dem die Strahlung absorbiert wird. Die billigsten und in großer Menge verfügbaren Abschirmstoffe sind Wasser, Sand, Beton und Eisen – in der umgekehrten Reihenfolge ihres Preises und ihrer Wirksamkeit. Wir werden die Abschirmmöglichkeiten gleich ausführlich besprechen. Vorher müssen wir jedoch noch ein anderes Problem beim Umgang mit solchen hoch radioaktiven Substanzen betrachten, nämlich ihre Wärmeproduktion.

6.1.5 Die Wärmeproduktion radioaktiver Abfälle

Wie bereits beschrieben, wird die Energie radioaktiver Strahlung bei ihrer Absorption in Materie fast vollständig in Licht, Ionisierung und schließlich in Wärme umgewandelt (s. Kap. 4.1). Wir hatten auch schon festgestellt, dass ein frisch abgebranntes Brennelement mit einer Masse von 530 Kilogramm Uranoxid einen Tag nach Brennschluss etwa 16,3 Kilogramm Spaltprodukte und 6,6 Kilogramm Transurane mit einer Aktivität von etwa 10^{18} Becquerel enthält. Diese Aktivität erzeugt im Brennelement eine Wärmeleistung von etwa 28 Kilowatt, was 53 Watt pro Kilogramm entspricht [Ste 58]. Das ist eine ganz beträchtliche Heizleistung! Würde die Wärme nicht durch Kühlung nach außen abgeführt, so würde das Brennelement innerhalb von sechs Stunden schmelzen und innerhalb von zwölf weiteren Stunden verdampfen. Die verbrauchten Brennelemente müssen also sofort nach ihrer Entnahme aus dem Reaktor ausreichend gekühlt werden. Das geschieht in wassergefüllten Abklingbecken unmittelbar neben dem Reaktorgebäude. Darauf kommen wir im nächsten Abschnitt noch zurück.

In diesem Zusammenhang sei erwähnt, dass die Radioaktivität der Gesteine den Hauptbeitrag zur Wärmeproduktion der Erde in der Lithosphäre liefert. Das sind die obersten hundert Kilometer der Erdrinde. Die hier erzeugte Wärmeenergie beträgt in Granit etwa 0,025 Joule pro Kilogramm im Jahr; der daraus resultierende Wärmefluss zur Erdoberfläche etwa 0,04 Watt pro Quadratmeter [Is 62].

Mit dem Abklingen der Aktivität eines Brennelements nimmt natürlich auch seine Wärmeproduktion ab. In Abb. 6.6 ist deren zeitlicher Verlauf dargestellt. Zehn Jahre nach der Entnahme aus dem Reaktor ist sie auf etwa 800 Watt zurückgegangen [Ke 87]. In diesem Zustand könnte man das Brennelement schon fast anfassen – aber nur, was seine Temperatur betrifft; die radioaktive Strahlung ist immer noch tödlich! Ihre Aktivität beträgt nach Abb. 6.2 nach zehn Jahren noch etwa $1,5 \cdot 10^{16}$ Becquerel. Die Dosisleistung in einem Meter Abstand ist nach Abb. 6.3 nur noch ein Hundertstel des Anfangswerts, nämlich etwa 40 Sievert pro Stunde (Dosis LD-50 in etwa sieben Minuten). Auch nach zehn Jahren Ruhezeit im Abklingbecken darf man einem solchen Brennelement daher noch keinesfalls zu nahe kommen, und die Strahlung muss sehr sorgfältig abgeschirmt werden.

6.1 Menge, Zusammensetzung und Strahlenwirkung des Abfalls

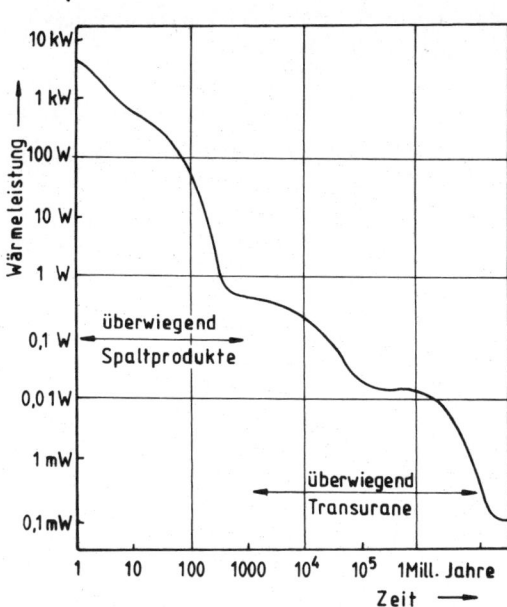

Abb. 6.6 Abklingen der Wärmeleistung eines verbrauchten Brennelements, das im Reaktor drei Jahre lang eine thermische Leistung von 20 Megawatt erbracht hat (doppelt-logarithmische Darstellung, nach [Co 77]).

6.1.6 Abfälle mit niedriger Aktivität

Bisher haben wir nur die hoch radioaktiven Abfälle besprochen: konzentrierte Spaltprodukte und Transurane. Diese befinden sich zunächst nur in den verbrauchten Brennelementen, von denen in Deutschland zurzeit jährlich etwa 1000 bis 1200 Stück anfallen. Außerdem entstehen in einem 1-Gigawatt-Kernkraftwerk pro Jahr mindestens 15 Tonnen niedrig aktive Abfälle, zusammen in Deutschland ungefähr 300 Tonnen [Bu 02, Ke 87, Rö 91]. Dabei handelt es sich um Verschleißmaterial, ausgetauschte Bauteile, Kühlwasserrückstände usw. (s. Kap. 3.5). Die spezifische Aktivität dieser Stoffe ist mehr als hundertmal kleiner als diejenige der Brennelemente. Aber auch sie muss sorgfältig abgeschirmt werden, und die Abfälle müssen lange Zeit sicher gelagert werden. Ihre Wärmeproduktion ist allerdings so klein, dass sie nicht intensiv gekühlt werden müssen. Zu den niedrig aktiven Abfällen der Kernkraftwerke kommen noch beträchtliche Mengen aus der Brennelementherstellung, aus der Wiederaufarbeitung, dem Uranbergbau und aus stillgelegten Kernkraftwerken. Auch der Abfall aus der technischen und medizinischen Nutzung radioaktiver Stoffe gehört hierzu. Die Gesamtmenge aller dieser Abfälle beträgt in Deutschland jährlich etwa 20 000 Tonnen [Bu 02].

Die Grenze zwischen hoch und niedrig aktiven Abfällen ist willkürlich und von Land zu Land verschieden definiert worden. Die Festlegung dieser Grenze geschieht im Wesentlichen nach gesundheitspolitischen und wirtschaftlichen Gesichtspunkten. Zurzeit liegt sie in Deutschland bei 10^{13} Becquerel pro Kubikmeter; das sind zehn Millionen Zerfälle pro Sekunde und pro Kubikzentimeter [He 97].

6.2 Verbreitungs- und Entsorgungsmöglichkeiten für Atommüll

Die Betrachtungen im vorigen Abschnitt haben gezeigt, wie gefährlich die Abfälle der Kernkraftwerke sind. Nun wollen wir besprechen, was geschieht, wenn man unbedacht damit umgeht. Lässt man ein verbrauchtes Brennelement einfach an der Luft stehen, so schmilzt es aufgrund seiner großen Wäremproduktion innerhalb weniger Stunden. Seine Bestandteile versickern dann im Boden und erstarren dort wieder. Sie werden im Lauf der Zeit von Niederschlägen teilweise gelöst und weiter transportiert, bis ins Grundwasser, mit welchem sie sich schnell weiter ausbreiten können. Ein so verschmutztes Gebiet ist wegen seiner starken Strahlung eventuell auf Jahrhunderte hinaus unbetretbar. Etwas Ähnliches passierte 1986 bei der Kernschmelze im Tschernobyl-Reaktor. Viel schlimmer waren dort jedoch die Folgen der verdampften Teile des Reaktorkerns (s. Kap. 7.2). Es ist also nicht möglich, radioaktive Abfälle einfach „wegzuschütten" oder ungeschützt liegen zu lassen.

6.2.1 „Wegschütten" radioaktiver Abfälle

Man könnte meinen, durch genügende Verdünnung ließe sich die Gefahr beseitigen. Das mag in der Anfangszeit der Kernenergienutzung richtig gewesen sein, trifft heute aber nicht mehr zu. Um dies einzusehen überlegen wir uns, welche Aktivität und welche Strahlendosis wir zu erwarten hätten, wenn die Abfälle der Kernkraftwerke auf dem Erdboden, im Meer oder in der Luft gleichmäßig verteilt würden. Zunächst betrachten wir die deutschen Verhältnisse: Im Betrieb waren im Jahr 2009 17 Kernkraftwerke mit einer Gesamtstromerzeugung von 135 Milliarden Kilowattstunden. Das sind 23 Prozent des Strombedarfs Deutschlands [Bu 02]. Diese Kernkraftwerke erzeugen pro Jahr etwa 18 Tonnen Spaltprodukte und 7,2 Tonnen Transurane [Co 77]. Die Aktivität dieser Spaltprodukte beträgt bei einer Brenndauer von drei Jahren und ein Jahr nach ihrer Entnahme aus dem Reaktor 10^{20} Becquerel (s. Kap. 6.1.3). Dabei ist angenommen, dass jedes Jahr ein Drittel der Brennelemente eines Reaktors ausgetauscht wird und nur deren Aktivität wirklich anfällt. Wenn man nun diese Abfälle gleichmäßig auf der Fläche Deutschlands (356 748 Quadratkilometer) verteilt, so ergäbe das im ersten Jahr eine Aktivität von 270 Millionen Becquerel pro Quadratmeter. Das ist mehr als 1800-mal so viel wie die natürliche Aktivität des Bodens. Diese beträgt in den obersten zehn Zentimetern im Mittel 150 000 Becquerel pro Quadratmeter (s. Kap. 5.1).

Aus zahlreichen Untersuchungen weiß man, dass sich Spaltprodukte, die durch Niederschläge auf bewachsenen Boden gelangen, hauptsächlich in den obersten zehn Zentimetern verteilen. Dort werden sie vom Boden und von Wurzeln adsorbiert und für viele Jahre festgehalten. So findet man heute das radioaktive Cäsium des Tschernobyl-Reaktors noch überall dort, wo es durch Niederschläge hingebracht wurde. Ist die Adsorptionskapazität des Wurzelbereichs der Böden erschöpft, so dringen die Spaltprodukte

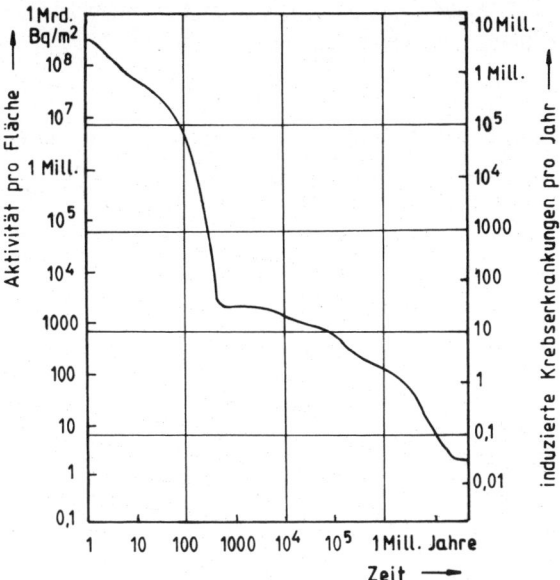

Abb. 6.7 Zeitlicher Verlauf der Aktivität pro Quadratmeter Erdoberfläche und Zahl der dadurch pro Jahr induzierten (und innerhalb der folgenden 70 Jahre tödlichen) Krebsfälle bei gleichmäßiger Verteilung der Abfälle eines Jahres aller deutschen Kernkraftwerke auf die Landfläche Deutschlands (doppelt-logarithmische Darstellung) (nach [Co 77]).

natürlich tiefer ein, bis sie eventuell das Grundwasser erreichen. Mit diesem werden sie dann fortgeschwemmt. Beim Eindringen in den Boden wandert Ruthenium am schnellsten, gefolgt von Cäsium, Strontium und den Seltenen Erden [Br 55]. Diese Beobachtung wurde an sandig-kiesigen Sedimentböden gemacht. Durch nachfolgende aktivitätsfreie Niederschläge können die adsorbierten Substanzen im Lauf der Zeit auch wieder ausgewaschen werden. Doch dauert das, je nach Substanz und Bodenart Jahrzehnte bis Jahrhunderte.

Die oben genannten 270 Millionen Becquerel pro Quadratmeter aus der gesamten deutschen Stromerzeugung entsprechen, wie gesagt, dem 1800-fachen der natürlichen Aktivität in den obersten zehn Zentimetern des Bodens. Damit würde auch die Strahlendosis, die wir durch gleichmäßige Verteilung der Abfälle eines Jahres auf der Erdoberfläche erhielten, auf etwa das 1800-fache der natürlichen ansteigen, von 0,4 Millisievert (s. Abb. 5.10) auf etwa 720 Millisievert im ersten Jahr. Das von derart verteilten Spaltprodukten ausgehende Krebsrisiko würde rund fünf Prozent betragen (s. Kap. 4.4.6). Etwa 2,9 Millionen Personen würden im Lauf der Zeit durch diese, im ersten Jahr nach der Deponierung empfangenen Strahlendosis sterben. Die Abb. 6.7 zeigt die Folgen einer solchen Verbreitung der Abfälle eines Jahres aller deutschen Kernkraftwerke für einen längeren Zeitraum. Dieser Abschätzung lag eine gleichmäßige Verteilung der Aktivität auf die Fläche Deutschlands zugrunde. Das ist natürlich eine sehr hypothetische Annahme. Falls man den Atommüll auf eng begrenzten Deponien lagern würde, so bleibt die Aktivität wahrscheinlich für mindestens einige 100 Jahre auf deren nähere Umgebung beschränkt. Dort sind dann die Strahlendosis und die daraus folgenden Risiken entsprechend größer. Die Umgebung solcher Deponien bleibt für viele Jahrhunderte unbewohnbar, wie es heute schon in einigen Gebieten der USA und der Gemeinschaft Unabhängiger Staaten[*] der Fall ist (s. Kap. 6.4). Würde man die Abfälle dagegen so gut entsorgen, wie es heute technisch möglich ist, so ergibt eine Schätzung nur etwa sieben tödliche Krebserkrankungen pro Jahr für die Abfälle aller deutschen Kernkraftwerke einschließlich Uranbergbau und Brennelementherstellung [Nu 96]. Das ist eine statistisch völlig vernachlässigbare Zahl gegenüber den 200 000 natürlichen Krebstodesfällen pro Jahr.

Trotz dieses Wissens um die Gefahren beim leichtsinnigen „Wegschütten" radioaktiver Abfälle gelangen immer wieder große Mengen an Aktivität auf obskuren Wegen in die Umwelt. So wurden im Jahr 1987 20 Gramm Cäsium-137 in einem Schrottlager in Guyana City entdeckt. Dadurch erhielten 110 000 Personen eine zu hohe Strahlendosis und mindestens 250 sind ernsthaft erkrankt [Gu 01a]. – Im Dezember 2001 fanden Waldarbeiter in Georgien zwei Behälter mit etwa 10^{15} Becquerel Strontium-90 [Sto 02]. Sie wollten sich daran wärmen, bekamen aber alsbald die Symptome einer akuten Strahlenkrankheit. Daraus folgt, dass sie mindestens eine Dosis von einem Sievert erhalten hatten. Schon 1998 wurde ein ähnlicher Behälter von einem Fischer entdeckt. Es stellte sich heraus, dass in der Sowjetunion hunderte solcher Behälter hergestellt wurden, die zur Elektrizitätserzeugung an entlegenen Orten dienen sollten. Diese Behälter sind auf unbekannte Weise „verschwunden", und nur ganz wenige wurden bis heute wieder gefunden; in Georgien, Weißrussland, Estland und Tadschikistan.

Die genannten Zahlen zeigen deutlich, dass man die radioaktiven Abfälle nicht auf der Erdoberfläche liegen lassen kann. Aber auch wenn man sie stattdessen in die Flüsse oder ins Meer schütten würde, wäre das Ergebnis für die nähere Umgebung ähnlich fatal. Betrachten wir jedoch eine weltweite Entsorgung ins Meer oder in die Atmosphäre, so sieht es etwas günstiger, aber keineswegs beruhigend aus. Das rührt von der gegenüber Deutschland geringeren Bevölkerungsdichte im Weltmittel her und vom geringeren weltweiten mittleren Stromverbrauch. Würde man 33 Prozent der Weltstromleistung von etwa 1500 Gigawatt durch Kernkraftwerke erzeugen, so wären das 500 Gigawatt [He 97]. Diese lieferten mit unseren oben erläuterten Zahlen in jedem Jahr $6{,}5 \cdot 10^{21}$ Becquerel, bei dreijähriger Betriebsdauer und ein halbes Jahr nach der Entnahme aus dem Reaktor. Verteilte man diese Aktivität gleichmäßig auf die feste Landfläche der Erde (150 Millionen Quadratkilometer) oder in der Troposphäre (5,1 Milliarden Kubikkilometer) oder in den Weltmeeren (1,4 Milliarden Kubikkilometer), so erhielte man folgende Konzentrationen an Aktivität: Auf der festen Erdoberfläche 43 Millionen Becquerel pro Quadratmeter, in der Troposphäre (Lufthülle bis zehn Kilometer Höhe) 1300 Becquerel pro Kubikmeter und im Meer 4600 Becquerel pro Kubikmeter. Das wären die Aktivitätskonzentrationen von den Abfällen eines Jahres. Sie sind immer noch viel zu hoch, um als harmlos angesehen zu werden: Auf dem Erdboden betrüge diese Aktivität rund das 290-fache der natür-

---

[*] Die Gemeinschaft Unabhängiger Staaten (GUS) wurde 1991 nach dem Zerfall der Sowjetunion gegründet und umfasst heute die Staaten Armenien, Aserbaidschan, Kasachstan, Kirgistan, Moldawien, Russland, Tadschikistan, Turkmenistan, Ukraine, Usbekistan und Weißrussland.

lichen, in der Luft das 87-fache und im Meer die Hälfte der natürlichen Aktivität (s. Kap. 5.1). Diese Zahlen steigen noch etwa auf das Vier- bis Fünffache, wenn nicht nur die Abfälle eines Jahres verbreitet werden, sondern wenn man das hundert bzw. tausend Jahre lang fortführen würde. Entsprechendes gilt natürlich auch für die Strahlendosis und das Krebsrisiko.

6.2.2 Akkumulation radioaktiver Substanzen in Lebewesen

Die im vorigen Abschnitt genannten Zahlen zeigen noch nicht das ganze Bild der Folgen einer unkontrollierten Verbreitung radioaktiver Abfälle. Die meisten Spaltprodukte sind Isotope relativ seltener chemischer Elemente, der *Spurenelemente* (s. Tab. A-1 im Anhang). Diese werden von Pflanzen und Tieren bevorzugt aufgenommen und in ihren Organen gespeichert. Solche Spurenelemente sind zum Beispiel Cäsium, Iod, Strontium, Barium, aber auch einige Elemente aus der Gruppe der Seltenen Erden (wie Lanthan oder Cer), außerdem Zirkon, Molybdän und Niob. Teils sind diese Elemente für bestimmte physiologische Prozesse lebensnotwendig, wie das Iod für manche Wasseralgen oder für die Bildung der Schilddrüsenhormone bei Wirbeltieren. Teils können die radioaktiven Elemente andere, chemisch nahe verwandte Elemente ersetzen, wenn diese dem Organismus nicht in genügender Menge zur Verfügung stehen. So wird etwa das Calcium bei der Knochenbildung durch Strontium ersetzt oder fehlendes Kalium in Muskelgewebe durch Cäsium. Dabei kann es zu erheblichen Anreicherungen dieser Elemente in bestimmten Organen kommen.

Einige Beispiele mögen das zeigen: Je nach Art des Bodens wird Strontium-90 in Gerste, Bohnen oder Tomaten bis zum dreifachen seiner Konzentration im Boden angereichert [Re 55]. Viel deutlicher ist der Effekt aber bei Wasserorganismen. In den Columbia-Fluss im Staate Washington (USA) werden ständig größere Mengen radioaktiver Abwässer eingeleitet (s. Kap. 6.4.3). Dort hat man beispielsweise im Plankton eine 2000-fach höhere spezifische Aktivität (Becquerel pro Gramm) gefunden als im Wasser, in Algen die 40-fache und in Fischen die 200-fache [Fo 55]. Auch in Wasservögeln ist die Konzentration der Spaltprodukte bis zu 500-mal höher als im Wasser selbst. Der Anreicherungsfaktor für den Betastrahler Phosphor-32, der aus im Kühlwasser von Reaktoren vorhandenem Schwefel durch Einfang schneller Neutronen entsteht, beträgt in Enten und Möwen bis zu 7000, in Tauchenten 50 000, in jungen Schwalben 500 000 und im Dotter von Enteneiern sogar 1,5 Millionen [Ha 55]. In Abb. 6.8 ist die Verteilung der chemisch verschiedenen Anteile des Spaltproduktgemischs auf ein Biotop im Columbia-Fluss gezeigt. Auch in den Organen unseres eigenen Körpers werden radioaktive Spurenelemente gesammelt und gespeichert. Der Grad der Anreicherung hängt im Einzelnen stark von den Ernährungsgewohnheiten und von der Natur des betreffenden Isotops ab. Allgemein bekannt wurde die Anreicherung von radioaktivem Cäsium in Waldbeeren, Pilzen und Wildfleisch nach dem Unfall in Tschernobyl (s. Kap. 7.2). Auch heute noch werden Spitzenwerte bis zu einigen 1000 Becquerel pro Kilogramm gemessen. Zum Vergleich: Die Aktivität des natürlichen Kaliums in Beeren und Pilzen beträgt etwa 130 Becquerel pro Kilogramm mit Spitzenwerten bis zu 230 [Bu 02].

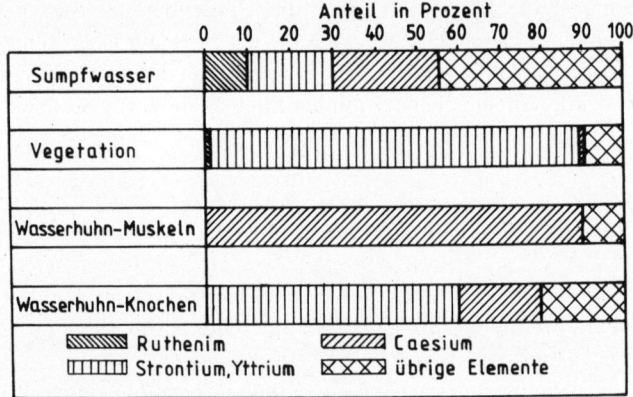

Abb. 6.8 Verteilung verschiedener Fraktionen eines Spaltproduktgemischs auf Pflanzen und Tiere in einem Sumpf des Columbia-Flusses bei Hanford (nach [Ha 55]).

Unsere weiter oben vorgenommenen Abschätzungen über Strahlenbelastung und Krebsrisiko bei einer hypothetischen gleichmäßigen Verteilung der Abfälle in Luft, Wasser oder Boden müssen also korrigiert werden. Die Akkumulation von Spurenelementen kann lokal zu vielfach höheren Strahlendosen Anlass geben als sie aus einer gleichmäßigen Verteilung resultieren.

6.2.3 Utopische Entsorgungsvorschläge

Will man die radioaktiven Abfälle vernünftig entsorgen, so muss man sie zuverlässig von der Umwelt isolieren, und das für eine Zeit von mindestens 300 000 Jahren [Da 03]. Es besteht heute weltweit Übereinkunft darüber, wie das zu geschehen hat: Man muss die radioaktive Strahlung durch eine genügend dicke Schicht Materie abschirmen und dann die Abfälle etwa zehn Jahre lang kühlen. Erst wenn die Wärmeproduktion so klein geworden ist, dass die Abfälle nicht mehr schmelzen, sich auflösen oder verdampfen, kann man sie in eine unlösliche Form überführen und tief in der Erde lagern. Diese Abfalllager müssen dann ständig bewacht werden, damit keine gefährlichen Substanzen oder spaltbares Material zum Bau von Bomben in die Hände von Unbefugten, Verrückten oder Terroristen gelangt. Diese könnten sie zum Bau „schmutziger Bomben" verwenden (s. Kap. 2.3). Das ganze Verfahren ist ziemlich teuer. Es kostet etwa ebenso viel wie die Erzeugung der gewonnenen Energie und würde den Gewinn der Produzenten erheblich schmälern, wenn sie die komplette Entsorgung selbst bezahlen müssten (s. Kap. 6.4.1). Daher wurden im Lauf der Zeit eine Reihe von mehr oder weniger fantasievollen Vorschlägen gemacht, wie man sich die Abfälle einfacher und billiger vom Halse schaffen könnte.

Am bequemsten wäre es, den Atommüll dauerhaft von der Erde zu entfernen. Dazu müsste man ihn *in den Weltraum* oder *auf die Sonne* schießen. Würde man ein Drittel des Weltbedarfs an elektrischer Leistung von 1500 Gigawatt aus Kernkraftwerken decken, so wären jährlich etwa 20 000 Tonnen verbrauchter Brennelemente zu entsorgen [He 97].

6.2 Verbreitungs- und Entsorgungsmöglichkeiten für Atommüll

Wie wir in Kap. 6.3 sehen werden, ist es teuer und umweltbelastend, die Spaltprodukte und Transurane vom noch unverbrauchten Kernbrennstoff abzutrennen. Will man die Abfälle relativ kostengünstig in den Weltraum entsorgen, so muss man also die Brennelemente als Ganzes dorthin befördern. Das ist allerdings auch nicht gerade billig. Zurzeit kostet es rund 20 000 Euro, ein Kilogramm Materie aus dem Anziehungsbereich der Erde in denjenigen der Sonne zu bringen. Eine dafür geeignete Großrakete kann etwa zehn Tonnen Nutzlast befördern bzw. zwölf Brennelemente mit einer Masse von je 840 Kilogramm. Für jedes Brennelement kostet das 17 Millionen Euro. Andererseits liefert ein Brennelement mit einer elektrischen Leistung von sieben Megawatt während seiner dreijährigen Brenndauer 181 Millionen Kilowattstunden elektrischer Energie zum Erzeugerpreis von drei Cent pro Kilowattstunde (s. Kap. 6.4.1) [He 97]. Das sind 3,62 Millionen Euro. Der Entsorgungspreis via Rakete wäre also etwa fünfmal so hoch wie der Erzeugerpreis – keine günstige Perspektive! (Wollte man den Müll ganz aus unserem Planetensystem in den intergalaktischen Raum bringen, dann würde es noch viel teurer, denn man muss auch noch die Anziehungskraft der Sonne überwinden.) Für die 20 000 Tonnen jährlich verbrauchter Brennelemente müssten in jedem Jahr 2000 Großraketen starten, also jeden Tag sechs mit je zehn Tonnen Nutzlast oder zwölf Brennelementen. Würde auch nur ein einziger dieser Starts misslingen, und die Rakete in der Erdatmosphäre verglühen, so wäre das eine mit dem Tschernobyl-Unglück vergleichbare Katastrophe. Mit der Entsorgung auf die Sonne oder ganz aus unserem Planetensystem hinaus wird es also sobald nichts werden. Das wäre aber die einzige Möglichkeit, die Abfälle mit großer Wahrscheinlichkeit nie mehr wiederzusehen.

Ein anderer Vorschlag besteht darin, den Atommüll am Südpol ins *Eis der Antarktis* zu versenken, natürlich erst, wenn er genügend abgekühlt ist. Das dürfte nach rund einhundert Jahren der Fall sein. Es wird dann etwa einhunderttausend Jahre dauern, bis er an den küstennahen Eisrändern infolge der Eisdrift wieder zum Vorschein käme. Genau lässt sich diese Zeit wegen des unberechenbaren Einflusses der restlichen Wärmeproduktion auf die Eisdrift nicht angeben. Nach hunderttausend Jahren ist die Aktivität auf etwa ein Hunderttausendstel der am Ende des ersten Jahres vorhandenen abgeklungen (s. Abb. 6.5). Sie beträgt dann „nur" noch etwa 10^{12} Becquerel pro Brennelement und rührt im Wesentlichen von Transuranen her mit einem kleinen Anteil von Antimon-126 und Technetium-99 [Co 77]. Nehmen wir an, dass einhundert Jahre lang alle hoch aktiven Abfälle der weltweiten Atomstromerzeugung (derzeit etwa 400 Gigawatt [He 97]) am Südpol deponiert würden, so kämen nach hunderttausend Jahren einige 10^{16} Becquerel Transuranaktivität an den Eisrändern der Antarktis an. Würden sie im Meerwasser gelöst oder suspendiert und weltweit gleichmäßig verteilt, so betrüge dessen spezifische Aktivität etwa 0,05 Becquerel pro Kubikmeter. Das ist weniger als ein Hundertstel der natürlichen Aktivität (s. Kap. 5.1) und wäre leicht zu verkraften. Unsere Annahmen sind jedoch zu idealisiert, um darauf ein zuverlässiges Entsorgungskonzept zu gründen. Erstens erfolgt die Eisdrift keineswegs gleichmäßig radial vom Südpol zu den Küsten, und zweitens wird die Verteilung der Transurane im Weltmeer wegen der Strömungsverhältnisse ungleichmäßig sein. Auch könnte es passieren, dass die antarktische Eisschicht schon früher schmilzt, sei es durch natürliche Klimaveränderungen oder durch anthropogene Effekte (s. Kap. 8). Also ist auch dieser Entsorgungsvorschlag utopisch.

Eine Zeit lang hat man daran gedacht, die Abfälle in Glas oder in Beton einzuschmelzen und in den *Tiefseegräben* der Ozeane zu lagern. Man war der Meinung, der Wasseraustausch mit dem übrigen Meer sei dort sehr gering, und es würde Jahrtausende dauern, bis Wasser aus den Tiefseegräben an die Oberfläche käme. Durch neuere Messungen wurde diese Annahme aber widerlegt. Die mittlere Austauschdauer zwischen Tiefsee- und Oberflächenwasser beträgt nur etwa 750 Jahre [Is 62]. Danach würden die Abfallprodukte entweder gelöst oder suspendiert wieder in die Biosphäre und in die Nahrungskette gelangen. Langfristig ist ja fast alles löslich. Sogar in Glas eingeschmolzene Substanzen lösen sich im Lauf der Zeit im Wasser. Die Löslichkeit der meisten Gläser in reinem Wasser beträgt bei 20 °C etwa drei Milligramm pro Jahr aus jedem Quadratzentimeter glatter Glasoberfläche [He 97]. Im Meerwasser und bei porösen Oberflächen kann sie zehn- bis hundertmal größer sein. In tausend Jahren würde sich also mindestens eine Schicht von drei Gramm pro Quadratzentimeter, also eine solche von einem Zentimeter Dicke lösen.

Es gibt jedoch noch eine andere Möglichkeit der Abfallbeseitigung im Meer, nämlich die Lagerung in Tiefseesedimenten. Dieser Vorschlag hat bessere Erfolgsaussichten. Wir besprechen ihn im nächsten Abschnitt bei der Endlagerung.

Ein anderer häufig diskutierter Vorschlag zur Atommüllentsorgung ist folgender: Man versenke die Abfälle im flüssigen *Erdinneren*, dem Erdmantel, der je nach geografischer Lage in 7 bis 70 Kilometer Tiefe beginnt. Außer bei Vulkanausbrüchen kommt aus dieser Region nichts mehr an die Oberfläche. Die vulkanischen Zonen sind bekannt, so dass man sie bei der Abfallversenkung meiden könnte. Der Erdmantel ist bis in eine Tiefe von 2700 Kilometer flüssig und von großräumigen Konvektionsströmungen durchsetzt [Le 98]. Deren Geschwindigkeit beträgt allerdings nur einige Zentimeter pro Jahr, so dass die Abfälle im Wesentlichen dort bleiben, wo sie sind. Aber wie bringt man den Müll in die Tiefe? Tiefbohrungen sind sehr teuer, und bisher ist man nur etwa zwölf Kilometer tief gekommen. Sobald man in den zähflüssigen Bereich gelangt, wird es technisch sehr schwierig. Bis heute hat man dafür kein brauchbares Konzept. Wahrscheinlich würde dieses Projekt an den Kosten scheitern, ähnlich wie die Entsorgung im Weltraum. Auch das Deponieren im Erdinnern bleibt also vorerst eine Illusion. Die Abb. 6.9 zeigt einen Überblick über die bisher besprochenen utopischen Entsorgungsmöglichkeiten.

6.2.4 „Verbrennen" und Transmutation radioaktiver Abfälle

Hier erhebt sich nun eine oft gestellte Frage: Warum kann man radioaktive Abfälle nicht einfach verbrennen? Warum kann man es nicht wie bei chemischen Giftstoffen machen? Die Antwort ist einfach: Im Prinzip kann man auch radioaktive Atomkerne „verbrennen", das heißt in diesem Fall, man kann sie in andere, leichte oder stabile Atomkerne umwandeln, die keine Strahlung mehr aussenden. Nur braucht man dazu Temperaturen von vielen Milliarden Grad, während für die Zerlegung giftiger chemischer Verbindungen in ihre einfachen und unschädlichen Bestandteile einige 1000 Grad ausreichen. Dieser gewaltige Unterschied in der notwendigen Temperatur rührt daher, dass chemische Prozesse in den Hüllen der Atome ablaufen. Dort sind die Elektronen mit Energien von einigen Elektronenvolt (etwa 10^{-18} Joule) gebunden. Kernphysikalische Prozesse laufen aber im Inneren der viel kleineren Atomkerne ab (s. Abb. 2.1), wo die Nukleonen mit millionenmal grö-

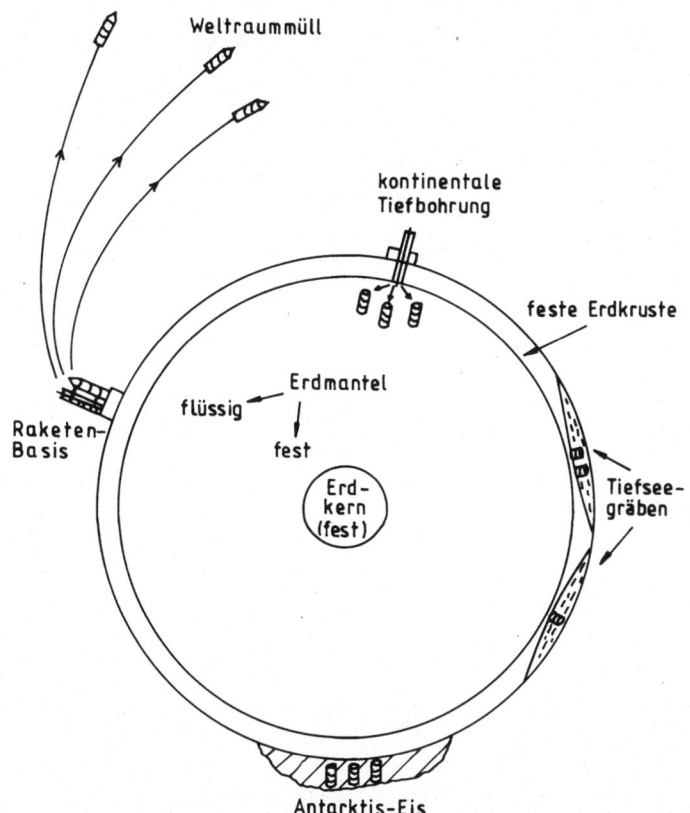

Abb. 6.9 Utopische Entsorgungsvorschläge für Atommüll. Die Abbildung ist nicht maßstabsgerecht; die Dicke der festen Erdkruste beträgt in Wirklichkeit nur 0,5 Prozent des Erdradius.

ßerer Energie gebunden sind, etwa acht Megaelektronenvolt pro Nukleon (etwa 10^{-12} Joule). Von diesem riesigen Energieunterschied zwischen Kern und Hülle eines Atoms rührt ja auch der Unterschied in der nutzbaren Energie her: Bei chemischer Verbrennung, zum Beispiel von Kohle entstehen etwa acht Kilowattstunden pro Kilogramm, bei der Kernspaltung von Uran 21 Millionen Kilowattstunden pro Kilogramm [He 97].

Will man giftige chemische Substanzen, zum Beispiel Blausäure (Cyanwasserstoff) durch Verbrennen unschädlich machen, so genügt eine Temperatur von wenigen 1000 Grad, um sie durch Einwirken von Sauerstoff in Wasser, Kohlendioxid und Stickstoff zu zerlegen [Wi 76]. Wollte man aber die Atomkerne von Strontium-90 oder Cäsium-137 oder von Transuranen in leichtere, stabile Atomkerne zerlegen, so bräuchte man die vorher genannten utopisch hohen Temperaturen. Diese lassen sich nur mit großen Beschleunigern oder im Inneren von Sternen erreichen. Teilchenbeschleuniger, wie zum Beispiel bei CERN (*C*entre *E*uropéan de *R*echerche *N*ucléaire) in Genf oder DESY (*D*eutsches *E*lektronen*s*ynchrotron) in Hamburg sind sehr teuer und könnten pro Tag nur wenige Gramm Materie in der gewünschten Weise umwandeln; und zum Inneren unserer Sonne oder der Sterne haben wir sowieso keinen Zugang. Also bleibt das „Verbrennen" radioaktiver Abfälle zu stabilen und damit ungefährlichen Substanzen bis auf weiteres Utopie.

Es gibt noch einen weiteren Vorschlag zur Umwandlung radioaktiver in stabile Atomkerne, die *Transmutation*. Dabei werden die Atomkerne einer intensiven Neutronenstrahlung ausgesetzt, wobei einzelne Nuklide entweder in stabile oder in andere radioaktive, aber schneller zerfallende Kerne umgewandelt werden können. So lässt sich zum Beispiel das beta- und gammaaktive Technetium-99 mit einer Halbwertszeit von 200 000 Jahren durch Neutronenbeschuss über Technetium-100 in das stabile Ruthenium-100 umwandeln [Crl 97, Schw 97]. Ähnliches gilt für Iod-129 mit einer Halbwertszeit von 15,7 Millionen Jahren. Dazu braucht man einen sehr leistungsfähigen Protonenbeschleuniger, dessen Bau mehrere Milliarden Euro kosten würde. Um Transurane umzuwandeln, benötigt man einen großen, mit Thoriumbrennstoff betriebenen Kernspaltungsreaktor von etwa 30 Metern Höhe und sechs Metern Durchmesser mit acht Gigawatt Leistung [Ni 97, Nu 96, Schw 97]. Ein solcher wäre noch wesentlich teurer als der Protonenbeschleuniger und erzeugt vor allem selbst wieder ein ähnliches Spaltproduktgemisch wie ein Uranreaktor. Man hätte bezüglich der Spaltprodukte nicht viel gewonnen, könnte jedoch das unerwünschte Plutonium verbrennen, das aus den Uranspaltprodukten abgetrennt wurde. Über den Wirkungsgrad einer solchen Anlage weiß man bis heute noch nichts Genaues. Auch ist unklar, ob sie insgesamt mehr radioaktive Nuklide umwandelt als neue erzeugt. Bevor sie funktionsfähig wäre, sind noch viele technische Probleme zu lösen. Schließlich müssen fast alle zu transmutierenden Nuklide vorher in einer Wiederaufarbeitungsanlage separiert werden [No 03, Nu 96], deren Betrieb teuer und risikoreich ist (s. Kap. 6.3.3); sie müsste wesentlich effektiver arbeiten als die heute betriebenen Anlagen. Nach Schätzungen des Nationalen Forschungsrats der USA würde es etwa 200 Jahre dauern, um allein die bisher angehäuften Transurane auf diese Weise zu verbrennen. Die Kosten des hierfür notwendigen Transmutationssystems für die USA werden auf über einhundert Milliarden Dollar geschätzt [Nu 96].

6.3 Ein realistisches Entsorgungskonzept

Wie wir gesehen haben, gibt es bisher keine vernünftige und praktikable Möglichkeit, um den Atommüll auf Nimmerwiedersehen loszuwerden. Wir müssen ihn also bei uns auf der Erde behalten und ihn hier möglichst gut verwahren und bewachen. *Gut verwahrt* muss er werden, damit nichts von den gefährlichen Stoffen in die Biosphäre und in die Nahrungskette gelangt; nach Möglichkeit auch nicht bei natürlichen oder menschengemachten Katastrophen (Erdbeben, Vulkanausbrüche, Überschwemmungen, Kriege, Flugzeugabstürze, Brände, Terroranschläge usw.). *Gut bewacht* werden muss der Atommüll, damit er nicht in die Hände von Verrückten oder Terroristen kommen kann, denn wie man Atomwaffen baut, ist kein Geheimnis mehr.

Wie in Kap. 6.2 erläutert wurde, gibt es für den Atommüll bis heute keine wirkliche Entsorgung im konventionellen Sinne, das heißt, eine Umwandlung in harmlose Substanzen [Cl 55]. In den frühen Jahren der Kernenergienutzung hat man daher das Prinzip „Verdünnen und Verteilen" favorisiert. Weil aber dies, wie oben besprochen, sehr bald zu einer gefährlichen Umweltbelastung führt, ist man heute zum gegenteiligen Prinzip übergegangen: „Konzentrieren und Zusammenhalten". Wir besprechen im Folgenden ein heute allgemein akzeptiertes und teils auch realisiertes Entsorgungskonzept. Warum es aber weltweit nur zum Teil verwirklicht ist, und warum eine ganz wesentliche Komponente dabei noch fehlt, das hat wirtschaftliche und politische Gründe. Darüber sprechen wir in Kap. 6.4 und zum Abschluss dieses Buches (s. Kapitel 8).

6.3.1 Überblick über das Entsorgungskonzept

Zunächst sehen wir uns in Abb. 6.10 die verschiedenen Teile des Entsorgungsverfahrens an. Es besteht aus einem Abkling- und Abkühlbecken im Areal jedes Kernkraftwerks, einer Wiederaufarbeitungsanlage, einer Glasfabrik, einem Zwischenlager und einem Endlager. Der Vollständigkeit halber haben wir auch die Urangewinnung, die Anreicherung und die Brennelementherstellung mit skizziert. Wie schon erwähnt, fallen in einem Kernkraftwerk mit einem Gigawatt elektrischer Leistung pro Jahr 50 bis 60 verbrauchte Brennelemente an [De 98]. Holt man sie fernbedient aus dem Reaktorbecken, so müssen sie möglichst schnell intensiv gekühlt werden, und ihre Strahlung muss von der Umgebung abgeschirmt werden.

6.3.2 Brennelemente im Abklingbecken

Wie wir schon gesehen haben, besitzt ein verbrauchtes Brennelement nach drei Jahren Betriebsdauer gleich nach der Entnahme aus dem Reaktor eine Aktivität von ca. 10^{18} Becquerel; es erzeugt in einem Meter Abstand eine Dosisleistung von 3000 Sievert pro Stunde und liefert eine Wärmeleistung von 28 Kilowatt (s. Kap. 6.1). Wir hatten uns auch überlegt, dass man in einem Meter Abstand von einem solchen Brennelement in 5,4 Sekunden die Dosis LD-50 von 4,5 Sievert erhält. Das Brennelement würde auch innerhalb weniger Stunden schmelzen und verdampfen, wenn man die durch radioaktive Strahlung in ihm erzeugte Wärme nicht durch Kühlen entfernt. Sowohl das Abschirmen der Strahlung als auch das Abkühlen des Materials lässt sich am einfachsten und sichersten durch Versenken des Brennelements in ein größeres *Wasserbecken* erreichen (Abb. 6.11). Die natürliche Konvektion des Wassers sorgt dann für die Ableitung der Wärmeenergie. Ferner werden Neutronen aus Transuranen und aus durch Gammastrahlung aktivierten Atomkernen von 20 Zentimeter Wasser zu etwa 75 Prozent absorbiert (s. Abb. 3.1). Nach Abb. A-3 im Anhang werden 1-Megaelektronenvolt-Gammastrahlen durch 15 Zentimeter Wasser auf die Hälfte geschwächt, durch 30 Zentimeter auf ein Viertel usw. Mit einer Schicht von einem Meter Wasser kann man 1-Megaelektronenvolt-Gammastrahlen auf ein Hundertstel abschwächen. Gleichzeitig lassen sich die 28 Kilowatt Wärmeleistung durch Umlaufpumpen und Kühltürme an die Umgebungsluft oder an einen anderen Wärmetauscher abführen. Ein Wasserzylinder von fünfzig Zentimetern Dicke und fünf Metern Höhe, mit dem jedes Brennelement im Abklingbecken umgeben ist, erwärmt sich bei einer Leistung von 28 Kilowatt in einer Stunde um etwa 2 Grad. Diese Wärme lässt sich durch Kühlung leicht neutralisieren.

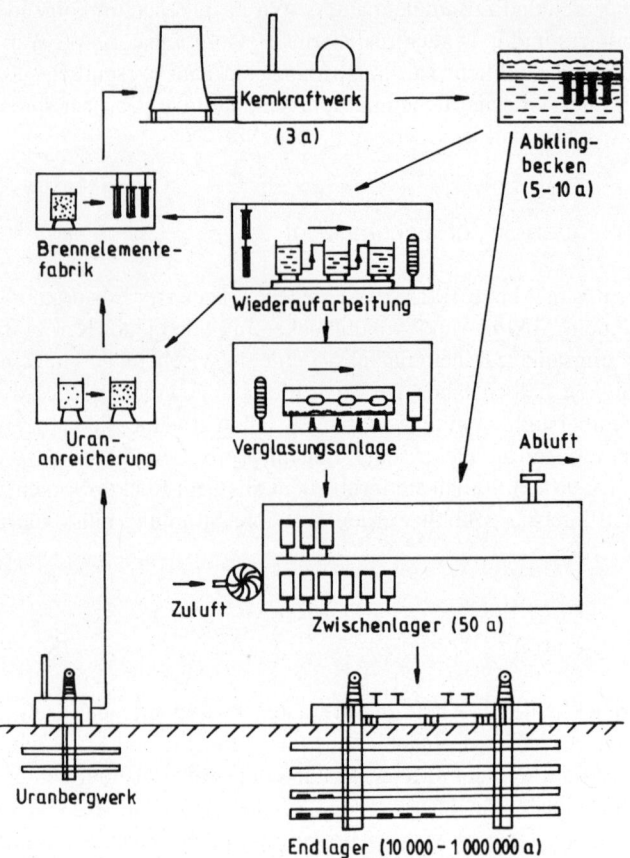

Abb. 6.10 Ein realistisches Entsorgungskonzept (a: Jahre).

Will man mehrere Brennelemente in ein und demselben Wasserbecken unterbringen, so müssen sie einen gewissen Mindestabstand voneinander haben. Erstens darf das Wasser nicht merklich verdampfen. Zweitens darf nicht zufällig eine kritische Masse von spaltbarem Material (Uran oder Plutonium) zusammenkommen, in der eine Kettenreaktion starten könnte. Sollen die verbrauchten Brennelemente von zehn Reaktorbetriebsjahren gelagert werden, so braucht man Platz für 500 bis 600 Stück. Sie sollten mindestens einen gegenseitigen Abstand von 1,5 Metern haben. Das Abklingbecken muss dann etwa 37 × 37 Quadratmeter Fläche und eine Tiefe von sechs bis sieben Metern besitzen. Ein solches, gut gefülltes Abklingbecken ist sicher einer der unangenehmsten Aufenthaltsorte, die man sich auf der Erde denken kann. Nicht einmal James Bond würde es schaffen, da wieder heil heraus zu kommen, denn die Strahlendosen von einigen Sievert pro Sekunde sind absolut tödlich (s. Kap. 4.4).

Lässt man das Brennelement für zehn Jahre im Abklingbecken, so nimmt seine Wärmeleistung nach Abb. 6.6 kontinuierlich ab, von 28 Kilowatt am ersten Tag auf etwa 800 Watt nach zehn Jahren. Holt man das Brennelement dann aus dem Abklingbecken

6.3 Ein realistisches Entsorgungskonzept

Abb. 6.11 Blick in ein Abklingbecken (Foto: Framatome ANP (Paris), J. P. Salomon; aus [Scha 97]).

heraus, so reicht die natürliche Luftzirkulation aus, um seine Oberflächentemperatur nicht wesentlich über etwa 60 Grad Celsius ansteigen zu lassen [Rü 97]. Die Aktivität des Brennelements sinkt nach Abb. 6.2 in zehn Jahren um rund das Hundertfache, also von $8,9 \cdot 10^{17}$ auf $1,5 \cdot 10^{16}$ Becquerel. Entsprechend sinkt die Dosisleistung in einem Meter Abstand von 3000 auf etwa 40 Sievert pro Stunde (s. Abb. 6.3). Das Brennelement ist dabei immer noch sehr gefährlich – es liefert die Dosis LD-50 in sieben Minuten. Die Brennelemente strahlen nach zehn Jahren im Abklingbecken also immer noch stark, aber man kann sie jetzt wenigstens durch fernbediente Maschinen transportieren und bearbeiten.

Die intensive Strahlung im Abschirmbecken kann zu unerwünschten Nebeneffekten führen: Ist das Kühlwasser nicht chemisch rein, so können darin enthaltene Bestandteile aktiviert und selbst radioaktiv werden. Die Bestrahlungsprodukte des reinen Wassers dagegen, die wir schon besprochen hatten, werden innerhalb weniger Minuten wieder zu Wasser, Sauerstoff und Wasserstoff regeneriert (s. Kap. 4.2). Ein anderer Effekt ist aber noch gravierender als die Aktivierung von im Wasser gelösten oder suspendierten Stoffen. Das ist die Bildung radioaktiver Isotope durch Neutronenbestrahlung des Baumaterials des Abklingbeckens, der Be- und Entladeeinrichtungen, der Pumpen, der Wärmetauscher usw. Die auf diese Weise induzierte Radioaktivität hatten wir bereits kurz besprochen (s. Kap. 3.5). Alles, was eine gewisse Zeit in der Nähe verbrauchter Brennelemente war oder mit diesen in Berührung stand, wird mehr oder weniger radioaktiv und muss entsprechend behandelt und entsorgt werden. Dieses Material liefert den *niedrig aktiven Abfall* mit einer spezifischen Aktivität von weniger als 10^{13} Becquerel pro Kubikmeter.

6.3.3 Wiederaufarbeitungsanlage

Sind die verbrauchten Brennelemente nach fünf oder zehn Jahren im Abklingbecken transportabel geworden, so muss man über ihr weiteres Schicksal entscheiden. Sie können ja nicht einfach irgendwo stehen bleiben. Was weiter mit ihnen geschieht, hängt von den technischen und wirtschaftlichen Möglichkeiten ab. Entweder trennt man zunächst die Spaltprodukte und Transurane von dem noch verbliebenen Brennstoff Uranoxid auf chemische Weise ab. Dann kann man das Uran nach erneuter Anreicherung mit Uran-235 wieder verwenden. Oder man bringt die Brennelemente, so wie sie sind, ins Zwischenlager. Zur chemischen Trennung der verschiedenen Bestandteile braucht man eine Wiederaufarbeitungsanlage, und eine solche ist sehr teuer. In Japan werden zurzeit 17 Milliarden Dollar in eine Anlage bei Rokkasho investiert [Cy 01, Fu 06]. In Europa gibt es derzeit nur drei größere Anlagen dieser Art, nämlich in La Hague an der französischen Atlantikküste, in Marcoule an der südlichen Rhône und in Sellafield an der englischen Westküste an der Irischen See [Ke 87]. Alle diese Anlagen wurden ursprünglich gebaut, um Plutonium für Atomwaffen zu gewinnen [Hi 98, Hi 01]. Heute werden sie meist nur noch weiter betrieben, weil man noch kein Endlager hat. In einer Wiederaufarbeitungsanlage aber sind die Abfälle erst mal für eine Zeit lang „untergebracht". Von dort kommen die Spaltprodukte und die nicht wieder verwendbaren Transurane in eine Verglasungsfabrik (s. Abb. 6.14) und werden in Glas oder in keramisches Material eingeschmolzen, um sie möglichst wasserunlöslich zu machen. Auch eine solche Glasfabrik ist sehr teuer; sie kostet etwa 2,5 Milliarden Euro. In Europa gibt es bisher noch keine größere selbstständige Anlage dieser Art. Die Verglasung der Abfälle wird bisher in La Hague und in Sellafield durchgeführt. Von der Glasfabrik kommen die Abfälle schließlich in ein Zwischenlager (s. Abb. 6.17), wo sie einige Jahrzehnte lang ruhen sollen. Dabei sinkt sowohl ihre Wärmeproduktion als auch ihre Aktivität so weit ab, dass sie in einem Endlager vergraben werden können.

In Abb. 6.12 erhalten wir einen Blick in das Innere einer Wiederaufarbeitungsanlage. Die Brennstäbe werden dort in etwa fünf Zentimeter lange Stücke zersägt und in heißer Salpetersäure aufgelöst. Dann werden die Nitrate des Urans und Plutoniums von denen der übrigen Spaltprodukte und Transurane in mehreren chemischen Schritten abgetrennt [Ke 87]. Uran und Plutonium möchte man als wiederverwendbare Kernbrennstoffe oder für Kernwaffen behalten. Die Lösungen der übrigen Transurane und der Spaltprodukte haben eine sehr hohe Aktivität von 10^{13} bis 10^{14} Becquerel pro Liter sowie eine entsprechend hohe Wärmeleistung in der Größenordnung von einigen Watt pro Liter. Daher muss auch diese Lösung noch einige Jahre gut abgeschirmt gekühlt werden, bis sie weiterverarbeitet werden kann. Der ganze Wiederaufarbeitungsprozess kostete in den 1990er Jahren etwa 2000 Euro pro Kilogramm, also rund eine Million Euro pro Brennelement, etwa so viel wie ein neues Brennelement mit 3,3 Prozent Uran-235. Die Wiederaufarbeitung ist also von daher gesehen unrentabel [He 97, Hi 01].

Eine Wiederaufarbeitungsanlage ist eine chemische Fabrik der höchsten Gefahrenklasse. Alle Prozesse müssen ferngesteuert werden und ihre Strahlung muss gegen die Außenwelt sorgfältig abgeschirmt werden. Die freiwerdenden hoch radioaktiven Gase und Dämpfe müssen möglichst vollständig kondensiert und in die flüssige Phase zurückgeführt werden. Nur die radioaktiven Edelgase lassen sich, wie auch bei den Kernkraft-

6.3 Ein realistisches Entsorgungskonzept

Abb. 6.12 Blick in die Prozessstraße einer Wiederaufarbeitungsanlage in Hanford (USA). Die Reaktionsgefäße befinden sich im Boden unter dicken Betonplatten. Die gesamte Prozessführung verläuft fernbedient unterirdisch (Foto: U.S. Department of Energy (Washington); aus [Ah 97]).

werken, praktisch nicht zurückhalten. Ein größerer Unfall oder ein terroristischer Anschlag auf eine Wiederaufarbeitungsanlage hätte mindestens ähnlich katastrophale Folgen wie der Tschernobyl-Unfall. Über die großen Unfälle in Sellafield und Kyschtym im Jahre 1957 wird später berichtet (s. Kap. 7.1). Ein solches Gefahrenpotential war der Anlass für die wütenden und lang anhaltenden Proteste der Bevölkerung gegen den Bau einer deutschen Wiederaufarbeitungsanlage in Wackersdorf im Bayerischen Wald in den Jahren 1987 bis 1989. Ob letzten Endes diese Proteste den Bau verhindert haben, oder ob es der sich abzeichnende Wandel in den Zukunftsaussichten der Kernenergienutzung war, das lässt sich nicht mehr genau herausfinden.

Da es in Deutschland bis auf weiteres keine Wiederaufarbeitungsanlage geben wird, müssen hier die verbrauchten Brennelemente entweder als Ganzes eingelagert werden oder man muss sie zur Wiederaufarbeitung nach Frankreich oder nach England transportieren. Auch diese Transporte stellen ein Risiko dar, denn die Transportbehälter vom Typ CASTOR sind weder absolut unzerstörbar, noch ist der Transport gegen Diebstahl, Unfälle oder Terrorismus vollständig sicher. Der Bürger kann aber diese Risiken kaum realistisch einschätzen. Daher sollte man auch für die Proteste der Bevölkerung gegen solche Transporte Verständnis haben.

Das in der Wiederaufarbeitungsanlage zurückgewonnene Uran ist mit $1{,}3 \cdot 10^7$ Becquerel pro Kilogramm relativ schwach radioaktiv (s. Kap. 6.1.2), das Plutonium aber ziemlich stark, etwa $2 \cdot 10^{12}$ Becquerel pro Kilogramm. Beide Substanzen werden entweder zur Herstellung neuer Brennelemente verwendet oder sie werden militärischen Zwecken zugeführt. Ein ernstes Problem sind die zurzeit vorhandenen *großen Mengen von Plutonium* (s. Kap. 3.4). Soviele Bomben und Granaten, wie man daraus herstellen könnte, braucht niemand; die vorhandenen Kernwaffen reichen bereits für einen zehnfachen „Overkill". Für neue Brennelemente ist das Plutonium aber zu teuer, um die

Hälfte teurer als hochangereichertes Uran [He 97]. Man muss das Plutonium also aufheben, bis einem eine nützliche Verwendung dafür einfällt. Oder man muss warten, bis seine Aktivität nach einigen hunderttausend Jahren genügend weit abgeklungen ist. Die US-Behörde Department of Energy hat vor Kurzem beschlossen, 34 Tonnen Kernwaffenplutonium in Reaktorbrennstoff umzuwandeln [Scha 02b]. Das soll 20 Jahre dauern und etwa 3,8 Milliarden Dollar kosten, also 110 000 Dollar pro Kilogramm. Ein Kilogramm angereichertes Uran für Brennelemente kostet dagegen nur etwa 700 Dollar. Die Wiederaufarbeitung aller in den USA lagernden verbrauchten Brennelemente würde etwa 100 Milliarden Dollar kosten.

Fasst man die Ergebnisse dieses Abschnitts zusammen, so zeigt sich, dass die Wiederaufarbeitung verbrauchter Brennelemente zurzeit keinen Sinn hat. Die dazu notwendigen Anlagen sind sehr teuer, ihr Betrieb ist gefährlich, sie bieten ein bevorzugtes Ziel für Terroranschläge, und die meisten Produkte der Wiederaufarbeitung sind nicht zu gebrauchen. Plutonium hat man heute bereits viel zu viel. Die Wiederaufarbeitung würde erst dann wieder sinnvoll sein, wenn man ein technisch ausgereiftes und wirtschaftlich tragbares Verfahren zur Transmutation langlebiger Spaltprodukte und Transurane hätte. Das ist bis heute nicht der Fall. So dienen die Wiederaufarbeitungsanlagen derzeit als Verlegenheitslösung und den Politikern als Alibi, um das Endlagerproblem immer weiter vor sich herzuschieben.

6.3.4 Die Verglasungsanlage

Zur sicheren Endlagerung müssen die Abfälle in eine möglichst wasserunlösliche Form gebracht werden, damit sie nicht ins Grundwasser gelangen und sich mit diesem ausbreiten können. Stahlbehälter zerfallen in normalem Gestein durch Korrosion im Verlauf von wenigen 1000 Jahren [Ho 98]. Behälter aus Glas oder Keramik sind nicht genügend bruchfest für lange Lagerzeiten in Gesteinen. Also müssen die Abfälle selbst in Glas oder keramische Materialien eingeschmolzen werden. Unter den kostengünstigen, hierfür geeigneten Materialien besitzen Silikatglas und Aluminiumoxid die geringste Wasserlöslichkeit. Wie schon gesagt, löst salzhaltiges Wasser in tausend Jahren eine Glasschicht von bis zu einem Zentimeter Dicke.

Da die Oberfläche durch den Lösungsprozess im Lauf der Zeit immer rauer und poröser wird, so steigt die gelöste Menge erheblich an. Wenn das Glas nicht mit Wasser in Berührung kommt, kann es wesentlich länger intakt bleiben. Das zeigen archäologische Funde von 4500 Jahre alten Gläsern [Ba 03]. Allerdings sind diese Glaswaren nicht mit Schwermetallen angereichert und keiner starken radioaktiven Strahlung ausgesetzt gewesen. Zurzeit werden in Europa nur hoch aktive Abfälle aus Wiederaufarbeitungsanlagen in Glas oder in Aluminiumoxid eingeschmolzen bzw. eingesintert. Komplette verbrauchte Brennelemente werden dagegen in gasdichten Stahlbehältern gelagert, denn für nicht wiederaufgearbeitete Brennelemente gibt es in Europa noch keine leistungsfähige Verglasungsanlage. In den USA dagegen sind zwei solche Anlagen seit vielen Jahren in Betrieb, am Savannah River (South Carolina) und in Hanford (Washington). Sie verarbeiten aber fast ausschließlich Abfälle aus dem militärischen Bereich. In Deutschland gibt es bisher nur eine kleine Versuchsanlage im Forschungszentrum Karlsruhe (Abb. 6.13).

6.3 Ein realistisches Entsorgungskonzept

Abb. 6.13 Versuchsanlage zur Verglasung radioaktiver Abfälle im Forschungszentrum Karlsruhe (Foto: Forschungszentrum Karlsruhe; aus [Ke 87]).

Das Prinzip des Verglasungsvorgangs ist in Abb. 6.14 gezeigt. Die wässrige Lösung mit den Abfallprodukten wird in einem Gaszerstäuber in feine Tröpfchen aufgeteilt, fällt dann durch einen geheizten Raum, in dem das Lösungsmittel verdampft, und in dem die gelöste Substanz als feines Pulver übrigbleibt. Dieses wird dann mit Glaspulver gemischt und in eine Stahlkokille gefüllt, die in einem Ofen auf etwa 1100 Grad Celsius erhitzt wird. Dabei sintert das Glaspulver zusammen mit den Abfallprodukten zu einer festen unlöslichen Masse. Eine solche Kokille fasst etwa 150 Liter. Das Glaspulver wird aus Borsilikatgläsern gemahlen, weil Bor ein guter Neutronenabsorber ist. Die fertigen Kokillen mit eingeschmolzenen Spaltprodukten oder Transuranen sind hoch radioaktiv und werden durch die starke Strahlung zunächst auch noch sehr heiß. Sie haben eine Gammaaktivität von etwa $2,5 \cdot 10^{16}$ Becquerel und eine Temperatur von 370 Grad Celsius [Rü 97]. Daher müssen sie, ebenso wie die nicht verarbeiteten ausgedienten Brennelemente noch 40 bis 50 Jahre gekühlt werden bevor sie ins Endlager gebracht werden können. Die Kühlung geschieht in eigens dafür konstruierten Behältern, die wir gleich besprechen werden, im Zwischenlager. Außer der Gammastrahlung emittieren die Kokillen noch eine starke Neutronenstrahlung. Sie rührt zu 95 Prozent von der spontanen Spaltung des Transurans Curium-244 her, zu fünf Prozent von der Aktivierung des im Glas vorhandenen Sauerstoffs durch Alphastrahlung der Transurane, wobei Neutronen frei werden [Rü 97].

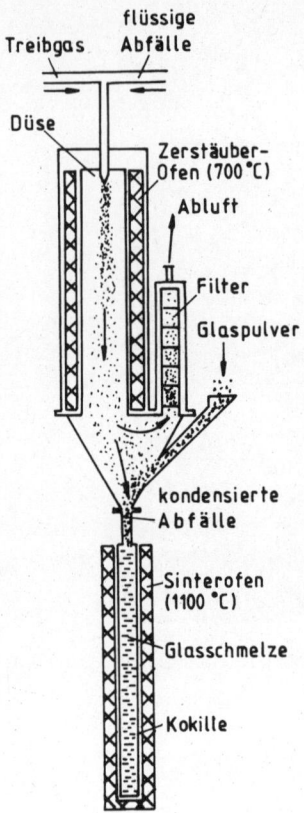

Abb. 6.14 Arbeitsweise einer Verglasungsanlage, schematisch (nach [Co 77]).

6.3.5 CASTOR-Behälter

Zunächst besprechen wir die in Deutschland unter dem Namen CASTOR bekannten Lagerbehälter für hoch radioaktivene Stoffe. CASTOR bedeutet nichts anderes als die Abkürzung von „*Ca*sket for *s*torage and *t*ransport *o*f *r*adioactive materials". Die Abb. 6.15 zeigt einen solchen CASTOR von sechs Metern Höhe, 2,5 Metern Durchmesser und mit einem Gewicht von 106 Tonnen [Rü 97]. Die Wand des Behälters besteht aus 50 Zentimeter dickem Stahl mit ein oder zwei konzentrischen Reihen von Polyethylenstäben mit fünf Zentimetern Dicke. Außen ist er mit Kühlrippen versehen. Das Eisen des Stahlmantels dient zur Absorption der Gammastrahlung. Wenn ihre Energie 0,75 Megaelektronenvolt beträgt, so wird ihre Intensität durch 50 Zentimeter Eisen auf fünf Billionstel ($5 \cdot 10^{-12}$) abgeschwächt (s. Abb. A-3 im Anhang). Beträgt die Aktivität im Behälter $3 \cdot 10^{17}$ Becquerel, dann dringen nur noch $1,5 \cdot 10^{6}$ Gammaquanten pro Sekunde nach außen. Die schnellen Neutronen werden in den Polyethylenstäben abgebremst und dann durch die Atomkerne des Eisenmantels absorbiert [Rü 97]. Der CASTOR muss, wie gesagt, durch Luftströmung entlang der Kühlrippen noch viele Jahre

6.3 Ein realistisches Entsorgungskonzept

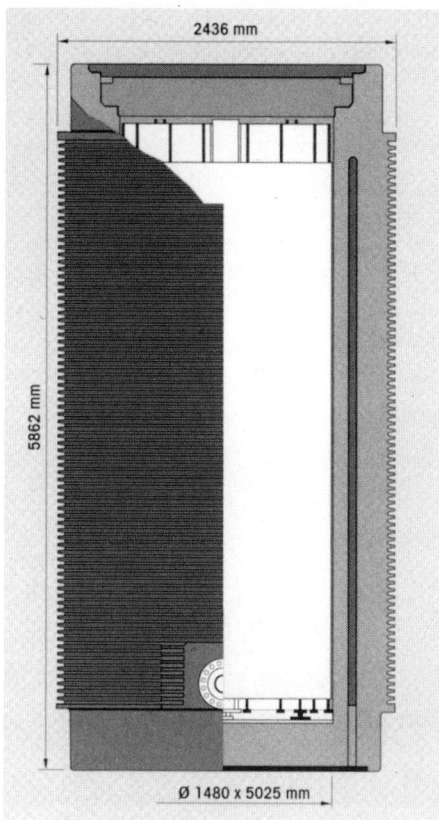

Abb. 6.15 CASTOR-Behälter, Schnittzeichnung (aus [GN 96]).

gekühlt werden, bevor er vergraben, das heißt endgelagert werden darf. Während die Temperatur in seinem Inneren anfangs bis zu 370 Grad Celsius beträgt, muss sie an seiner Außenwand unter 100 Grad Celsius gehalten werden. Die Strahlendosis an der Oberfläche muss kleiner als zwei Millisievert pro Stunde sein; mehr Aktivität darf nicht eingefüllt werden. Zwei Millisievert entsprechen etwa einer Jahresdosis der natürlichen Strahlenbelastung (s. Abb. 5.10). Diese Dosis darf ein Beschäftigter höchstens zehnmal im Jahr erhalten. Er darf pro Jahr also nicht mehr als zehn Stunden an der Behälteroberfläche arbeiten [Str 01]. In einem Meter Abstand vom CASTOR, den das Bedienungspersonal sonst nach Möglichkeit einhalten sollte, darf die Dosis nur noch 0,1 Millisievert pro Stunde betragen, so dass man in etwa 20 Stunden eine natürliche Jahresdosis erhält. Diese Zahlen legen die Füllmenge für einen solchen CASTOR fest: höchstens 19 Stück zehn Jahre alte Brennelemente oder eine entsprechende Anzahl von Kokillen aus der Wiederaufarbeitung.

Die zwei übereinander angeordneten Deckel eines CASTORs sollen für einen gasdichten Verschluss sorgen [Rü 97]. Das Dichtungsverhalten dieser Deckel muss laufend überwacht werden. Dazu wird bei der Befüllung des CASTORs zwischen die beiden Deckel

Heliumgas von sechs bar Druck gefüllt. Dieser Druck wird während der gesamten Zwischenlagerzeit von 40 bis 50 Jahren automatisch überwacht. Sinkt er ab, so müssen die Dichtungen der Deckel erneuert werden. Weil dies nicht vollständig ferngesteuert gemacht werden kann, muss das Personal direkt am CASTOR arbeiten. In Abb. 6.16 wird das Einsetzen eines äußeren Deckels gezeigt.

Da die Abfälle im CASTOR oft über weite Strecken transportiert werden müssen, vom Kernkraftwerk zur Wiederaufarbeitungsanlage und zum Zwischenlager, sind die Behälter sehr robust gebaut. Es wird berichtet, dass ein CASTOR sogar einen simulierten Flugzeugabsturz überstanden hat, ohne undicht zu werden [GN 96, WD 99]. Routinemäßig werden die CASTORen zur Sicherheitsprüfung einem Sturz aus zehn Metern Höhe auf Beton ausgesetzt; außerdem einem halbstündigen Feuer von 800 Grad Celsius.

6.3.6 Zwischenlager

Nachdem die ausgedienten Brennelemente im Abklingbecken des Kernkraftwerks zehn Jahre abgekühlt wurden, beträgt ihre Aktivität noch etwa je $1,5 \cdot 10^{16}$ Becquerel, ihre Wärmeleistung noch etwa 800 Watt und die Strahlendosis in einem Meter Abstand noch 40 Sievert pro Stunde. Man kann die Brennelemente dann in einem CASTOR in ein Zwischenlager transportieren, wenn man ferngesteuert entsprechend vorsichtig damit um-

Abb. 6.16 Einsetzen des äußeren Deckels bei einem CASTOR-Behälter (aus [GN 95]).

6.3 Ein realistisches Entsorgungskonzept

geht. Dazu werden sie im Abklingbecken noch unter Wasser in den CASTOR gefüllt. Anschließend wird das Wasser aus ihm herausgepumpt und der Deckel gasdicht verschlossen. Schließlich wird die Außenwand des CASTORs gründlich gereinigt, um dort anhaftende radioaktive Substanzen aus dem Abklingbecken zu entfernen. Die konzentrierten Spaltprodukte und Transurane aus der Wiederaufarbeitungsanlage müssen ganz ähnlich behandelt werden.

Alle hoch radioaktiven Abfälle müssen etwa 40 bis 50 Jahre in Zwischenlagern gekühlt werden, bevor man sie in ein Endlager bringen kann. In Abb. 6.17 ist das oberirdische deutsche *Zwischenlager in Gorleben* zu sehen. Dort ist Platz für etwa 450 CASTORen [Rü 97]. Jeder fasst die Abfälle von etwa einer Betriebswoche aller derzeit aktiven deutschen Kernkraftwerke. Mit 50 Behältern pro Jahr wäre das Lager in neun Jahren voll. Das bedeutet, man braucht bis zur Endlagerung nach 50 Jahren mindestens noch vier weitere Zwischenlager ähnlicher Größe. Während dieser Lagerzeit nehmen Aktivität und Wärmeproduktion eines Brennelements auf etwa ein Sechstel ab, das heißt auf etwa $2{,}4 \cdot 10^{15}$ Becquerel und auf etwa 200 Watt (s. Abb. 6.2 u. Abb. 6.6). Erst diese

Abb. 6.17 Blick ins Zwischenlager Gorleben. Transport eines CASTOR-Behälters (Foto: Gesellschaft für Nuklearbehälter, Essen).

Werte erlauben es, die CASTORen auf Dauer in tiefen Gesteinsschichten endzulagern ohne ständig kontrollieren zu müssen, ob sie auch dicht halten.

Die Temperatur an ihrer Oberfläche darf dann nämlich auch bei schlechter Wärmeableitung nicht über einhundert Grad Celsius ansteigen. Andernfalls würden sich in Wassereinschlüssen des umgebenden Gesteins Dampfblasen entwickeln, die es porös machen und damit durchlässig für im Wasser lösliche Substanzen. Besteht das Endlagergestein aus Salz, so bewirkt bereits ein kleines Temperaturgefälle, dass im Salz eingeschlossene Wassertröpfchen in Richtung höherer Temperatur wandern, also zum Behälter hin [Co 77]. Bei höherer Temperatur löst sich nämlich mehr Salz in Wasser als bei niedriger, und demzufolge wird Wasser in Richtung zur höheren Temperatur hin wandern.

Ein Zwischenlager dient vor allem der weiteren Reduzierung der Aktivität und damit der Wärmeproduktion der Abfälle. Man könnte daher auf die Idee kommen, sie gleich im Abklingbecken zu lassen, bis Aktivität und Temperatur so weit gesunken sind, dass die Abfälle ins Endlager können. Dann hätte man sich das teure Zwischenlager und die riskanten Transporte gespart. Das wäre aber aus mehreren Gründen sehr bedenklich. Erstens müssen die CASTORen im Zwischenlager auf Gasdichtigkeit geprüft werden. Das kann nicht unter Wasser im Abklingbecken geschehen. Würde man ferner die Abfälle 50 Jahre lang bei jedem Kernkraftwerk lagern, so würde sich dort überall ein ganz erhebliches Gefahrenpotential ansammeln, nämlich etwa 2500 Brennelemente mit einer Aktivität von einigen 10^{18} Becquerel. Das Risiko für Unfälle, Naturkatastrophen oder terroristische Aktivitäten ist wesentlich größer, wenn man 20 solche Lager unterhält – bei jedem Kernkraftwerk eins –, als wenn man nur ein Zentral- oder ganz wenige Zwischenlager betreiben muss. Auch die technischen Einrichtungen zur Kontrolle und Überwachung der CASTORen müssten dann nur wenige Male vorhanden sein. Leider aber hat man sich in Deutschland zu einer risikoreichen und aufwändigen Lösung mit 15 Zwischenlagern entschieden (s. Kap. 6.4.1) [Ke 09].

6.3.7 Endlager für hoch aktive Abfälle

Ist die Wärmeleistung eines Abfallbehälters mit 19 Brennelementen nach 50 Jahren Zwischenlagerzeit genügend klein geworden, höchstens vier Kilowatt, so kann er im Endlager „vergraben" werden. Das soll in genügender Tiefe und in einer genügend sicheren geologischen Schicht geschehen. Zurzeit gibt es weltweit etwa zwei Dutzend Orte für geplante Endlager [Sto 04]. Da es auf der ganzen Welt aber erst ein einziges in Betrieb befindliches Endlager gibt, nämlich in den USA (s. Kap. 6.4.3), müssen wir uns von hier an im Futur ausdrücken. Was heißt in diesem Zusammenhang „genügend tief" und „genügend sicher"? Aus folgenden Gründen wird eine Endlagertiefe von mindestens einigen hundert Metern angestrebt: Es soll praktisch keine Strahlung bis zur Oberfläche durchdringen. Werden die Behälter undicht, oder dringt Wasser in sie ein, so soll dieses erst nach möglichst langer Zeit ins Grundwasser oder in die Nähe der Oberfläche gelangen. Die Abfälle sollen für Unbefugte schwer zugänglich sein. Sie sollen auch nicht versehentlich ausgegraben werden können, wenn etwa nach vielen 1000 Jahren die Information über den Lagerplatz verloren gegangen sein sollte. Schließlich dürfen die Abfälle nicht durch katastrophale technische Ereignisse berührt werden, wie Flugzeugabstürze, Explosionen an der Oberfläche oder Kriegshandlungen.

Die *geologische Sicherheit* umfasst folgende Gesichtspunkte: Vor allem soll das Endlager an einem erdbebensicheren und vulkanisch unbedenklichen Ort eingerichtet werden. Weiter soll das umgebende Gestein von möglichst wenig Wasser durchströmt sein, damit keine Verbindung zum Grundwasser besteht. Ferner soll das Gestein möglichst ungestört ortsfest bleiben, also nicht von Klüften oder Spalten durchzogen sein oder in der Nähe von solchen liegen. Es hat sich herausgestellt, dass alle diese Bedingungen am besten von Salzlagerstätten, Granit oder Tuff-Formationen erfüllt werden. Am besten geeignet erscheint nach heutiger Sicht in Deutschland eine Lagerung in Steinsalz (Natriumchlorid). Bei hohem Gebirgsdruck verhält es sich plastisch, so dass sich Spalten, die durch Verlagerungen entstehen, von selbst wieder schließen. Der Schermodul* von Steinsalz ist nämlich nur halb so groß wie der von Granit. Außerdem hat Steinsalz eine rund zehnmal höhere Wärmeleitfähigkeit als Granit, so dass die lokale Temperaturerhöhung durch Strahlung und Wärmeproduktion der Abfälle entsprechend geringer ausfällt.

Bei der Beurteilung der *Sicherheit eines Endlagers* ist zu bedenken, dass sowohl die Stahlbehälter als auch die darin befindlichen Glaskokillen bei Zutritt von Wasser innerhalb von tausend bis zehntausend Jahren vollständig aufgelöst werden können [Ho 98]. Die radioaktiven Substanzen können dann durch Wasserströmungen weitertransportiert werden oder diffundieren im Gestein mit Geschwindigkeiten von einigen Millimetern bis zu hundert Metern pro Jahr [Rö 91]. Nur wenn sie dabei wieder in schwer lösliche Verbindungen umgewandelt werden, kann dieser Transport verlangsamt werden. Die Abb. 6.18 zeigt eine Skizze des einst im Yucca-Gebirge in Nevada (USA) geplanten Endlagers und der dort vorhandenen unterirdischen Wasserströme. Das Lager selbst sollte in Tuffgestein liegen, das relativ wasserarm ist. Zudem beträgt die Regenhöhe dort nur

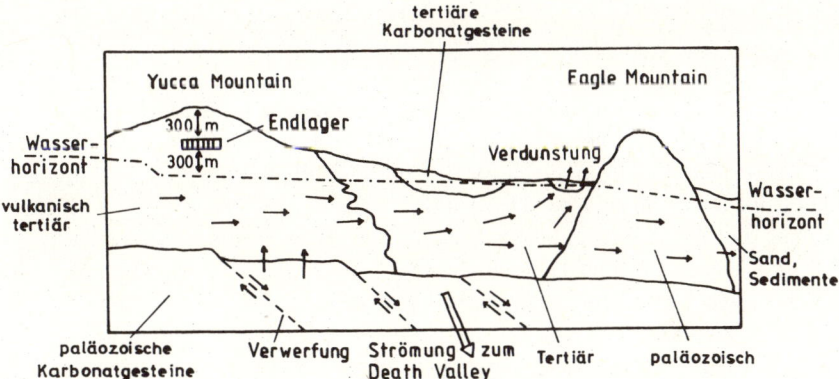

Abb. 6.18 Hydrogeografische Verhältnisse beim geplanten Endlager im Yucca-Gebirge (Pfeile: Grundwasserströmungen, – – – – : Verwerfungen). Der Wasserhorizont liegt etwa 300 Meter unter dem geplanten Endlager (nach [Ka 97]).

---

* Der Schermodul ist ein Maß für die Verformbarkeit fester Stoffe bei Scher-Beanspruchung, d. h. bei Beanspruchung durch eine tangential angreifende Kraft.

150 Millimeter pro Jahr. Gelangen Abfälle jedoch in strömendes Wasser, so können sie auf vielerlei Wegen schnell die Oberfläche erreichen. Die Transurane sind, ebenso wie die langlebigen Spaltprodukte Iod-129 und Technetium-99, unter oxidierenden Verhältnissen in Wasser löslich [Nu 96], Iod auch unter reduzierenden Bedingungen.

In Abb. 6.19 ist das Prinzip eines *Endlagers in einem Salzstock* skizziert. Die Behälter mit hoch aktivem Abfall sollen dort einzeln mit einem gegenseitigen Abstand von etwa zehn Metern im Salz deponiert werden. Alle Zwischenräume werden wieder dicht mit Salz gefüllt. Die Abstände zwischen den Behältern sollen das Salz vor zu starker Erwärmung schützen. Handelt es sich um niedrig aktive Abfälle, so kann man sie auch dichter zusammen lagern. Es ist klar, dass sich die geologischen Verhältnisse und Veränderungen nicht für Millionen von Jahren voraussehen lassen. Aber mindestens für die nächsten zehntausend Jahre sollten sie einigermaßen überschaubar sein. Nach dieser Zeit ist die Spaltproduktaktivität weitgehend abgeklungen. Die Planung eines Endlagers erfordert also umfangreiche und zeitraubende geologische Untersuchungen. Das ist einer der Gründe – aber bei weitem nicht der entscheidende – warum es erst ein einziges Endlager gibt. Für die heute weltweit betriebenen Kernkraftwerke wären zurzeit schon etwa zehn Endlager für hoch radioaktiven Abfall notwendig. Im Kap. 6.4 besprechen wir, woran die Errichtung solcher Lager mit wenigen Ausnahmen bisher gescheitert ist.

Ein besonders brisantes Problem ist die *Endlagerung der Transurane*, vor allem des Plutoniums (s. Kap. 3.4). Aus ihm lassen sich besonders leicht Atombomben herstellen. In jedem drei Jahre lang genutzten Brennelement befinden sich etwa vier Kilogramm Plutonium, was knapp für eine Bombe ausreicht [Pi 01] (s. Abb. 6.4). Allerdings ist dieses Plutonium in 500 Kilogramm Urandioxid fein verteilt und gleichmäßig mit den hoch aktiven Spaltprodukten vermischt. Um es von diesen zu trennen, bedarf es kostspieliger und aufwändiger chemischer Verfahren. Außerdem darf man den verbrauchten Brennelementen nicht zu nahe kommen, wenn man am Leben bleiben will; das hatten wir schon weiter oben gesehen. Aus diesen Gründen ist das in den Brennelementen befindliche Plutonium zurzeit noch gut gegen unbefugten Zugriff gesichert. Ganz anders ist das mit dem bei der Wiederaufarbeitung abgetrennten und jetzt in reiner Form vorhandenen Plutonium. Zurzeit liegen davon weltweit mehr als 500 Tonnen auf Halde; in Deutschland etwa 30 Tonnen [Pi 01]. Diese Plutoniumvorräte reichen für die Herstellung von rund 86 000 Atombomben vom Nagasaki-Typ aus. Das Plutonium wird zwar streng bewacht – aber keine Bewachung ist perfekt. Auf den Transportwegen zur und von der Wiederaufarbeitung gibt es mancherlei Möglichkeiten für einen „Schwund". So vermisste man in den USA zwischen 1944 und 1994 mindestens 2,8 Tonnen, ausreichend für etwa 500 Atombomben, allein aus dem militärischen Bereich – trotz strengster Sicherheitsmaßnahmen [Pi 01]. Man überlegt daher jetzt, das bei der Wiederaufarbeitung abgetrennte Plutonium mit Spaltprodukten zu vermischen und in verglaster oder keramisch gesinterter Form endzulagern. Das würde pro Tonne Plutonium etwa 80 Millionen Dollar kosten. Diese Schizophrenie höchsten Grades, erst abtrennen und dann wieder vermischen, ist eine Folge der unklaren wirtschaftlichen und politischen Situation: Erst wollte man das Plutonium zur Waffenherstellung und als Reaktorbrennstoff verwenden. Jetzt sieht man, dass man so viele Kernwaffen gar nicht braucht, und dass Plutonium als Brennstoff in MOX-Brennelementen zu teuer ist (MOX: *M*ischox*i*d aus Urandioxid und vier Prozent Plutoniumdioxid).

6.3 Ein realistisches Entsorgungskonzept

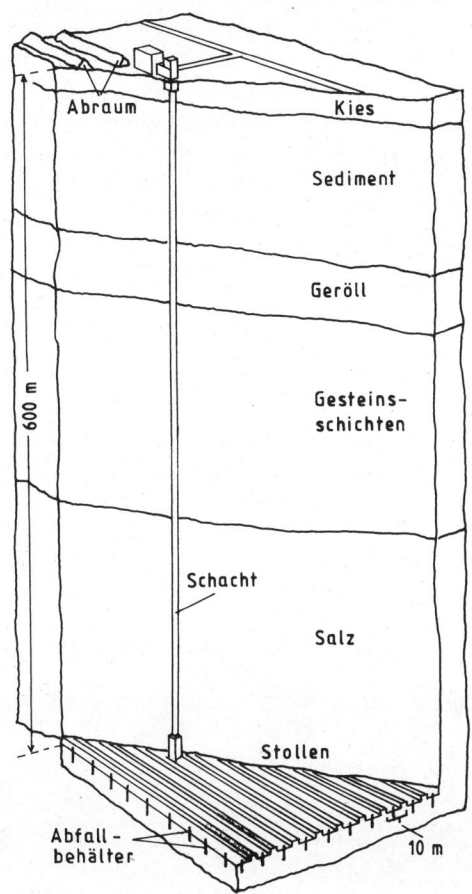

Abb. 6.19 Bauplan eines Endlagers im Steinsalz (nach [Co 77]).

Die relative Sicherheit des in den verbrauchten Brennelementen belassenen Plutoniums gegenüber unbefugter Verwendung nimmt allerdings im Lauf der Zeit auch erheblich ab. Nach etwa tausend Jahren ist nämlich die Aktivität der Spaltprodukte auf weniger als ein Tausendstel des Anfangswerts gesunken. Die Strahlung rührt dann überwiegend von Plutonium und anderen Transuranen her. Man kann ein solches Brennelement dann auch schon einmal kurz anfassen. Nun lässt sich das Plutonium auch einfacher chemisch abtrennen, weil man es nicht mehr mit so stark strahlendem Material zu tun hat, das man nur fernbedient handhaben kann.

6.3.8 Endlager für niedrig aktive Abfälle

Wesentlich weniger problematisch, aber keineswegs ein Kinderspiel, ist die Entsorgung niedrig radioaktiver Abfälle, wie sie beim Uranbergbau anfallen, bei der Brennelementeherstellung, beim Reaktorbetrieb, bei der Wiederaufarbeitung, beim Abbau ausgedienter Kernkraftwerke usw. Diese Abfälle haben im Allgemeinen eine hundert- bis tausendmal kleinere spezifische Aktivität als hoch aktive Abfälle, nämlich weniger als etwa 10^{13} Becquerel pro Kubikmeter. Dafür sind die anfallenden Mengen entsprechend größer, in Deutschland bis zu 20 000 Tonnen bzw. 7000 Kubikmeter pro Jahr [Bu 02]. Auch diese Abfälle müssen in wasserunlöslicher Form, strahlensicher und unzugänglich, das heißt tief unter der Erde gelagert werden, und zwar mindestens für einige hundert bis tausend Jahre, je nach Zusammensetzung. Allerdings entwickeln die niedrig aktiven Abfälle etwa tausendmal weniger Wärme als die hoch aktiven. Sie können daher nicht von selbst schmelzen oder verdampfen, auch wenn sie thermisch isoliert sind. Das vereinfacht ihre Handhabung erheblich. Die lange und aufwändige Kühlzeit (50 Jahre) entfällt. Auch enthalten diese Abfälle im Allgemeinen kein Plutonium, aus dem Kernwaffen gebaut werden könnten. Die niedrig aktiven Abfälle werden daher entweder in Stahlfässer gefüllt oder in Beton eingegossen und dann in einem Endlager „vergraben" (Abb. 6.20).

Abb. 6.20 Blick in einen Lagerraum für niedrig aktive Abfälle im Salzbergwerk Asse II (aus [Vo 93] mit freundlicher Genehmigung der Verlags- und Wirtschaftsgesellschaft der Elektrizitätswerke mbH – VWEW, Frankfurt/Main).

6.3.9 Endlagerung im Tiefseesediment

Seit einigen Jahren gibt es einen neuen diskussionswürdigen Vorschlag für die Endlagerung radioaktiver Abfälle: Im Sediment der Ozeane, einige hundert Meter tief unter dem Meeresboden. Dieses Verfahren hätte gegenüber einem Endlager im Festland den Vorteil, dass sehr große Flächen zur Verfügung stehen, viele Millionen Quadratkilometer, und dass sie weit von bewohnten Gegenden entfernt sind. Die dort lagernden, mehrere hundert Meter dicken Tonsedimente haben so gut wie keinen Massenaustausch mit dem Meerwasser [Ho 98]. Es gibt jedoch auch Nachteile und Risiken: Die Rechtslage für ein solches Vorhaben in internationalen Gewässern ist völlig ungeklärt. Man müsste bindende multinationale Übereinkommen schließen. Vulkanische Gebiete müssen vermieden werden, aber wo sich sichere Zonen befinden, weiß man noch nicht genau. Das Risiko bei einem Schiffsunglück auf dem Transportweg ist größer und schwerer beherrschbar als beim Transport über Land. Sollte man die Abfälle später einmal zurückholen wollen – sei es um sie zu nutzen oder woanders zu lagern – so ist das viel aufwändiger als bei einem Endlager im Festland. Solange man die Abfälle aber nicht sicher und billig auf die Sonne schießen kann, und solange kein technisches Wunder geschieht, das es ermöglicht, radioaktive Isotope ohne großen Aufwand in stabile umzuwandeln, solange ist die Endlagerung im Tiefseesediment eine ernst zu nehmende Alternative. Sie sollte unbedingt weiter erforscht und entwickelt werden; es sei denn, man entschließt sich, in absehbarer Zeit auf die Kernenergie zu verzichten.

6.3.10 Ein optimales Entsorgungskonzept

Unsere Betrachtungen zum Thema Entsorgung lassen sich wie folgt zusammenfassen: Das hier beschriebene Entsorgungskonzept ist technisch durchführbar und auch bezahlbar. Aber infolge der Unfähigkeit der Politiker, das technisch Machbare auch durchzusetzen, ist es bis heute nur bruchstückhaft verwirklicht. Darüber hinaus zwingt die wachsende Terrorismusgefahr zum Umdenken und zu einer Abänderung des in Abb. 6.10 dargestellten Konzepts. Außer den Kraftwerksreaktoren können nämlich die Abklingbecken, die Zwischenlager, die Wiederaufarbeitungsanlagen und die Transportwege zu bevorzugten Zielen von Terroristen werden. Wenn man bedenkt, dass in La Hague mehr als zehntausend Tonnen hoch radioaktiver Abfälle liegen sollen [Ru 01], was dem 20 000-fachen der 1986 in Tschernobyl freigewordenen Menge entspricht, so kann man sich die Folgen eines Anschlags auf eine solche Anlage leicht ausmalen. Im deutschen Zwischenlager Gorleben befanden sich Ende 2009 etwa 30 Tonnen Spaltprodukte in 100 CASTORen mit je 19 verbrauchten Brennelementen bzw. die entsprechende Menge konzentrierter Abfälle aus der Wiederaufarbeitung. Die Abklingbecken bei den Kernkraftwerken enthalten jeweils etwa einige Tonnen Spaltprodukte. In Tschernobyl wurde „nur" etwa eine halbe Tonne freigesetzt.

Es wäre daher sinnvoll, verbrauchte Brennelemente, so wie sie sind, sofort nach der Entnahme aus dem Reaktor in ein *unterirdisches Abklingbecken* zu bringen. Dieses muss in genügender Tiefe liegen um gegen Terrorangriffe gesichert werden zu können. Nach zehn Jahren Abkühlzeit sollten die Brennelemente dann in CASTORen auf dem kürzesten Wege in ein *unterirdisches Zwischenlager* transportiert werden. Auch dieses muss in genügender Tiefe liegen, möglichst dicht beim Endlager, so dass kein weiterer oberirdischer Transport mehr nötig ist. Der Bau unterirdischer Abklingbecken und Zwischenlager wird allerdings die Entsorgungskosten in die Höhe treiben. Andererseits fallen so die Kosten für die Wiederaufarbeitung und den Transport dorthin und zurück weg. Ob der Strom aus Kernenergie dann noch konkurrenzfähig bleibt, das muss die Zukunft zeigen. Sein großer Vorteil gegenüber der Gewinnung aus fossilen Brennstoffen, nämlich die Vermeidung der Kohlendioxidproduktion, macht ihn trotz allem noch attraktiv. Wollte man terroristische Risiken konsequent so klein wie möglich halten, so müssten allerdings auch die Kernkraftwerke selbst tief unter die Erdoberfläche verlegt werden. Das würde dann wohl die Baukosten vervielfachen und damit wäre die Kernenergie wirtschaftlich untragbar.

6.4 Derzeitiger Stand der Entsorgung

Das bereits vorgestellte Entsorgungskonzept für radioaktive Abfälle ist im Prinzip realisierbar (s. Kap. 6.3). Das gilt wenigstens für eine gewisse Zeit, solange bis regenerative und weniger problematische Energiequellen zur Verfügung stehen als die Kernspaltung. Ob das Entsorgungskonzept solange tragfähig ist, wie die heute geschätzten Kernbrennstoffvorräte, Uran und Thorium, reichen – nämlich etwa hundert bis tausend Jahre – das ist eine andere Frage [He 97]. Ihre Antwort hängt davon ab, ob man genügend viele und genügend sichere Endlagerstätten für hoch aktive Abfälle finden und unterhalten kann. Bekanntlich scheitert das Entsorgungskonzept bisher aber nicht an dieser offenen Frage, sondern am Widerstand der Bevölkerung und am fehlenden Geld, und zwar in fast allen Ländern, in denen die Kernenergie genutzt wird. Wir wollen jetzt nacheinander die Situation in Deutschland, in Westeuropa, in den USA und in der Gemeinschaft Unabhängiger Staaten besprechen.

6.4.1 Deutschland

Zunächst zu unserem eigenen Land. Wie sieht es hier mit dem in Abb. 6.10 vorgestellten Entsorgungskonzept aus? Im Jahr 2009 waren bei uns 17 Kernkraftwerke in Betrieb mit einer Bruttoleistung von 20 Millionen Kilowatt[*] und einer Nettostromerzeugung von 135 Milliarden Kilowattstunden [Bu 02]. Dabei entstehen jährlich 20 Tonnen Spaltprodukte in etwa 4000 Brennelementen, etwa 5 Kilogramm pro Brennelement. Von diesen werden jedes Jahr etwa ein Drittel (1300) ausgetauscht. Die verbrauchten Brennelemente werden zurzeit fünf bis zehn Jahre in den Abklingbecken der Kernkraftwerke gelagert. Danach kommen sie in die bei den Kernkraftwerken errichteten 13 Zwischenlager oder in eines der beiden zentralen Lager bei Ahaus und Gorleben [Ke 09]. Schwächer radioaktive Abfälle kommen zum großen Teil in die hierfür vorgesehenen Endlager (s. Kap. 6.3.8). Dazu gehören die Rückstände aus Uranverarbeitungsanlagen, Reaktor- und Betriebsmaterial sowie Bestandteile demontierter Kernkraftwerke. Niedrigaktive Abfälle wurden bisher vor allem in den norddeutschen Lagern Morsleben, Asse II, Konrad und Gorleben gesammelt. Morsleben ist seit 1998 wegen Einsturzgefahr geschlossen (geschätzte Sanierungskosten 2 Mrd. Euro); Asse II droht überschwemmt zu werden und ebenfalls einzustürzen (Sanierungskosten noch nicht absehbar); Konrad wird zurzeit für 2,5 Milliarden Euro ausgebaut und soll 2014 in Betrieb gehen [Wi 08]. Für hochaktive Abfälle ist bisher kein Endlager in Sicht, nachdem die Erkundung des Salzstocks Gorleben von 2001 bis

---

[*] Die neun derzeit in Betrieb befindlichen Forschungsreaktoren mit zusammen 38 000 Kilowatt fallen dabei nicht ins Gewicht [Bu 02].

6.4 Derzeitiger Stand der Entsorgung

2010 ohne Ergebnis unterbrochen wurde [Ba 08, Bu 02]. Die Entsorgungssituation in Deutschland gleicht zurzeit einem Wohnhaus ohne Toiletten! In den Abklingbecken und in den Zwischenlagern sammeln sich jetzt immer größere Mengen radioaktiver Abfälle an. Das ist eine gefährliche Situation. Genaue Zahlen dazu, wieviele Abfälle zurzeit wo lagern, sind aus naheliegenden Gründen nicht zu erfahren. Terroristen, die solche Anlagen als Ziele wählen, würden aber sicher auch ohne diese Angaben herausfinden, wo sich ein Angriff „lohnt".

Zwei verschiedene Ursachen sind dafür verantwortlich, dass die Beseitigung des Atommülls in Deutschland und auch in den meisten anderen Ländern nicht voran kommt, ein *finanzieller* und ein *emotionaler* Grund. Fangen wir mit dem finanziellen an: Die Errichtung eines Endlagers kostet sehr viel Geld, mindestens soviel wie diejenige eines großen 1,3-Gigawatt-Kernkraftwerks [Bo 01, He 97, Po 99, Rö 91]. Die jährlichen Betriebskosten werden auf 50 Millionen Euro geschätzt, etwa 50 000 Euro pro einzulagerndes Brennelement. Für die Erkundung des Salzstocks in Gorleben (Abb. 6.21) wurden bisher rund 1,5 Milliarden Euro ausgegeben. Das Zwischenlager in Gorleben (s. Abb. 6.17) war dagegen noch relativ billig: Baukosten etwa 115 Millionen Euro, Betrieb etwa 17,5 Millionen Euro jährlich. Das sind zwar absolut betrachtet große Summen. Man muss sie jedoch in Relation zu den Erträgen der Kernenergiegewinnung sehen: Die Erzeugungskosten für eine Kilowattstunde elektrischer Energie durch Kernspaltung werden in Deutschland zurzeit mit 3 Cent angegeben. Dabei sollen Bau- und Betriebskosten berücksichtigt sein. Entsorgungs- und Stilllegungskosten sind jedoch nicht darin enthalten. Realistischer dürfte daher ein Erzeugerpreis von 6 bis 7 Cent pro Kilowattstunde sein [Gil 06, Mc 97]. Leider ist nicht zu erfahren, für welchen Preis die Kilowattstunde an die Stromverteilungsunternehmen weiterverkauft wird. Man kann jedoch annehmen, dass dieser Preis zwischen sechs und neun Cent liegt [Da 03], denn diese Unternehmen müssen auch noch etwas verdienen. Bei einer jährlichen Erzeugung von 135 Milliarden Kilowattstunden ergibt sich damit ein Gewinn von ca. zehn Milliarden Euro. Im Durchschnitt liefert also jedes unserer 17 Kernkraftwerke einen Jahresertrag von 300 bis 600 Millionen Euro. Die oben genannten Kosten für den Bau bzw. Betrieb eines Endlagers sind demge-

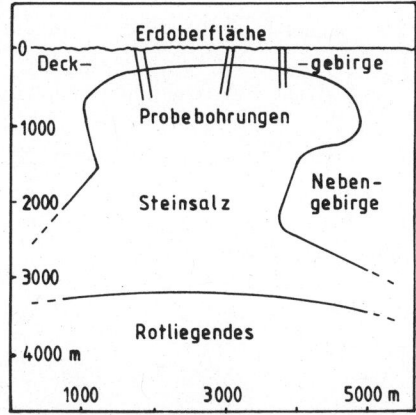

Abb. 6.21 Schnitt durch den Salzstock bei Gorleben (nach [Rö 91]).

genüber relativ bescheiden. Ein einziger Jahresgewinn der deutschen Kernkraftwerke reicht für den Bau und für zehn Jahre Betrieb des Endlagers aus. Man fragt sich, warum dieses Geld nicht endlich aufgebracht werden kann. Die deutschen Stromkonzerne sind nämlich gesetzlich verpflichtet, einen Teil ihrer Gewinne für den Bau und Betrieb der Zwischen- und Endlager zurückzulegen. Nach Presseberichten sollen so schon mindestens 50 Milliarden Euro Rücklagen gebildet worden sein [Bol 02, Fi 97]. Nur wurden diese den Berichten zufolge nicht „auf die hohe Kante" gelegt, sondern sie sollen in Unternehmensbeteiligungen in anderen Wirtschaftszweigen investiert worden sein. Dort sind sie offenbar für längere Zeit gebunden und nicht mehr frei verfügbar. Der Grund dafür ist leicht einzusehen: Die Rückstellungen der Kernkraftwerksbetreiber sind angeblich steuerfrei und bringen daher bei Re-Investition hohe Gewinne. Das Geld für den Bau und den Betrieb eines Endlagers wäre also da. Es bedürfte nur einer Anordnung der Regierung, um es verfügbar zu machen.

Nicht vollständig gelöst ist bisher auch die Frage des Abbaus stillgelegter Kernkraftwerke [Wa 03]. Weil in Deutschland hierzu noch wenig Erfahrungen vorliegen, betrachten wir ein Beispiel aus den USA. Nach einem Abbau soll die verbleibende zusätzliche Strahlenbelastung der Bevölkerung gemäß der Verordnung der US-Staates Maine nicht mehr als 0,1 Millisievert pro Jahr betragen. Davon darf nur die Hälfte aus dem Grundwasser stammen. Das entspricht etwa einem Viertel der normalen terrestrischen Strahlenbelastung (s. Abb. 5.10). Die Kosten und den Arbeitsaufwand für einen Abbau hat man bisher weit unterschätzt. Beim Kraftwerk Maine Yankee in den USA fielen etwa 70 000 Tonnen bzw. 28 000 Kubikmeter radioaktiver Stoffe an. Diese sind zum größten Teil niedrig aktiv (weniger als 10^{13} Becquerel pro Kubikmeter). Der Abbau und die Endlagerung kosteten bisher 635 Millionen Dollar. Die Endlagerung der hoch aktiven Teile, wie verbrauchte Brennelemente oder Reaktorbehälter, sind darin noch nicht enthalten. In Deutschland werden die Kosten für den Abbruch des Kernkraftwerks Stade auf eine Milliarde Euro geschätzt [Ri 03]. Diese Summe stellt sicher nur eine untere Grenze dar. Daneben gibt es noch 14 weitere bereits stillgelegte Kernkraftwerke, die auf den Abbruch warten, darunter Greifswald, Hamm, Jülich, Kahl, Karlsruhe, Lingen, Mühlheim, Obrigheim, Rheinsberg, Stade und Würgassen sowie viele kleinere stillgelegte Forschungsreaktoren [Bu 02, Ke 09].

Nun kommen wir zu den emotionalen Ursachen der Misere, den *Bedürfnissen der Bevölkerung*. So unbegründet, wie sie manchmal dargestellt werden, sind sie allerdings nicht, denn sie drücken die Sorgen wegen der für viele Bürger undurchschaubaren Gefahren des Atommülls aus:

- die Angst vor einer möglichen Kernexplosion (einer „friedlichen Atombombe") in einem Reaktor oder in einem Abfalllager;
- die Angst vor einem Transportunfall (Zug- oder LKW-Unglück, Brand oder Unachtsamkeit), wobei radioaktive Substanzen frei werden können;
- die Angst vor radioaktiven Emissionen aus einem Abklingbecken, einem Zwischen- oder Endlager infolge eines Unfalls (menschliches Versagen, Flugzeugabsturz oder Erdbeben) oder infolge von Terroranschlägen;
- die Angst vor radioaktiven Substanzen, die aus einem Abfalllager infolge geologischer Veränderungen ins Grundwasser gelangen könnten, insbesondere dann, wenn die Behälter korrodiert sind;

6.4 Derzeitiger Stand der Entsorgung

- die Angst vor einem Diebstahl radioaktiver Stoffe oder von spaltbarem Material, vor allem Plutonium, aus Transportbehältern, Zwischen- oder Endlagern, und die Verwendung dieser Stoffe durch Terroristen;
- schließlich die Angst vor einem gezielten Angriff auf die Lagereinrichtungen im Kriegsfall oder bei Terroranschlägen, wobei die gleichen Strahlenwirkungen erzielt werden wie bei einer Atombombenexplosion, aber mit sehr viel einfacheren Mitteln und viel geringerem Aufwand. Es genügt zum Beispiel, einen CASTOR zu sprengen oder ein Abklingbecken zu beschießen.

Alle diese Befürchtungen betreffen natürlich auch die Kernkraftwerke selbst; aber bei diesen sind die Sicherheitsmaßnahmen gründlicher und einfacher zu bewerkstelligen als bei der Abfallbeseitigung. Werden in einem Kernkraftwerk nicht alle potentiell gefährlichen Maßnahmen durch Doppelkontrollen abgesichert, so ist das einem Flugzeug ohne Copilot vergleichbar. Wir wollen uns hier aber auf die Abfallbeseitigung konzentrieren. Auch wollen wir nur von den echten Besorgnissen der Bevölkerung in den betroffenen Gebieten sprechen, nicht vom Widerstand der Kernkraftgegner, die diese Energieform aus innerer Überzeugung oder aus politischen Gründen ablehnen.

Will man das Abfallproblem dauerhaft lösen, so müssen die Sorgen der Bevölkerung ernst genommen werden, wie es in vorbildlicher Weise in den letzten Jahren in Finnland geschehen ist. Es muss sehr viel Aufklärungsarbeit geleistet werden, und die Ängste müssen, so weit es geht, abgebaut werden. Die möglichen Gefahren müssen für den Laien durchschaubar dargestellt werden. Das verbleibende Risiko muss objektiv geschildert und darf nicht verharmlost werden. Andererseits darf auch nichts übertrieben werden. Man kann ja heute noch nicht beurteilen, ob die Kernspaltung zur Energiegewinnung langfristig wirtschaftlich ist, und ob die damit verbundenen Risiken auf die Dauer akzeptiert werden. Daher müssen der Bevölkerung auch die bekannten Alternativen zu dieser Energiegewinnung mit ihren Vor- und Nachteilen verständlich gemacht werden (s. Kap. 8). Wir wollen jetzt versuchen, die sechs genannten *Befürchtungen* der Reihe nach zu *widerlegen* oder *einzugrenzen*:

- Die Angst vor einer möglichen *Kernexplosion* ist weitgehend unbegründet. Eine solche Explosion setzt voraus, dass mindestens die kritische Masse einer reinen spaltbaren Substanz auf engstem Raum zusammenkommt (s. Kap. 2.2). Am kleinsten ist die kritische Masse für Plutonium: ohne Neutronenreflektor etwa 13 Kilogramm, mit Reflektor nur 5,8 Kilogramm [Pi 01]. Eine solche Menge von Plutonium ist normalerweise in 3 bzw. 1,5 verbrauchten Brennelementen enthalten (Abb. 6.4), aber sehr fein verteilt in 1,5 bzw. 0,75 Tonnen Urandioxid und Spaltprodukten. Höchstens bei der Verarbeitung in einer Wiederaufarbeitungsanlage könnte dieses Plutonium in reinster Form zusammenkommen. Ein hierauf beruhender Unfall hat sich im Jahr 1999 in der japanischen Anlage in Tokai-Mura ereignet [Ja 99]. Die dabei frei gewordene Explosionsenergie war allerdings sehr gering, weil die spaltbare Substanz sofort nach Beginn der Kettenreaktion verdampfte und auseinander flog. Außerhalb der Wiederaufarbeitungsanlagen, der MOX-Brennelementeherstellung (Uran-Plutonium-*M*isch*ox*id) oder einer militärischen Anlage zur Kernwaffenproduktion kommt Plutonium nur so verdünnt und mit anderen Substanzen vermischt vor, dass eine kritische Masse niemals auf genügend engem Raum zusammenkommen kann. Ähnlich verhält es sich mit dem spaltbaren Uran-235. Auch bei Unfällen, Kriegsereignissen oder Terroranschlägen

sowie in den Leistungsreaktoren der Kernkraftwerke ist die zufällige Anhäufung einer kritischen Masse praktisch undenkbar. Die Angst vor einer Kernexplosion im Rahmen der friedlichen Nutzung der Kernenergie ist also weitgehend unbegründet.
- Die Angst vor einem *Transportunfall* lässt sich dagegen nicht ganz aus der Welt schaffen. Zwar werden die CASTORen, wie bereits besprochen (s. Kap. 6.3.5), sehr gründlichen Crash- und Hitzetests unterworfen. Aber es besteht trotzdem die Möglichkeit, dass ein solcher Behälter durch unglückliche Umstände einmal undicht wird, und dass ein Teil seines Inhalts entweicht. Ist dabei große Hitze oder hoher Druck im Spiel, so passiert etwas ähnliches wie in Tschernobyl oder bei anderen früheren Unfällen (s. Kap. 7): Ein Teil der radioaktiven Substanzen kann schmelzen oder verdampfen und gelangt dann in die Luft, ins Wasser oder in den Boden. Da man solche Unfälle nie völlig ausschließen kann, sollte der Transport radioaktiver Abfälle auf möglichst kurze Strecken beschränkt werden. Sie sollten vom Kernkraftwerk so schnell wie möglich in ein sicheres, unterirdisches Zwischenlager und von dort direkt ins Endlager gebracht werden. Solange die aus der Wiederaufarbeitung gewonnenen Brennstoffe teurer sind als die ursprünglichen, und solange man nicht weiß, was man mit dem extrahierten Plutonium anfangen soll, ist es sinnlos die Abfälle zu trennen und dabei weite Transportwege in Kauf zu nehmen.
- Die Angst vor dem *Entweichen radioaktiver Stoffe* infolge eines Unfalls oder Terroranschlags in einem Zwischenlager oder Kernkraftwerk ist keinesfalls von der Hand zu weisen. Hier hilft nur extreme Sorgfalt bei der Handhabung und bei der Bewachung. Das erfordert viel und gut ausgebildetes Personal, das von den Kernkraftwerksbetreibern bezahlt werden muss. Die Bevölkerung muss überzeugt werden, dass in diesem Bereich nicht auf Kosten der Sicherheit gespart wird. Die Terroranschläge vom 11. September 2001 lassen dieses Problem in einem ganz neuen Licht erscheinen. Die Absicherung der Wiederaufarbeitungsanlage La Hague durch Boden-Luft-Raketen ist sicher nicht die einzige notwendige Maßnahme in diesem Zusammenhang. Nach einer vor kurzem bekannt gewordenen Studie der Deutschen Gesellschaft für Reaktorsicherheit ist keines der 19 deutschen Kernkraftwerke gegen einen Flugzeugabsturz so gesichert, dass eine radioaktive Katastrophe ausgeschlossen werden kann [Gr 03].
- Die Angst vor einer *Verstrahlung des Bodens* oder des Grundwassers durch Entweichen von Radioaktivität aus einem Zwischen- oder Endlager ist relativ unbegründet. Wie bereits besprochen (s. Kap. 6.1.3), ist die Radioaktivität der Spaltprodukte nach tausend Jahren auf einige Zehntausendstel ihres Anfangswerts abgeklungen (s. Abb. 6.5). Die noch verbleibende Strahlung stammt dann größtenteils von den Transuranen. Nach etwa tausend bis zehntausend Jahren sind aber auch die Schutzbehälter zum größten Teil korrodiert [Ho 98, Ro 95]. Dann beginnen die Abfallprodukte, im Boden zu wandern. Gibt es keinen Grundwasserzutritt, so diffundiert Plutonium-239 während einer Halbwertszeit (24 000 Jahre) etwa einen Meter weit [Ho 98]. Nach zehn Halbwertszeiten (240 000 Jahren) ist seine Aktivität auf ein Tausendstel des Anfangswerts abgefallen, und die Diffusionsstrecke beträgt rund zehn Meter. Ohne Kontakt zum Grundwasser passiert also nichts Schlimmes, das heißt, die Aktivität bleibt im Wesentlichen dort, wo man sie eingelagert hat. Es ist daher sehr wichtig, die Endlager dort einzurichten, wo mit größter Wahrscheinlichkeit in absehbarer Zeit kein Wasser hinkommt (Salz, Ton, Tuff, kompakter Granit). Solche Formationen gibt es in

6.4 Derzeitiger Stand der Entsorgung

genügender Zahl. Geologische Veränderungen lassen sich natürlich nie mit absoluter Sicherheit voraussagen. Man geht dann so vor, dass man die bekannte geologische Vorgeschichte in die Zukunft extrapoliert: Wenn in den letzten hunderttausend oder Millionen Jahren in der näheren Umgebung keine merklichen Gesteinsbewegungen stattgefunden haben, so kann man vermuten, dass auch in den nächsten hunderttausend Jahren nichts passieren wird [Ke 87]. Die letzten größeren geologischen Veränderungen fanden in Deutschland im Tertiär statt, vor etwa 60 Millionen Jahren. So hatten zum Beispiel die norddeutschen Salzlagerstätten in den vergangenen 100 bis 200 Millionen Jahren sicher keine Verbindung zu wasserführenden Schichten. Die Wahrscheinlichkeit dafür, dass ein sorgfältig ausgewähltes und gebautes Endlager während der nächsten zehntausend Jahre undicht wird, ist weitaus geringer als diejenige eines großen Unfalls durch Sabotage oder menschlichen Leichtsinn wie in Tschernobyl (s. Kap. 7.2) [Ke 96].

- Die Angst vor einem *Diebstahl* spaltbaren Materials auf Transportwegen oder aus Lagern kann, ebenso wie die vor Terroranschlägen, nicht beseitigt werden. Eine äußerst sorgfältige Bewachung der Anlagen muss unbedingt garantiert werden. Die Bevölkerung muss davon überzeugt werden, dass in dieser Beziehung das Bestmögliche getan wird, und dass nicht auf Kosten der Sicherheit gespart wird. Einem Diebstahl lässt sich auch dadurch vorbeugen, dass die kernwaffentauglichen Substanzen gründlich mit den stark strahlenden Spaltprodukten vermischt werden. Ein potentieller Dieb wird dadurch „todsicher" abgeschreckt, denn er erhielte seine Dosis LD-50 innerhalb weniger Minuten, wenn er sich an einem solchen Lagerbehälter zu schaffen machte (s. Kap. 6.1.3). Allerdings funktioniert diese Methode nur solange, bis die Spaltproduktaktivität abgeklungen ist, das heißt während der ersten tausend bis zehntausend Jahre. Danach bleiben als strahlende Substanzen im Wesentlichen nur noch Transurane übrig, und diese kann man schon, wie wir oben festgestellt hatten, mit guten Handschuhen vorsichtig anfassen. Man darf nur auf keinen Fall Plutoniumstaub einatmen. In letzter Zeit wurde häufiger über den Schmuggel von Plutonium und hoch angereichertem Uran aus den Beständen der früheren Sowjetunion berichtet. In den USA gab es 1994 einen Fehlbestand von 2,8 Tonnen militärischen Plutoniums [Gu 01b, Pi 01, Schi 01a, Sto 01a]. Die von der IAEA (*I*nternationale *Atom*energie*a*gentur) berichteten 370 Fälle von Schmuggel sollen nur fünf bis zehn Prozent der tatsächlichen Aktionen erfassen. Nach Meinung von Experten kann das Inventar spaltbaren Materials in Wiederaufarbeitungsanlagen und in Urananreicherungsanlagen derzeit nur auf etwa ein Prozent genau kontrolliert werden [Sw 88]. Werden täglich zwei verbrauchte Brennelemente verarbeitet, so sind darin acht Kilogramm Plutonium enthalten. Davon könnten also pro Tag 80 Gramm unbemerkt verschwinden. In hundert Tagen hätten die Diebe dann die acht Kilogramm für eine Atombombe zusammen. Hier ist also höchste Vorsicht geboten. Im April 2001 wurden beispielsweise 600 Gramm hochangereichertes Uran zum Preis von 1,5 Millionen Dollar auf dem Schwarzen Markt in Kolumbien entdeckt [Gu 01a]. Im November 2003 wurde der Diebstahl zweier Behälter von Strontium-90 Batterien aus Leuchttürmen auf der Kolahalbinsel berichtet [Sto 03b]. Sie enthielten je einige 10^{15} Becquerel Aktivität, was der gesamten Strontium-90-Aktivität entspricht, die bei der Reaktorkatastrophe von Tschernobyl frei geworden ist. Hunderte solcher Behälter sollen in der Gemein-

schaft Unabhängiger Staaten verschwunden sein [Sto 02]. In den USA wurden 134 ähnliche Behälter hergestellt, von denen bisher erst 47 wieder aufgespürt werden konnten [Sto 03b].
- Im Falle eines Krieges bestehen die Ängste der Bevölkerung vor den Folgen einer *Bombardierung oder Beschießung* von Kernenergieanlagen vollkommen zu Recht (s. Abb. 6.22). Jede nicht bombensichere Ansammlung konzentrierter Spaltprodukte oder Transurane ist im Kriegsfall ein bevorzugtes Ziel für den Angreifer. Das gilt für Reaktoren, Abklingbecken, Wiederaufarbeitungsanlagen sowie Zwischen- und Endlager, sofern diese Anlagen nicht genügend tief unter der Erde liegen. Durch Beschuss mit konventionellen Sprengkörpern kann man hier die gleichen strahlenbiologischen Schäden erzeugen, wie sie bei der Explosion einer Atom- oder Wasserstoffbombe auftreten. Erinnern wir uns daran, dass in acht Betriebsstunden eines 1-Gigawatt-Kernkraftwerks soviele Spaltprodukte erzeugt werden, wie bei der Explosion einer nominellen Atombombe (20 Kilotonnen TNT, Hiroshima-Typ) [Gl 60]. Ein drei Jahre lang genutztes Brennelement enthält rund 16 Kilogramm Spaltprodukte, entsprechend 16 derartigen Atombomben. Beim Tschernobyl-Unfall wurde das Spaltproduktäquivalent von etwa einer nominellen Atombombe freigesetzt [Ki 87]. Eine nominelle Wasserstoffbombe (20 000 Kilotonnen TNT) entspricht der Jahresproduktion eines 1-Gigawatt-Kernkraftwerks, nämlich etwa tausend Kilogramm Spaltprodukte.

Vor dem Hintergrund der hier aufgeführten Bedenken der Bevölkerung stellt sich die *Situation der Atommüllbeseitigung in Deutschland* heute folgendermaßen dar:
- Es gibt schon seit einigen Jahren ein Zwischenlager für hoch radioaktiven Abfall in Gorleben. Dieses fasst etwa 450 Behälter für je 19 verbrauchte Brennelemente oder Kokillen aus der Wiederaufarbeitung. Das Lager ist bisher erst zu etwa dreißig Prozent gefüllt. Weitere 13 oberirdische Zwischenlager bestehen seit einigen Jahren bei den meisten Kernkraftwerken [Bu 02, Da 08, dp 03, Ke 09, Ri 04]. Das Lager in Gundremmingen wird mit einer Kapazität von 192 CASTORen, von denen jeder 52 Brennelemente enthält, nach Gorleben das zweitgrößte in Deutschland sein.
- Die Mehrzahl der verbrauchten Brennelemente lagert heute noch in den Abklingbecken der Kernkraftwerke.
- Es gibt noch kein Endlager für hoch aktive Abfälle. Geplant war eines im Salzstock von Gorleben. Seine Realisierung ist bisher am Widerstand der Bevölkerung gescheitert und an der mangelnden Bereitschaft der Regierungen, dieses brisante Problem anzupacken. Die Finanzierung scheint kein ernsthaftes Hindernis zu sein. Der Widerstand der Bevölkerung kann nur durch langwierige und geduldige Aufklärungsarbeit behoben werden. Dem Vorteil einer weitgehend sicheren Endlagerung muss der Nachteil des jetzigen Zustands gegenüber gestellt werden: ungenügend gesicherte Lagerung an vielen verschiedenen Standorten.
- Im Kriegsfall bilden die leicht zerstörbaren kerntechnischen Anlagen und Zwischenlager einem Angreifer bequeme Ziele mit katastrophaler und kriegsentscheidender Wirkung.
- Die Angst vor Terroranschlägen auf Reaktoren, Abfalllager und andere kerntechnische Einrichtungen hat durch die Ereignisse vom 11. September 2001 weltweit stark zugenommen. In vielen Ländern werden daher Überlegungen angestellt, wie man diese Risiken vermindern kann. Die vollzogenen oder geplanten Maßnahmen reichen von

6.4 Derzeitiger Stand der Entsorgung

Abb. 6.22 Zusammenstoß eines Düsenjägers mit einer meterdicken Betonwand zur Simulation eines Flugzeugabsturzes auf einen Reaktor. Bei diesem Test war der Betonblock auf einem Luftpolster gelagert, um seine Beschleunigung zu messen. Der Versuch beweist daher *nicht* die Festigkeit eines Reaktorgebäudes (Foto: Sandia National Laboratory, Albuquerque, New Mexico).

der Stationierung von Boden-Luft-Raketen bei La Hague über verstärkte Kontrollen des Luftraums in der Umgebung solcher Anlagen bis zur Durchführung simulierter Überfälle auf Kernkraftwerke [Gu 01a, Gu 01b]. Genügend dicke Betonumhüllungen sollen einen gewissen Schutz vor Abstürzen kleinerer Flugzeuge bieten (Abb. 6.22). Gegen den gezielten Absturz eines großen Verkehrsflugzeuges oder eines mit einer Sprengladung beladenen Flugzeugs oder Hubschraubers gibt es aber wohl kein anderes Mittel, als alle gefährlichen Anlagen tief unter die Erde zu verlegen. Und das würde den Atomstrom wahrscheinlich unbezahlbar machen.

6.4.2 Westeuropa

Die Situation in vielen europäischen Ländern ist der deutschen sehr ähnlich. In Großbritannien erzeugen 9 Kernkraftwerke mit einer Leistung von 12 Gigawatt etwa 30 Prozent des Strombedarfs, in Frankreich 20 Kernkraftwerke mit 66 Gigawatt rund 80 Prozent [Er 06, He 97]. In den übrigen europäischen Ländern ist dieser Anteil meist geringer. Insgesamt gibt es in Europa (einschließlich Russland) 93 Kernkraftwerke mit 180 Gigawatt Leistung. Frankreich und Großbritannien verfügen je über eine leistungsfähige Wiederaufarbeitungsanlage in La Hague an der Atlantikküste bzw. in Sellafield (früher Windscale) an der Irischen See. Diese Anlagen können pro Tag bis zu zehn Tonnen verbrauchter Brennelemente verarbeiten und daraus Uran, Plutonium und andere Transurane mit einer Ausbeute von über 99 Prozent zurückgewinnen [Ke 87]. Aus je 30 Tonnen solcher Brennelemente, dem Jahresabfall eines 1-Gigawatt-Kernkraftwerks, entstehen dabei einige Kubikmeter hoch radioaktiver Abfälle, hauptsächlich konzentrierte Spaltprodukte mit einer Gesamtaktivität von rund 10^{18} Becquerel und etwa hundert Kubikmeter schwachaktive Abfälle mit einer Aktivität von 10^{13} bis 10^{14} Becquerel pro Kubikmeter.

Bisher gibt es in Europa noch kein einziges Endlager für hoch radioaktive Abfälle. Geplant sind solche Lager in Finnland, Frankreich, Großbritannien, Schweden und der Schweiz. Die Planungen befinden sich in sehr unterschiedlichen Stadien; und die Kosten für ein Lager werden auf mindestens 3 Miliarden Euro geschätzt. Der Widerstand der Bevölkerung gegen solche Lager ist in vielen Ländern ähnlich heftig wie in Deutschland [Gu 01c, No 97, Scha 97, Schi 01b]. Am weitesten fortgeschritten ist das Endlager in Olkiluoto in Finnland, 400 Meter tief im Granit und mit einer Kapazität von 12 000 Tonnen. Es soll 2020 fertig sein und den Bedarf für Jahrzehnte decken. Finnland produziert derzeit 28 Prozent seines Strombedarfs mit 4 Reaktoren in zwei Kernkraftwerken [He 09]. Endlager für schwächer aktive Abfälle gibt es dagegen fast in jedem Land, in dem Kernkraftwerke installiert sind. Hiergegen sind die Vorbehalte der Bevölkerung geringer, nicht so sehr aus Einsicht in die quantitativen Unterschiede der Risiken von hoch und niedrig aktiven Abfällen. Vielmehr erfordern Handhabung und Transport der letzteren einen viel geringeren und weniger spektakulären Aufwand. Daher erscheinen sie der Öffentlichkeit weit weniger gefährlich.

Ein besonderes Problem sind die radioaktiven *Emissionen der Wiederaufarbeitungsanlagen* in La Hague und Sellafield. Hier fallen große Mengen flüssiger und gasförmiger radioaktiver Substanzen an, deren sichere Entsorgung mit sehr hohen Kosten und zum Teil auch mit technischen Schwierigkeiten verbunden ist. Die Wiederaufarbeitungsanlagen wurden daher aus gutem (oder bei genauerer Betrachtung: schlechtem!) Grund an Meeresküsten gebaut. Das Meer ist ja ein bequemes und billiges „Endlager". Natürlich ist es unmoralisch und verantwortungslos, die Abfälle einfach ins Meer zu kippen, auch wenn dessen Aufnahmekapazität heute noch sehr groß ist (s. Kap. 6.2). Trotzdem wurde in den Jahren von 1946 bis 1992 in großem Umfang ins Meer entsorgt, und man hat angeblich bis heute, entgegen international gültiger Verbote, nicht damit aufgehört [Bu 00]. Im Ärmelkanal sollen beispielsweise mindestens 30 000 Fässer mit radioaktivem Müll der britischen Atomindustrie liegen, die zum großen Teil bereits verrostet sind. Eine widersinnige Bestimmung verbietet zwar das Verklappen radioaktiver Abfälle von Schiffen aus, nicht aber die Einleitung ins Meer vom Land her. Die Einhaltung des Verklappungsverbots kann begreiflicherweise nicht lückenlos kontrolliert werden, ähnlich wie bei Ölrückständen und anderen chemischen Abfällen. Und die Erlaubnis zur Einleitung vom Land aus wird weiter ausgiebig genutzt. In Sellafield und La Hague werden jährlich rund 3,5 Millionen Kubikmeter radioaktiver Abwässer in die Irische See bzw. den Ärmelkanal gepumpt. Von hier aus verteilen sie sich in die Nordsee und ins Europäische Nordmeer entlang der skandinavischen Küste bis in die arktischen Gewässer. Dort sind sie heute fast überall nachweisbar [Ka 73]. Leider enthalten die Abwässer auch das wegen seiner langen Lebensdauer und seiner energiereichen Alphastrahlung sehr gefährliche Plutonium. Untersuchungen von Greenpeace ergaben, dass der Meeresboden in der Umgebung der

Abwasserrohre so aktiv ist, dass er nach deutschem Recht als Kernbrennstoff einzustufen wäre [Bu 00]! Auch gasförmige Spaltprodukte werden mit der Abluft der Wiederaufarbeitungsanlagen in großem Umfang in die Atmosphäre entsorgt, vor allem Tritium, Krypton-85 und Kohlenstoff-14 als Kohlendioxid [Ke 87].

Welche Aktivitätsmengen insgesamt ins Wasser und in die Luft geleitet werden, darüber erhält man keine verbindlichen Angaben. Erlaubt wären nach deutschen Vorschriften bei einem Brennstoffdurchsatz von tausend Tonnen jährlich insgesamt $3 \cdot 10^{17}$ Becquerel pro Jahr in der Abluft und $3 \cdot 10^{13}$ Becquerel pro Jahr im Abwasser. Diese Zahlen entstammen der Planung für die deutsche Wiederaufarbeitungsanlage in Wackersdorf. Sie entsprechen in der Abluft etwa einem Tausendstel und im Abwasser einem Zehnmillionstel der jährlich verarbeiteten Aktivität von $3 \cdot 10^{20}$ Becquerel [Ke 87]. Es wird vermutet, dass die in Sellafield und La Hague tatsächlich emittierten Mengen wesentlich größer sind, jeweils etwa ein Prozent der verarbeiteten Gesamtaktivität, also rund $3 \cdot 10^{18}$ Becquerel pro Jahr. Schätzungen des Darmstädter Ökoinstituts für die Bevölkerung in der Nähe der Wiederaufarbeitungsanlagen ergeben eine Dosisleistung von acht Millisievert pro Jahr für Sellafield und von zwei Millisievert pro Jahr für La Hague [Ök 00].

Wie groß die Aktivitätsemissionen aus den europäischen Wiederaufarbeitungsanlagen wirklich sind, stellt leider ein „Betriebsgeheimnis" dar. Dementsprechend stark ist die Beunruhigung der Bevölkerung in den betroffenen Gebieten und an den benachbarten Küsten. Bis heute konnte allerdings nicht nachgewiesen werden, dass die Emissionen irgendwelche statistisch erkennbaren Strahlenschädigungen bei Tieren oder Menschen verursacht hätten. Die Berichte über eine Zunahme der Leukämie bei Kindern in der Umgebung von Sellafield scheinen trotzdem zuverlässig zu sein (s. Kap. 4.4.6). Doch ist bisher nicht bekannt, ob und wie diese Erkrankungen durch Strahlenbelastung der Eltern vor der Empfängnis ausgelöst werden können, oder ob sie auf andere Ursachen zurückzuführen sind.

Zusammenfassend sei festgestellt, dass sich in Frankreich und England die Ängste der Bevölkerung auf die militärischen Anlagen und auf die Wiederaufarbeitungsfabriken konzentrieren (die es ja in Deutschland nicht gibt) und nicht so sehr auf die Kernkraftwerke, die Zwischen- und Endlager.

6.4.3 Vereinigte Staaten von Amerika

Eine ganz andere Dimension hat das Abfallproblem in den USA. Erstens gibt es dort viel mehr kerntechnische Anlagen, vor allem militärischer Art, als in Westeuropa. Zweitens ist das Land viel weniger dicht besiedelt, etwa 30 Einwohner pro Quadratkilometer gegenüber 230 in Deutschland. Man hat daher viel mehr Platz für Abfälle. Drittens wurde die Kernspaltungstechnik in den Jahren von 1945 bis 1970 zum größten Teil in den USA entwickelt, wobei am Anfang unverhältnismäßig große Abfallmengen entstanden. Die Zahl der zivilen Kernkraftwerke betrug im Jahr 2009 in den USA 65 mit 100 Gigawatt Leistung [Fe 09, Wa 03]. Hinzu kommen noch „einige Dutzend" größere militärische Reaktoren zur Plutoniumproduktion. Insgesamt gibt es dort etwa achtmal soviele Reaktoren wie in Deutschland mit seiner achtmal so großen Bevölkerungsdichte. Da in den USA zunächst genügend Platz in schwach besiedelten Gebieten war, hat man den größten Teil der niedrig aktiven Abfälle dort in Flüsse, ins Meer oder in den Boden gepumpt. Die hoch aktiven Abfälle der militärischen Anlagen wurden hautpsächlich an drei Standorten (Savannah River, Idaho Laboratory und Hanford) in großen Stahlbehältern gelagert, oberirdisch oder wenige Meter tief im Boden versenkt (Abb. 6.23a) [As 02, Nu 96, Sto 04]. Diejenigen der zivilen Nutzung befinden sich noch größtenteils in den Abklingbecken, zum kleineren Teil in den Zwischenlagern der Kernkraftwerke an 66 verschiedenen Orten [Da 01, Wa 09]. Beide Entsorgungsmethoden waren nicht für die Ewigkeit vorgesehen. Heute diffundiert eine beträchtliche Menge von Aktivität aus den Deponien heraus (Abb. 6.23b), und die Tanks mit den hoch aktiven Abfällen werden durch Korrosion undicht.

In Abb. 6.24 sind die nicht geheimen Standorte militärischer Anlagen angegeben. Dort wurden bis zum Jahr 1996 etwa 60 000 Atombomben und -sprengköpfe hergestellt [Go 98]. Heute existieren davon noch etwa 10 000 Kernwaffen mit einer Sprengkraft von zusammen 2,4 Milliarden Tonnen TNT, entsprechend etwa 120 000 Hiroshima-Bomben [Kr 09, To 08]. In Hanford waren bisher neun Reaktoren nur für die militärische Plutoniumproduktion in Betrieb [Go 92]. Dabei wurde das in ihnen erzeugte Plutonium und ein Teil des Urans chemisch aus den verbrauchten Brennelementen herausgelöst; der Rest wurde in meist flüssiger Form „entsorgt". Bis 1996 sollen in Oak Ridge $3,7 \cdot 10^{16}$ Becquerel niedrig aktiver Abwässer in Flüsse und Boden geleitet worden sein, am Savannah River $3,3 \cdot 10^{16}$ und in Hanford $2,6 \cdot 10^{16}$ Becquerel [Br 96]. Die wirklichen Zahlen sind aber möglicherweise erheblich höher. Zurzeit lagern in den USA etwa eine Million Kubikmeter hoch aktiver Abfälle mit einer Aktivität von 10^{21} Becquerel und etwa zehn Millionen Kubikmeter niedrig aktiver Abfälle mit 10^{18} Becquerel [Ah 97, Nu 96]; alles fast ausschließlich auf Deponien im Bereich der kerntechnischen Anlagen. Da es nur ganz wenige zentrale Zwischenlager für spezielle Abfallsorten gibt und erst seit 1999 ein Endlager für Transuranabfälle [Fe 99] existiert, befindet sich alles andere noch dort, wo es entstanden ist, nämlich auf den Geländen der Kernkraftwerke und Plutoniumfabriken.

Ein großer Teil der Abfälle wurde, wie gesagt, in den Boden und in die Flüsse geleitet. Nach „unexakten" Schätzungen wurden dabei mindestens ein Fünftel Kubikkilometer Boden und zwei Kubikkilometer Grundwasser verseucht, das heißt, mit mehr als dem Zehnfachen der natürlichen Aktivität belastet [Crl 97, Fe 97]. Zwei Kubikkilometer entsprechen dem Wasserbedarf der gesamten US-Bevölkerung für zwei Wochen. Als Beispiel zeigt Abb. 6.25 die Ausbreitung der Tritiumverseuchung des Grundwassers in Hanford im Zeitraum von 30 Jahren. Außerdem wurden jedes Jahr etwa $2 \cdot 10^{14}$ Becquerel direkt in den durch das Gelände fließenden Columbia-Fluss geleitet [Ma 96a]. Von den 180 großen Behältern für hoch aktive Abfälle in Hanford (s. Abb. 6.23a) waren bereits 1980 ein Drittel undicht, und vier Millionen Liter sind ausgeflossen [Fe 97, Ka 97]. Diese Behälter müssten also dringend erneuert werden. Bevor man das tun kann, muss man aber genau wissen, was sich darin befindet. Die chemische Zusammensetzung dieser Abfälle ist nämlich nur teilweise bekannt. Man schätzt die Kosten allein für die chemische Analyse der in Hanford lagernden Abfälle heute schon auf eine Milliarde Dollar [Scha 97]. Auch die verseuchten Böden sind ein ernstes Problem: Da es viel zu teuer wäre, alles verstrahlte Erdreich bis in eine Tiefe von hundert Metern

6.4 Derzeitiger Stand der Entsorgung

Abb. 6.23 Abfalllagerung in den USA. (a) Behälter für hoch aktive Abfälle in Hanford (Höhe 15 Meter, Durchmesser 23 Meter). (b) Stahlkästen mit niedrig aktiven Abfällen in der Anlage Savannah River. (Fotos: U.S. Department of Energy, Washington).

auszugraben und in unlöslicher Form neu zu lagern (etwa 30 Milliarden Dollar), versucht man, diese Böden durch starken elektrischen Strom aufzuschmelzen und beim Erstarren zu verglasen [Ma 96a]. Dadurch ließe sich die Löslichkeit der radioaktiven Substanzen

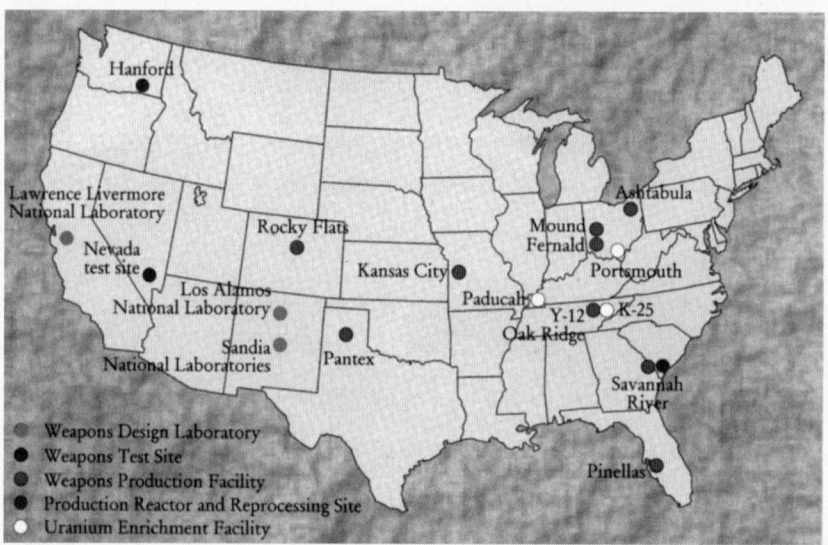

Abb. 6.24 Standorte der bekannten militärischen Kernenergieanlagen in den USA (aus [Br 96] mit freundlicher Genehmigung des American Institute of Physics, Melville NY).

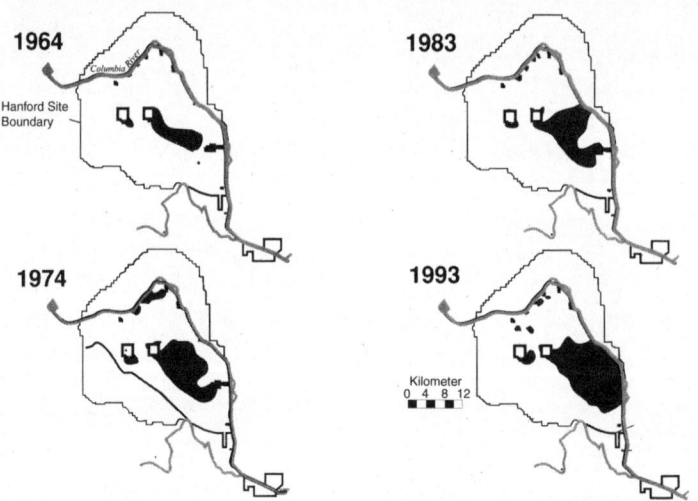

Abb. 6.25 Ausbreitung von Tritium, einem radioaktiven Wasserstoffisotop, im Boden von Hanford (USA) innerhalb von 30 Jahren (schwarze Flächen). Die beiden Quadrate in der Mitte des Geländes bezeichnen eine Wiederaufarbeitungsanlage und ein Tanklager für hochaktive Abfälle (aus [Crl 97] mit freundlicher Genehmigung des American Institute of Physics; Melville NY).

auf ein Zehntel bis ein Hundertstel senken und die Gefahr einer Grundwasserverstrahlung entsprechend verkleinern. Elektrischer Strom kann auch benutzt werden, um Verunreini-

6.4 Derzeitiger Stand der Entsorgung

gungen in Böden durch Elektroosmose oder Elektrophorese zu transportieren [Pr 93]. Doch die Versuche dazu stecken noch in den Kinderschuhen.

In den Vereinigten Staaten gibt es bisher nur ein einziges Endlager, und auch nur für einen Teil der militärischen Abfälle. Dieses Lager namens WIPP (*W*aste *I*solation *P*ilot *P*lant) wurde in einer Salzlagerstätte bei Carlsbad in New Mexico errichtet [Fe 99, No 97]. Es befindet sich in 650 Metern Tiefe. Der erste Stollen wurde im März 1999 eröffnet und soll zunächst die Transurane, vor allem Plutonium aufnehmen, die bisher an 23 verschiedenen Stellen oberirdisch zwischengelagert waren. Die gesamten Kosten für WIPP sollen in den ersten 30 Jahren rund 19 Milliarden Dollar betragen. Weil unter anderem die Strömungsverhältnisse des den Salzstock umgebenden Grundwassers noch nicht endgültig geklärt sind [Ke 99], sollen zunächst nur schwach Wärme entwickelnde oder nur Transurane enthaltende Abfälle eingelagert werden, und zwar 200 000 Kubikmeter mit nicht mehr als $2 \cdot 10^{17}$ Becquerel [Ka 97]. Dabei sollen die Behälter in so großen Abständen gelagert werden, dass auf keinen Fall eine Kettenreaktion ausgelöst werden kann. Dies könnte bei den konzentrierte Transurane enthaltenden Substanzen durch geophysikalische Kompression des Lagerraums geschehen oder durch eine Auflösung der Abfälle im Grundwasser und erneute Ansammlung in stärkerer Konzentration an einem anderen Ort.

Ein Endlager für zivile, hoch aktive Abfälle sollte im Yucca-Gebirge in der Nähe des Atombombenversuchsgeländes von Nevada entstehen (s. Abb. 6.18). Hier wollte man die Abfälle 300 Meter tief in Tuffgestein unterbringen [Ma 98, No 97, Ra 86]. Doch sind die Wasserführungsverhältnisse bei weitem noch nicht genügend erforscht. Es sollten zunächst 70 000 Tonnen verbrauchter Brennelemente und 8000 Tonnen hoch aktiver militärischer Abfälle eingelagert werden [Ka 97]. Die letzteren gaben Anlass zu kontroversen Diskussionen und großen Widerständen in der betroffenen Bevölkerung. Da die Zusammensetzung der militärischen Abfälle nicht genau bekannt ist, befürchtet man unter anderem die Möglichkeit einer unkontrollierten Kettenreaktion (s. oben). Dabei könnten durch Wärmeentwicklung und nachfolgendes Schmelzen große Mengen von Radioaktivität ins Grundwasser gelangen. Ein weiteres Bedenken gründet auf dem bekannten Vulkanismus im Yucca-Gebirge. Aus der Art und Häufigkeit vergangener Vulkanausbrüche in der Nähe des geplanten Endlagers errechnet man eine Wahrscheinlichkeit von 1:10 000 für einen Ausbruch in den nächsten zehntausend Jahren [Wh 96]. Die Errichtung und der Betrieb des Lagers sollten in den ersten 100 Jahren etwa 60 Milliarden Dollar kosten. Inzwischen wurde vom US Department of Energy bestimmt, dass alle Endlagerstätten noch hundert Jahre lang Möglichkeiten für die Rückgewinnung der Abfälle vorsehen müssen, um zukünftige Erkenntnisse und Fortschritte für die Sicherheit der Lagerung verwirklichen zu können [Da 01, Hi 01]. Im März 2009 wurde dann beschlossen, die Pläne für das Yucca-Lager nicht weiter zu verfolgen. Bis dahin wurden 13,5 Milliarden Dollar für die Erforschung und die Vorbereitung dieses Standorts ausgegeben! (Inzwischen schätzt man die Kosten für die gesamte Endlagerung von 122 000 Tonnen Abfall auf 96 Milliarden Dollar [Ew 09].) Auch die Finanzierung eines solchen Lagers ist nun wieder offen. Die von der Kernindustrie zurückgelegten Milliarden existieren angeblich nur auf dem Papier. In Wirklichkeit soll sie der Finanzminister einbehalten haben [Da 04].

Der ganze Umfang des Abfallproblems in den USA wird durch die Karikatur in Abb. 6.26 recht treffend charakterisiert. Die sichere Entsorgung aller Abfälle aus der Kernwaffenproduktion wird nach neueren Schätzungen etwa 1000 Milliarden Dollar kosten, und soll sich über einen Zeitraum von mindestens 75 Jahren erstrecken [Fe 97, Ma 96b, Scha 97]. Allein mehr als hundert Millionen Dollar werden jährlich für Forschungs- und Entwicklungsprogramme ausgegeben, um neue und billigere Entsorgungsmethoden zu erkunden. Die sichere Beseitigung der Abfälle aus der zivilen Nutzung wird wahrscheinlich noch einmal so viel kosten wie die der militärischen. Vergleicht man diese Kosten mit denjenigen für die Entwicklung der Kernenergietechniken, so kommt man zu einem deprimierenden Ergebnis: In den USA wurden seit 1950 etwa 400 Milliarden Dollar für die Entwicklung der Kernwaffen ausgegeben und ebensoviel für die der zivilen Nutzung [Go 98, Scha 97]. Das bedeutet, die Kosten für die Beseitigung der Abfälle aus den ersten 50 Jahren des „Atomzeitalters" werden etwa genau so hoch sein wie die gesamten Entwicklungskosten! Eine Pressenotiz bezeichnet die Kernspaltung bei Einbeziehung der Entwicklungs- und Entsorgungskosten als die teuerste Methode der Energiegewinnung, und sie muss mindestens dreimal billiger werden, um konkurrenzfähig zu sein [Ed 02].

6.4.4 Russland und die Gemeinschaft Unabhängiger Staaten

Verglichen mit Europa ist die technische und finanzielle Dimension des Atommüllproblems in den USA beängstigend. Aber noch viel schlimmer sieht es in Russland aus. Dort wurde erstens noch viel mehr und noch leichtsinniger weggeschüttet. Zweitens sind die finanziellen Mittel Russlands noch viel knapper als die der USA. Daher konnte bisher nur wenig für die Lösung des Abfallproblems getan werden, und auch für die Zukunft sieht es nicht gut aus. Der Umfang der militärischen Kernenergieanlagen dürfte in Russland etwa gleich groß sein wie in den USA: einige Dutzend Hochleistungsreaktoren zur Plutoniumgewinnung. Beide Mächte haben ja etwa gleich viele Atomwaffen hergestellt, jeweils etwa 60 000 [Go 98]. Im zivilen Bereich gibt es dagegen in der Gemeinschaft Unabhängiger Staaten (GUS) nur etwa halb so viele Kernkraftwerke wie in den USA [He 97]; der Stromverbrauch ist geringer, und die konventionelle Stromerzeugung hat einen größeren Anteil am Gesamtaufkommen. Zurzeit erzeugen 31 Reaktoren in 10 Kernkraftwerken 23 Gigawatt, etwa 16 Prozent des Elektrizitätbedarfs. Sie liegen zum allergrößten Teil im europäischen Russland.

Die militärischen Anlagen im heutigen Russland liegen fast alle östlich des Urals (Abb. 6.27). Die Plutoniumfabriken mit den meisten Abfällen befinden sich in Mayak, nördlich von Tscheljabinsk, sowie am Ob in der Nähe von Tomsk und bei Krasnojarsk am Jennissei [Br 97a]. Dort wurden in den Jahren des nuklearen Wettrüstens (1950 bis 1970) große Mengen radioaktiver Abfälle (etwa 400 Millionen Kubikmeter) in provisorischen Behältern gelagert, oder sie wurden einfach in den Boden gepumpt. Welche Mengen auf diese Weise „entsorgt" wurden, das lässt sich nur ahnen. Angeblich soll es zehn- bis hundertmal so viel sein, wie in den USA, etwa $7 \cdot 10^{19}$ Becquerel [Ma 96a].

Im Bezirk Mayak gibt es in der Nähe der Städte Kasli, Kyschtym und Techa ein weit verzweigtes Seen- und Kanalsystem, das in den Fluss Techa entwässert, und dieser fließt in den Irtysch und den Ob. In diese Kanäle und Seen wurde der größte Teil der Abwässer der Plutoniumproduktion eingeleitet [Br 97a]. Im Bezirk Mayak sollen dadurch 500 000 Menschen „eine erhöhte Strahlendosis" erhalten haben, davon 7500 Personen

6.4 Derzeitiger Stand der Entsorgung

Abb. 6.26 „Atommüll – wohin damit?"

zwischen 35 und 1700 Millisievert [Ra 96]. Fünf Dörfer wurden geräumt und 18 000 Menschen umgesiedelt. Der Fluss Techa war zeitweise so stark verseucht, dass man an seinem Ufer pro Stunde 50 Millisievert erhielt, also in hundert Stunden die Dosis LD-50 von 4,5 Sievert [Ma 97]. Das individuelle Krebsrisiko nimmt dabei in jeder Stunde um 0,25 Prozent zu (s. Kap. 4.4.6)! Die Bevölkerung dieser Gegend hat viele Jahre lang davon nichts gewusst und ihr Trinkwasser und ihre Nahrung aus den Uferregionen des Flusses bezogen. Der besonders belastete Karachai-See mit einer Fläche von 0,5 Quadratkilometer soll heute noch etwa $5 \cdot 10^{18}$ Becquerel Spaltprodukte enthalten, hauptsächlich Strontium-90 und Cäsium-137, ungefähr 10^{12} Becquerel pro Kubikmeter (bei zehn Metern Wassertiefe). Das ist ein Vielmillionenfaches der natürlichen Aktivität (s. Kap. 5.1). Vom Karachai-See ist die Aktivität ins Grundwasser übergetreten, das heute in 2,5 Kilometern Entfernung und in hundert Metern Tiefe allein vier Becquerel Strontium-90 pro Liter enthält. Am Ufer des Sees bekommt man „in kurzer Zeit" eine Strahlendosis von fünf Millisievert, das 2,5-fache der natürlichen Jahresdosis (s. Kap. 5.1) [Ma 90b, Sw 89]. Von den vor 1960 beschäftigten Arbeitern, die längere Zeit eine Strahlendosis von „mehr als ein Sievert pro Jahr" erhalten haben, sind nach sowjetischen Angaben bis 1990 etwa doppelt so viele an Krebs gestorben wie von denjenigen, die „eine geringere Dosis" erhielten.

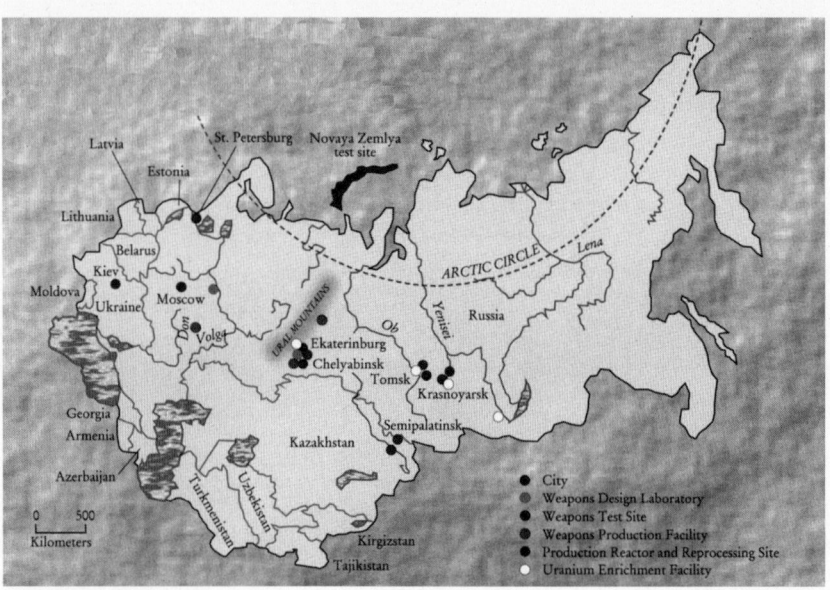

Abb. 6.27 Standorte der bekannten militärischen Kernenergieanlagen in der Gemeinschaft Unabhängiger Staaten (aus [Br 96] mit freundlicher Genehmigung des American Institute of Physics, Melville NY).

Erst Anfang der 1990er Jahre wurde eine leistungsfähige Verglasungsanlage für die in Mayak in korrodierten Behältern lagernden hoch aktiven Abfälle gebaut. Bis heute hat man etwa 10^{19} Becquerel – etwa ein Drittel der Gesamtmenge – in Glas eingeschmolzen und in dauerhaften Stahlkanistern gelagert [Br 97b]. Diese warten jetzt luftgekühlt auf den Abtransport in ein noch nicht existierendes Endlager.

Ähnlich wie in Mayak, aber nicht ganz so schlimm, sieht es in der Nähe von Tomsk und Krasnojarsk aus. Bei Tomsk wurden bisher etwa $4 \cdot 10^{19}$ Becquerel in Form von 32 Millionen Kubikmeter radioaktiver Abwässer mit einer spezifischen Aktivität von 10^{12} Becquerel pro Kubikmeter in den Boden gepumpt, bis zu 175 Kubikmeter pro Stunde. Die Plutoniumfabrik bei Krasnojarsk wurde unterirdisch angelegt. Die Räume des Höhlensystems sollen dreimal so groß sein wie die Cheops-Pyramide. Die hier bisher in den Boden geleiteten Aktivitäten dürften etwa halb so groß sein wie in Tomsk [Br 97a]. Über Strahlenschäden bei der Bevölkerung in den Gebieten um Tomsk und Krasnojarsk ist bisher wenig bekannt geworden. Auf der Kola-Halbinsel lagern 22 000 verbrauchte Brennelemente unter freiem Himmel, außerdem mehrere 1000 Kubikmeter „fester Atommüll". Die Entsorgung dieser Bestände würde 1,5 Milliarden Dollar kosten. Schließlich sei noch erwähnt, dass in Russland durch den Uranbergbau und die Uranverarbeitung schon eine Fläche von 600 Quadratkilometer verseucht wurde und nicht mehr betreten werden darf. Bei einer Gesamtfläche Russlands von 17 Millionen Quadratkilometer fällt dies freilich kaum ins Gewicht.

Ein weiteres Abfallproblem der russischen Kernindustrie ist durch die *Versenkung ausgedienter Schiffsreaktoren* von Unterseebooten und Eisbrechern im nördlichen Eismeer entstanden [Alp 00, In 98]. Bisher wurden nach offiziellen Angaben 17 solcher Anlagen an der Ostküste der Novaja Semlja im Meer „entsorgt". Auch wurde dort eine unbekannte Zahl von Behältern mit radioaktiven Abfällen versenkt. Über hundert außer Dienst gestellter russischer Atomunterseeboote und Versorgungsschiffe warten in den nördlichen und fernöstlichen Häfen auf ihr weiteres Schicksal und rosten vor sich hin [We 02, We 03]. Allerdings konnte bisher keine Aktivität im Meerwasser nachgewiesen werden, die eindeutig von den versenkten Unterseebooten und Abfällen herrührt. Dagegen ist die Aktivität der in Sellafield und La Hague ins Meer geleiteten flüssigen Abfälle im nördlichen Eismeer fast überall nachweisbar. In der Barents- und Kara-See beträgt diese Aktivität heute ein Zehntel bis ein Hundertstel derjenigen in der Irischen See.

Man ist sich einig, dass das Abfallproblem in Russland wegen der weiträumigen Verteilung der bisher „entsorgten" Abfälle im Grundwasser und im Boden mit den heute bekannten Methoden nicht gelöst werden kann. Hier soll etwa zehn- bis hundertmal so viel weggeschüttet worden sein wie in den USA, und dort schätzt man die Kosten der „Aufräumungsarbeiten" ja bereits auf tausend Milliarden Dollar. In Russland ist das Problem wegen der geringeren Bevölkerungsdichte – im Durchschnitt zehn Personen pro Quadratkilometer – aber nicht so brisant. Daher sollte es möglich sein, relativ große verseuchte Gebiete vollständig zu sperren, und zwar für einige hundert bis tausend Jahre. Es wird nichts anderes übrig bleiben, als so zu verfahren und einige Millionen Menschen umzusiedeln. Wie ein schlechter Witz mutet daher das Angebot der russischen Kernenergieagentur Minatom an, 20 000 Tonnen Atommüll aus westlichen und ostasiatischen Ländern wiederaufzuarbeiten und in Russland zum Preis von einer Million Dollar pro Tonne endzulagern [Av 99, Gu 01c]. Mit dem dafür eingenommenen Geld will man dann die eigenen Anlagen sanieren. Die westlichen Länder würden für die Entsorgung ihrer Abfälle in Russland aber sicher nicht mehr bezahlen, als sie im eigenen Land kosten würde. Und das wäre auch nur ein winziger Bruchteil der in Russland notwendigen Sanierungskosten.

Kapitel 7
Unfälle in Kernkraftwerken und Kernenergieanlagen

Die Nutzung der Kernenergie bringt, wie viele andere technische Verfahren auch, das Risiko von Unfällen mit sich. Strahlenunfälle sind aber besonders heimtückisch, weil man die Schadstoffe meistens nicht sieht, ähnlich wie auch bei Chemieunfällen. Wegen der besonderen Gefahren, die von spaltbaren oder radioaktiven Stoffen ausgehen, und die wir bereits besprochen hatten (s. Kap. 4), ist man bei Kernenergieanlagen bei der Errichtung und beim Betrieb noch sorgfältiger als bei Chemiefabriken. Trotzdem ereigneten sich in den 50 Jahren der Kernenergienutzung eine Reihe kleinerer und größerer Unfälle. Wir besprechen im Folgenden nur solche Ereignisse, bei denen größere Mengen von Radioaktivität in die Umwelt gelangten oder größere Zerstörungen vorkamen. Daneben wurden eine Anzahl von Vorfällen bekannt, bei denen durch radioaktive Strahlung im Inneren der Anlagen Menschen ernsthaft erkrankten oder gestorben sind, oder bei denen kerntechnische Anlagen durch radioaktive Stoffe erheblich kontaminiert („verstrahlt") wurden. Diese Vorkommnisse sind in den Berichten der nationalen Kernenergiebehörden dokumentiert, zum größten Teil auch bei der Internationalen Atomenergieagentur in Wien. Es gibt aber auch eine Reihe von Störereignissen, bei denen die Unfälle aus militärischen oder politischen Gründen geheim gehalten wurden [At 86, Go 88].

7.1 Unfälle mit geografisch beschränkten Auswirkungen

Der erste bekannt gewordene, ernste Unfall ereignete sich 1948 in *Hanford* im Staate Washington (USA). Dort entwich eine radioaktive Wolke mit etwa $2 \cdot 10^{14}$ Becquerel Iod-131 in die Atmosphäre. Erst 38 Jahre später wurde dies bekannt gegeben. Die Aktivität dieser Wolke war rund zehntausendmal höher als die erlaubte Jahresemission eines Kernkraftwerks und damit sicher nicht harmlos. In fast allen Ländern mit Kernenergieanlagen ereigneten sich im Lauf der Jahre eine Reihe ähnlicher Vorfälle, von denen aber nur wenige größeren Schaden anrichteten und daher öffentliches Aufsehen erregten [Fr 88].

Im Oktober 1957 geschah der erste größere Unfall: Ein graphitmoderierter Reaktor (s. Abb. 2.11 a) in *Windscale* (heute Sellafield) an der englischen Westküste geriet in Brand [Di 88, Du 58]. Der Reaktor diente zur Plutoniumproduktion für Kernwaffen. Die Überhitzung entstand wahrscheinlich beim fehlerhaften Aufheizen zur Beseitigung von Strahlenfehlern im Graphit. Etwa 150 Brennstäbe und der sie umgebende Graphit erhitzten sich bis zur Rotglut; zugelassen waren nur maximal 350 Grad Celsius. Dabei wurden die Metallhüllen der Brennstäbe undicht, und Spaltprodukte konnten mit der Kühlluft ins Freie gelangen, teils als Gas, teils als Aerosol. Erst nach drei Tagen konnte das Feuer gelöscht werden, denn heißer Graphit (reiner Kohlenstoff) ist an der Luft ein vorzügliches Brennmaterial. Bis dahin waren etwa 10^{15} Becquerel Iod-131, $2 \cdot 10^{13}$ Becquerel Cäsium-137 und $4 \cdot 10^{12}$ Becquerel Strontium-89 und -90 in die Atmosphäre entwichen. Teile dieser Emission fanden sich wenig später in einem Gebiet von etwa 600 Quadratkilometer in der Umgebung des Reaktors wieder auf dem Erdboden (Abb. 7.1) [Fr 88]. Es han-

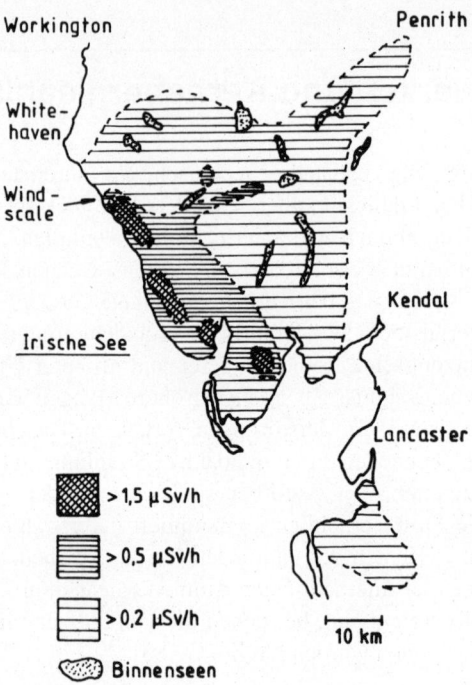

Abb. 7.1 Gammadosisleistung auf dem Boden in der Umgebung von Windscale am 13.10.1957 (nach [Du 58]).

delte sich größtenteils um Weideland. Die dort gewonnene Milch enthielt in den ersten Tagen etwa zehnmal so viel Iod-131 (37 000 Becquerel pro Liter) wie damals als höchstens zulässig erachtet wurde (3700 Becquerel pro Liter) [Du 58]. Daher wurde die Milch etwa sechs Wochen lang weggeschüttet. Ob durch den Unfall Menschen zu Schaden gekommen sind, ist bis heute umstritten. Die gesamte Strahlenbelastung durch die auf dem Erdboden niedergeschlagene Aktivität dürfte in dem am stärksten verseuchten Gebiet (150 Quadratkilometer) etwa 0,15 Millisievert betragen haben. Das entspricht der natürlichen Strahlenbelastung während eines Zeitraums von etwa drei Wochen (s. Abb. 5.10). Aus politischen Rücksichten wurden die Einzelheiten über den Hergang des Unfalls 30 Jahre lang geheim gehalten und erst 1987 veröffentlicht [Di 88]. Man wollte die Bevölkerung in dem Glauben lassen, dass Unfälle dieser Größe bei Kernreaktoren nicht vorkommen können. Den Fachleuten in aller Welt war das Ereignis aber wohlbekannt, denn die radioaktive Luftmasse verbreitete sich innerhalb weniger Wochen über den größten Teil der Nordhalbkugel. Sie gelangte durch Niederschläge wieder auf den Boden und in die Nahrungsketten und konnte hier nachgewiesen werden (s. Abb. 5.13).

Fast zur gleichen Zeit, im September 1957, ereignete sich ein noch schwererer Unfall im Gebiet von *Mayak*, nahe Tscheljabinsk in der Sowjetunion östlich des Urals [Br 97b, Di 89, He 97, Ma 96a, Sto 99, Sw 89]. Infolge eines Defekts im Kühlsystem für die Lagerbehälter hoch radioaktiver Abfälle gab es eine chemische Explosion. Deren Energie entsprach etwa hundert Tonnen TNT oder einem Zweihundertstel einer nominellen

7.1 Unfälle mit geografisch beschränkten Auswirkungen 165

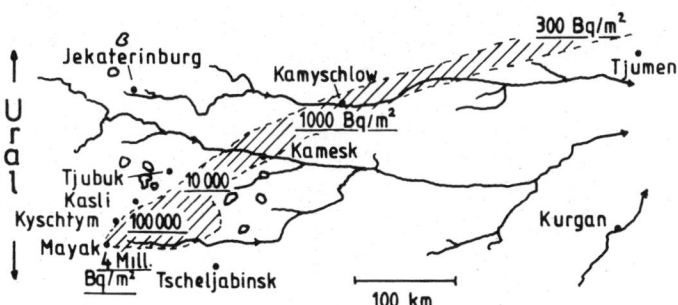

Abb. 7.2 Strontium-90-Aktivität auf dem Erdboden nach dem Mayak-Unfall (nach [Sto 99]).

Atombombe. Dabei gelangten rund 10^{17} Becquerel verschiedener Spaltprodukte in die Atmosphäre; das ist ungefähr ein Hundertstel der 30 Jahre später in Tschernobyl verdampften Aktivität. Ein Gebiet von 200 Kilometer Länge und 10 Kilometer Breite nordöstlich von Mayak wurde erheblich verseucht (Abb. 7.2). Die Hauptmenge der Aktivität bestand aus Strontium-90, Cäsium-137 und Plutonium. Mehr als zehntausend Menschen mussten evakuiert werden; über 30 Dörfer wurden von der Landkarte getilgt. Die betroffenen Personen und 30 000 Aufräumungsarbeiter erhielten Strahlendosen bis zu 1,5 Sievert. Man kann abschätzen, dass unter diesen Menschen innerhalb von 35 Jahren etwa tausend Todesfälle durch strahleninduzierte Krebserkrankungen aufgetreten sind, denn der Risikofaktor hierfür beträgt 0,1 pro Sievert (s. Kap. 4.4.6). Auch dieses Unglück wurde von offiziellen sowjetischen Stellen 30 Jahre lang geheim gehalten [Ri 89]. Ebenso in den USA, obwohl das Ereignis den Fachleuten und den Geheimdiensten bekannt war. Man wollte die eigene Bevölkerung nicht durch Berichte über solche Unfälle beunruhigen, die auch im eigenen Land hätten vorkommen können.

Im Jahr 1979 ereignete sich ein schwerer Unfall in einem Reaktor des Kernkraftwerks „*Three Mile Island*" bei *Harrisburg* im Staate Pennsylvania (USA) [Bo 87, He 97]. Weil ein Ventil in der Notkühlleitung vorschriftswidrig geschlossen war, überhitzte sich der Reaktorkern nach Ausfall einer Kühlmittelpumpe und schmolz teilweise (Abb. 7.3). Dann brachte eine Dampfexplosion den Druckbehälter zum Platzen. Um den Betonmantel vor dem gleichen Schicksal zu bewahren, musste mehrmals Luft aus seinem Inneren abgelassen werden. Dabei traten etwa $6 \cdot 10^{16}$ Becquerel radioaktive Edelgase und $2 \cdot 10^{11}$ Becquerel Iod-131 aus. Es mussten 200 000 Menschen vorübergehend evakuiert werden. Der geborstene Druckbehälter wurde zur Kühlung sofort unter Wasser gesetzt; 10 000 Kubikmeter verseuchtes Wasser blieben darin zurück. Zum Glück hielt der Druckbehälter dem geschmolzenen und auf seinen Boden gelaufenen Brennstoff stand. Die Schmelze bestand im Wesentlichen aus flüssigem Uranoxid, vermischt mit Spaltprodukten, Transuranen und Zirkondioxid von den Brennstabhüllen; sie verhält sich ähnlich wie dünnflüssige Lava. Die Entsorgung des zerstörten Reaktors bereitete große Schwierigkeiten; 2014 soll er endgültig stillgelegt werden. Die wieder erstarrte Masse des geschmolzenen Kerns muss ferngedient zerkleinert und in Abklingbehälter gefüllt werden. Der größte Teil der wasserlöslichen Spaltprodukte hat sich jedoch im Betonmantel des

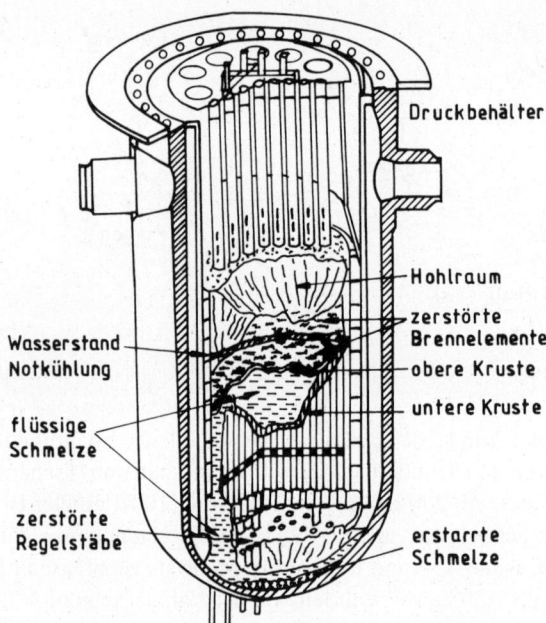

Abb. 7.3 Skizze des zerstörten Reaktorkerns in Harrisburg. Etwa in halber Höhe sammelte sich die Brennstoffschmelze, bildete eine feste Kruste und floss teilweise auf den Boden des Druckbehälters (nach [Bo 87]).

Reaktors festgesetzt. Bis 1990 wurden für die Entsorgung rund eine Milliarde Dollar aufgewandt.

Im März 1999 kam es in der japanischen Wiederaufarbeitungsanlage *Tokai-Mura* beim Umfüllen von Uranlösung zu einer Kettenreaktion, gefolgt von einer stärkeren Explosion [Ja 99]. Dabei wurde eine „nicht bekannte" Menge radioaktiver Substanzen frei. Zwei Arbeiter wurden getötet, mehr als 600 Personen erhielten „eine zu hohe'" Strahlendosis. Dieser Unfall war der bisher schwerste in einer ganzen Reihe vorhergehender in japanischen Kernenergieanlagen [Cy 07, Sw 96, Sw 97, Tr 97]. Einzelheiten darüber wurden bisher kaum bekannt gegeben. Auch in französischen Anlagen ereigneten sich in den vergangenen Jahren mehrere „ernste" Unfälle [Sto 09].

7.2 Der Tschernobyl-Unfall mit weltweiten Folgen

Das sowjetische Kernkraftwerk *Tschernobyl* liegt in der Ukraine, 130 Kilometer nördlich von Kiew und drei Kilometer südlich der Stadt Pripjat an einem künstlichen Stausee des gleichnamigen Flusses, dessen Wasser zur Kühlung der vier Reaktoren des Kernkraftwerks genutzt wird. Am 26. April 1986 um 1.24 Uhr nachts ereignete sich in einem dieser Reaktoren der weltweit größte und folgenschwerste Unfall [Ah 87, Ch 91, Co 87, Ki 87, Kö 89, Sh 96]. Dabei wurde der Betonmantel des Reaktors gesprengt, geschmolzene Tei-

7.2 Der Tschernobyl-Unfall mit weltweiten Folgen

Abb. 7.4 Der zerstörte Reaktor in Tschernobyl (Foto: A. Salmychin in [Ch 91] mit freundlicher Genehmigung des Springer-Verlags Heidelberg).

le des Reaktorkerns wurden in die unmittelbare Umgebung herausgeschleudert und große Mengen von Spaltprodukten in die Atmosphäre freigesetzt. Der Unfall war eine Folge mehrerer unverantwortlicher Bedienungsfehler während eines Tests der Notkühlanlage. Bei dem Reaktor handelte es sich um einen mit Graphit moderierten Siedewasserreaktor (s. Abb. 2.11 a) mit einem Gigawatt elektrischer Leistung. Im Rahmen des Tests sollte festgestellt werden, ob die mechanische Energie eines Turbogenerators ausreicht, um im Notfall die Sicherungseinrichtungen so lange mit Strom zu versorgen, bis die Notstromaggregate diese Aufgabe übernehmen können. Die Bedienungsfehler beruhten fast alle auf Leichtsinn und Nichtbeachtung der Betriebsvorschriften: Ein Notkühlsystem wurde abgeschaltet, die Reaktorleistung wurde zu stark reduziert, die automatische Kontrollstabregelung wurde ausgeschaltet, zu viele Kontrollstäbe wurden ganz herausgefahren, ein automatischer Abschalter wurde überbrückt. Infolge all dieser Fehler überhitzte sich der Reaktor während des Tests innerhalb weniger Sekunden auf mehr als das Hundertfache seiner normalen thermischen Leistung.

Die dabei frei werdende Energie entsprach rund 50 Tonnen des Sprengstoffs TNT [Ah 87, Kö 89]. Sie ließ sich nicht mehr schnell genug als Wärme abführen; auch waren die noch funktionierenden handbetriebenen Kontrollstäbe viel zu langsam. Daher explodierte der Reaktorbehälter, das Reaktorgebäude wurde aufgerissen, und der Graphitmoderator geriet in Brand (Abb. 7.4). Dieses Feuer konnte erst nach elf Tagen gelöscht werden.

Als Folge der Explosion und des Brandes wurden etwa sechs Tonnen des Reaktormaterials mit den während des Betriebs entstandenen radioaktiven Substanzen in die Luft geschleudert, bis zu 1,5 Kilometer hoch. Die größeren Staubteilchen fielen im Umkreis von etwa hundert Kilometer wieder zu Boden. Die leichteren, und vor allem die Spaltprodukte, wurden vom Wind zunächst in nordwestlicher Richtung davongetragen. Die *freigesetzte Gesamtaktivität* betrug etwa 10^{19} Becquerel und bestand hauptsächlich aus Xenon-133, Iod-131 und Tellur-132 mit Halbwertszeiten von fünf bzw. acht bzw. drei Tagen[*]. Von den langlebigen Substanzen, also von solchen mit Halbwertszeiten ($t_{1/2}$) von über einem Jahr, sind unter anderem folgende Mengen verdampft:

Nuklid	$t_{1/2}$	Aktivität
Cäsium-134	2 Jahre	$6{,}3 \cdot 10^{16}$ Becquerel
Cäsium-137	30 Jahre	$9{,}6 \cdot 10^{16}$ Becquerel
Krypton-85	10,8 Jahre	$3{,}3 \cdot 10^{16}$ Becquerel
Strontium-90	28 Jahre	$8{,}0 \cdot 10^{15}$ Becquerel
Plutonium-238	87,7 Jahre	$3{,}0 \cdot 10^{13}$ Becquerel
Plutonium-239	24 000 Jahre	$2{,}6 \cdot 10^{13}$ Becquerel
Plutonium-241	14,35 Jahre	$5{,}1 \cdot 10^{15}$ Becquerel

Die intensivste Emission dauerte etwa elf Tage – so lange, wie der Graphit brannte [Ad 87].

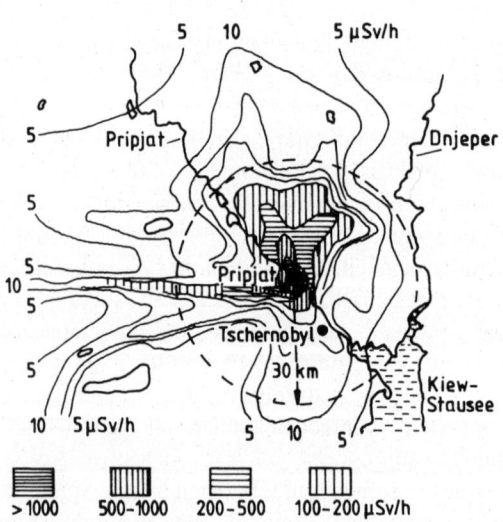

Abb. 7.5 Dosisleistung in der Umgebung von Tschernobyl am 29.5.1986 (nach [Ki 87]).

---

[*] Nach Abb. 3.10 entsprechen 10^{19} Becquerel drei Vierteln der Aktivität einer nominellen Atombombe einen Tag nach der Spaltung.

7.2 Der Tschernobyl-Unfall mit weltweiten Folgen

In der Stadt Pripjat, drei Kilometer nordwestlich des Reaktors, stieg die Dosisleistung am Morgen des folgenden Tages auf bis zu zehn Millisievert pro Stunde, das 50 000-fache der natürlichen Dosis (Abb. 7.5) [Ki 87, No 86]. Die dort lebenden 45 000 Einwohner wurden innerhalb weniger Stunden evakuiert. Weitere 90 000 Personen aus einer Zone von 30 Kilometer Umkreis um den Reaktor folgten dann in den nächsten zehn Tagen. Nachdem der Brand des Reaktorgebäudes gelöscht war, wurde damit begonnen, den glühenden Reaktorkern aus der Luft mit Bor (zur Neutronenabsorption), Blei (zur Strahlenabschirmung) sowie Sand und Lehm (als Filter für radioaktiven Staub) zuzuschütten. Insgesamt wurden 5000 Tonnen aus Hubschraubern abgeworfen und dadurch nach elf Tagen der brennende Graphit gelöscht. Gleichzeitig hat man große Stickstoffgebläse zur Kühlung des Reaktors installiert. Innerhalb von zwei Monaten wurde eine kühlbare Betonplatte unter den Fundamenten des Reaktorgebäudes eingezogen. Sie sollte verhindern, dass der geschmolzene, lavaähnliche Teil des Brennstoffs in den Boden und eventuell ins

Abb. 7.6 Der Tschernobyl-Sarkophag. Mit seinen sechs Meter dicken Betonwänden sollte er ursprünglich 30 Jahre halten; er ist jedoch heute schon brüchig und droht einzustürzen (Foto: A. Salmychin in [Ch 91] mit freundlicher Genehmigung des Springer-Verlags, Heidelberg).

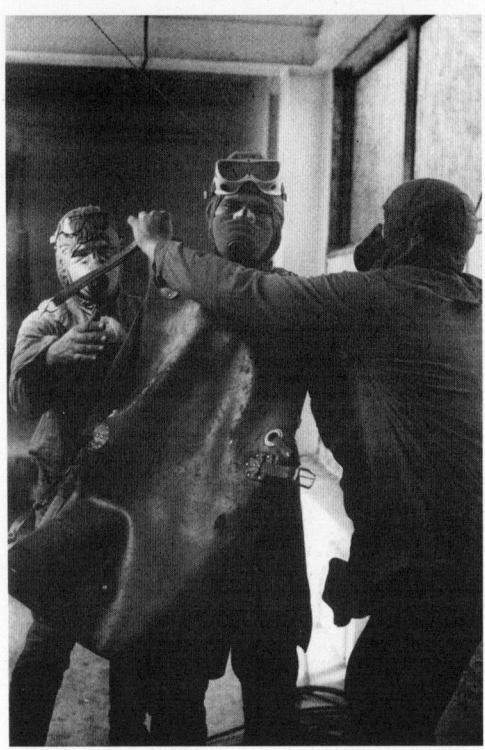

Abb. 7.7 Liquidatoren in Tschernobyl. Sie wurden für ihre oft nur minutenlang mögliche Arbeit mit Bleischürzen geschützt (Foto: A. Salmychin in [Ch 91] mit freundlicher Genehmigung des Springer-Verlags, Heidelberg).

Grundwasser eindringt. In diesem Fall wäre die Trinkwasserversorgung von drei Millionen Menschen in der Region von Kiew gefährdet worden. Schließlich wurde bis Ende des Jahres 1986 der größte Teil des Reaktorgebäudes mit einer sechs Meter dicken Betonschicht umgeben, dem *„Sarkophag"* (Abb. 7.6).

Die meisten dieser Arbeiten wurden von etwa 800 000 zum Teil freiwilligen Helfern, den *„Liquidatoren"*, durchgeführt. Sie haben in den folgenden Jahren auch die umliegenden Gebäude „entstrahlt", Wartungsarbeiten am Sarkophag durchgeführt und die Umgebung von den gefährlichsten Ablagerungen gereinigt. Etwa die Hälfte der Liquidatoren waren Angehörige des Militärs. Sie wurden im ersten Jahr Strahlendosen bis zu 250 Millisievert ausgesetzt (das hundertfache der natürlichen Dosis), im zweiten Jahr noch bis 100 Millisievert und im dritten Jahr bis 50 Millisievert. Einige empfingen aber zwangsläufig auch erheblich mehr Strahlung. Eine Gruppe von 15 Wissenschaftlern, die Untersuchungen im Sarkophag ausführten, erhielten Dosen zwischen 0,5 und 13 Sievert. Bei ihnen sollen erstaunlicherweise bisher keine akuten Strahlenschäden festgestellt worden sein; aber sie haben sicher mit erheblichen Spätschäden zu rechnen[*]. In der Anfangs-

---

[*] Eine einmalige Dosis von zehn Sievert, wenn man sie überlebt, besitzt einen Risikofaktor von 1 für strahleninduzierte Tumore (s. Kap. 4.4.6).

zeit, als die Dosisleistung noch sehr hoch war, konnten die Liquidatoren nur für eine oder wenige Minuten im verseuchten Gebäude oder Gelände arbeiten (Abb. 7.7). Später verlängerte sich die zulässige Arbeitszeit auf einige Stunden, Tage oder Wochen, bis die höchst zulässige Dosis erreicht war.

Die 800 000 Liquidatoren hätten die einmalige Gelegenheit zur Beantwortung von alten und lang diskutierten Fragen geboten [Bal 96]: Wie sieht die Wirkungs-Dosis-Kurve bei kleinen Strahlendosen aus (s. Kap. 4.4.3)? Welches sind die Langzeitwirkungen von kleinen Strahlendosen? Leider sind die beim Einsatz der Liquidatoren durchgeführten Dosismessungen aber nicht sehr zuverlässig. Daher versucht man, die empfangene Dosis aus mikroskopischen somatischen Strahlenschäden zu rekonstruieren, zum Beispiel aus Veränderungen in Hautzellen und in Knochengewebe. Eine andere Schwierigkeit besteht darin, die Lebensgewohnheiten der Liquidatoren zu dokumentieren. Sie sind inzwischen in alle Teile der Gemeinschaft Unabhängiger Staaten verstreut und viele von ihnen sind nicht mehr auffindbar. Nach russischen Quellen sollen 5000 bereits an den Folgen von Strahlenschäden gestorben sein, und weitere 50 000 sollen schwer erkrankt oder arbeitsunfähig sein [Ch 91, Sh 96, Ta 00]. Diese Zahlen werden von anderen Stellen angezweifelt, sind aber aufgrund der bisher bestätigten Dosisangaben durchaus wahrscheinlich[*].

Im Verlauf weniger Wochen verbreitete sich die radioaktive Luftmasse über den größten Teil Europas westlich des Urals und weiter über die ganze nördliche Erdhalbkugel (Abb. 7.8). Wieviel Aktivität jeweils auf den Erdboden und in die Nahrungsketten gelangte, hing vor allem von der Menge der örtlichen Niederschläge ab. Am stärksten betroffen war natürlich die nähere Umgebung des Reaktors, weil dort die meisten und größten bei der Explosion emittierten Staubteilchen niedersanken. Sie bestanden im Wesentlichen aus pulverisiertem Uranoxid, vermischt mit Graphit, Spaltprodukten und Transuranen. In 30 Kilometer Umkreis betrug die Cäsium-137-Aktivität anfangs mehr als 1,5 Millionen Becquerel pro Quadratmeter. (Zum Vergleich: Nach Abb. 5.13 liegt die natürliche Aktivität in den obersten zehn Millimeter Erdboden bei etwa 10 000 Becquerel pro Quadratmeter, ist also 150-mal geringer.) Ähnlich hohe Aktivitäten verursachte der Regen am 28. und 29. April 1986 in der Umgebung von Gomel und Mogilew in Weißrussland, 100 bzw. 200 Kilometer nördlich von Tschernobyl, sowie 500 Kilometer nordöstlich bei Kaluga und Orel in Russland. Insgesamt fand man im europäischen Teil der Sowjetunion zehn Tage nach dem Unfall folgende Bodenaktivitäten: 3100 Quadratkilometer mit mehr als 1,5 Millionen Becquerel pro Quadratmeter, 7200 Quadratkilometer mit mehr als 600 000 Becquerel pro Quadratmeter und 103 000 Quadratkilometer mit 40 000 bis 200 000 Becquerel pro Quadratmeter. Wir haben hier als Vergleichsmaß die Aktivität des besonders häufigen und leicht nachweisbaren Nuklids Cäsium-137 verwendet. Die anderen Spaltprodukte trugen in den ersten Monaten etwa noch einmal so viel zur Gesamtaktivität bei, vor allem Cäsium-134, Ruthenium-103 und Ruthenium-106 [GS 86].

Außerhalb der Sowjetunion wurde die radioaktive Luftmasse zuerst am 28. April in Schweden registriert. Man vermutete zunächst eine Emission aus einem schwedischen Reaktor. Später schwenkte die Wolke nach Süden (Abb. 7.8) und erreichte Süddeutsch-

---

[*] Zur Erinnerung: Einhundert Millisievert als Einmaldosis bedeuten ein einprozentiges Krebsrisiko (s. Kap. 4.4.6).

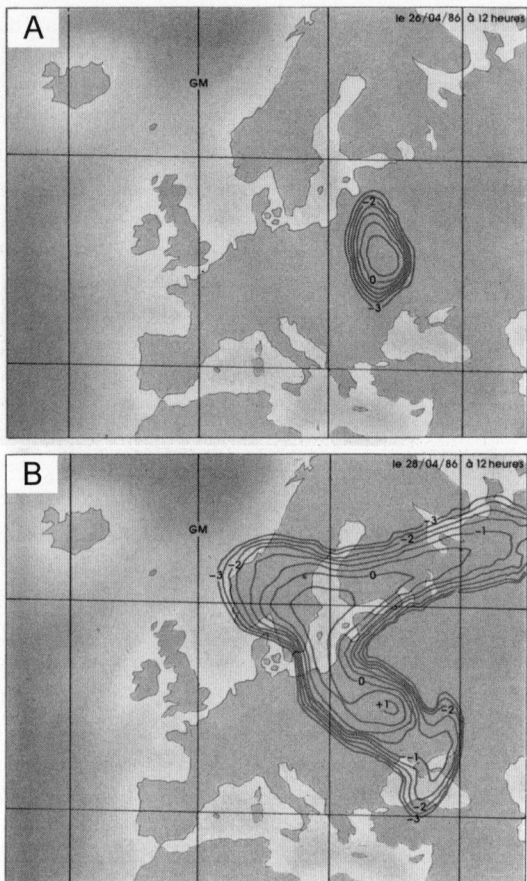

Abb. 7.8 Ausbreitung der radioaktiven Luftmasse aus dem Tschernobyl-Reaktor über Europa. Teilbilder: A am 26.4.1986, B am 28.4.1986, C am 30.4.1986 und D am 2.5.1986, jeweils um zwölf Uhr mittags (aus [Du 89] mit freundlicher Genehmigung von Météo-France, Paris).

land am 30. April. Hier verursachte eine Regenperiode bis zum 8. Mai eine beträchtliche Zufuhr radioaktiver Substanzen auf den Boden, bis zu 25 000 Becquerel Cäsium-137 pro Quadratmeter [Do 87, Bu 95]. Später sank die Ablagerung durch Verdünnung der Luftmasse auf Werte in der Nähe der natürlichen Aktivität des Bodens (10 000 Becquerel pro Quadratmeter) oder darunter. Man konnte sie aber auf der ganzen nördlichen Halbkugel nachweisen, auch in den USA und in Japan.

Hier seien noch einige besonders interessante Messergebnisse im Zusammenhang mit der Verbreitung der in Tschernobyl freigesetzten Aktivität genannt:
- In Grönland wurden am 1. Mai 1986 in einer zehn Zentimeter dicken Schneeschicht 8,1 Becquerel pro Quadratmeter Cäsium-137 und 2,6 Becquerel pro Quadratmeter Cäsium-134 registriert [Da 87].

7.2 Der Tschernobyl-Unfall mit weltweiten Folgen 173

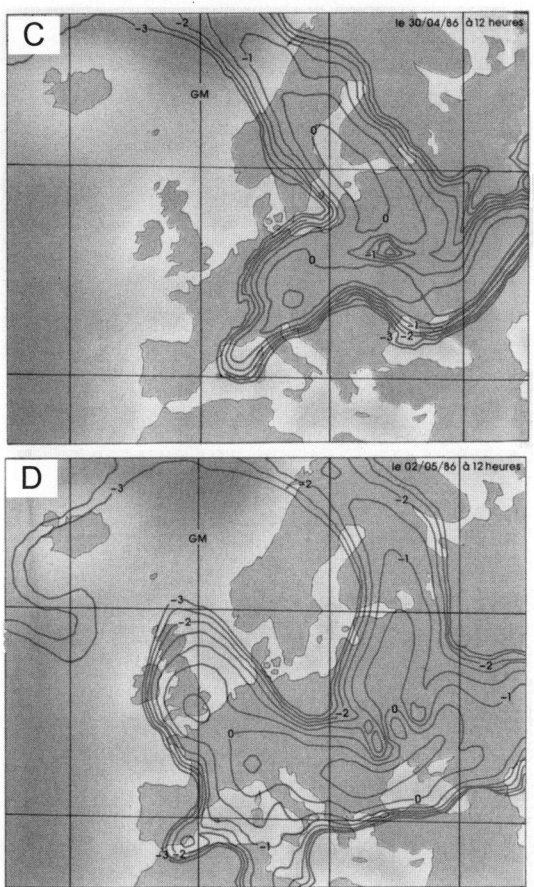

Abb. 7.8 Ausbreitung der radioaktiven Luftmasse aus dem Tschernobyl-Reaktor (Forts.)

- Von ähnlicher Größe, also etwa 300-mal kleiner als in Nord- und Mitteleuropa, war die Aktivität in Kanada und in den USA, wohin die Luftmasse erst um den 9. Mai gelangte.
- In Schweden wurden am 28. April zahlreiche „heiße Teilchen"(s. Abb. 5.14) beobachtet mit Durchmessern bis zu zehn Mikrometern und Aktivitäten bis zu 15 000 Becquerel pro Teilchen [De 86].
- Auf dem Meer und auf Binnenseen niedergeschlagene Aktivität lagert sich sehr schnell an Plankton und suspendiertes Material an und sinkt mit diesem auf den Grund [Fow 87, Kem 87]. Innerhalb weniger Tage findet man die Aktivität dann in 200 Metern Tiefe. In der Nordsee wurde vor Bergen in dieser Tiefe eine Aktivitätszufuhr von 50 Becquerel pro Quadratmeter und pro Tag gemessen; ähnliche Werte fand man vor Korsika.
- Die geografische Verteilung der niedergeschlagenen Aktivität in den alten Bundesländern Deutschlands zeigt Abb. 7.9. Die Luftmasse zog von Norden her über uns hinweg und wurde erst über Süddeutschland durch Regen ausgewaschen. Die Flächenkonzentration der Aktivität ist also im Wesentlichen durch die Intensität der Niederschläge bedingt.

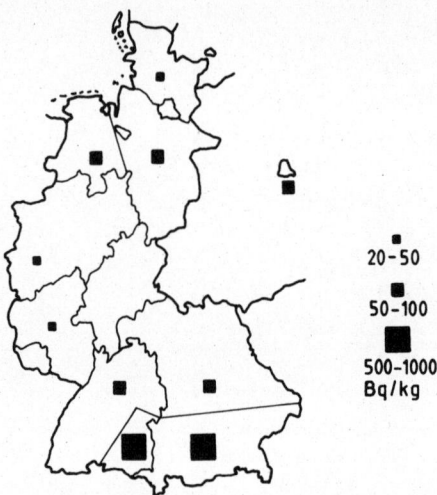

Abb. 7.9 Spezifische Aktivität von Cäsium-137 in den obersten fünf Zentimetern des Bodens in Westdeutschland im Mai und Juni 1986 (nach [Ne 86]).

Wie wir bereits besprochen hatten (s. Kap. 4.4), sind die gesundheitlichen Schäden radioaktiver Strahlung durch die im Körper absorbierte Strahlendosis bestimmt. Diese beruht zum einen Teil auf der Bestrahlung des Körpers von außen durch die Aktivität in Luft, Wasser und Boden. Zum anderen Teil wird sie von den mit Atmung und Nahrung in den Körper aufgenommenen Substanzen geliefert. Es gibt zahlreiche Messungen der durch den Unfall verursachten Strahlendosis, von denen wir hier nur die wichtigsten betrachten wollen.

Am stärksten betroffen waren natürlich die am Reaktor Beschäftigten sowie die Hilfskräfte der Feuerwehr und anderer Organisationen in den ersten Stunden nach der Explosion. Auf dem Dach des zerstörten Reaktorgebäudes und in seinem Inneren erreichte die Strahlendosis anfangs mehr als tausend Sievert pro Stunde (Dosis LD-50 in 15 Sekunden!) [OE 95, Sh 96]. Von den etwa 400 in der Nacht des Unfalls beschäftigten Personen litten 237 an akuter Strahlenkrankheit (s. Kap. 4.4.5). Von ihnen erhielten 42 mehr als die Dosis LD-50, nämlich zwischen vier und sechzehn Gray. Drei Personen starben unmittelbar nach dem Unfall durch Schock und Verbrennungen, 28 weitere innerhalb einer Woche an der akuten Strahlenkrankheit. Die anderen elf Personen mit mehr als einer Dosis von vier Gray überlebten zunächst. Über ihr weiteres Schicksal ist nichts Genaues bekannt. Insgesamt starben bis 1991 mehr als einhundert der Beschäftigten [Ch 91].

Die aus dem 30-Kilometer-Umkreis evakuierten Menschen erhielten vor dem Abtransport im Mittel eine Dosis von 120 Millisievert durch externe Bestrahlung und 80 Millisievert durch interne [Ki 87]. Daraus errechnet sich eine Wahrscheinlichkeit von zwei Prozent für eine tödliche Krebserkrankung. Besonders hoch war die Schilddrüsendosis von Kleinkindern durch das mit der Nahrung und Atmung aufgenommene Iod-131, nämlich bis zu 2,5 Sievert. Erheblich stärker wurde der Bereich von Gomel,

7.2 Der Tschernobyl-Unfall mit weltweiten Folgen

100 Kilometer nördlich von Tschernobyl betroffen. Dorthin trieb ein großer Teil der Radioaktivität in den ersten Tagen nach dem Unfall. Die Ganzkörperdosis während der Jahre 1986 bis 1989 betrug für 270 000 Einwohner dieser Gegend im Mittel 40 Millisievert mit Höchstwerten bis zu 250 Millisievert [OE 95]. Die Schilddrüsendosis von Kleinkindern lag hier im Mittel bei einem Sievert mit Höchstwerten bis zu 40 Sievert! Aus diesen Dosiswerten lässt sich mit den bekannten Risikofaktoren (s. Kap. 4.4.6) die Sterblichkeit durch strahlenindizierten Krebs errechnen. Für die gesamte Ukraine ergeben sich 15 000 bis 30 000 Fälle innerhalb von 50 Jahren [Ch 91, Sh 96]. In Weißrussland ist mit ähnlichen Zahlen zu rechnen. Krebserkrankungen der Schilddrüse bei Kindern und Jugendlichen unter 18 Jahren haben im Bereich Gomel bis 1998 auf das 60-fache der vor dem Unfall beobachteten Häufigkeit zugenommen [Hi 03, Le 01]. Bis heute wurden etwa 8200 Fälle registriert [He 97, Th 03]. Die Weltgesundheitsorganisation geht davon aus, dass jeder dritte Jugendliche in der Region Gomel, der zum Zeitpunkt des Unglücks jünger als vier Jahre war, im Laufe seines Lebens an Schilddrüsenkrebs erkranken wird [Le 01, Th 03].

Außerhalb der am stärksten betroffenen Gebiete in der Ukraine und in Weißrussland gibt es nur wenige direkte Messungen der Strahlendosis an den betroffenen Menschen. Sie kann aber aus der auf den Böden abgeschiedenen und aus der mit der Nahrung aufgenommenen Aktivität der einzelnen Nuklide berechnet werden. Dabei ergibt sich für den europäischen Teil der Sowjetunion eine mittlere Dosis von 32 Millisievert [Ja 88, Ki 87, OE 95]. Für das übrige Europa und auch für Deutschland findet man Werte zwischen ein und zehn Millisievert, abhängig von der Niederschlagsmenge, und jeweils für einen Zeitraum von 50 Jahren berechnet. Hieraus lassen sich auch die Wahrscheinlichkeiten für tödliche Krebserkrankungen abschätzen. Die Zahlen der verschiedenen Autoren weichen allerdings sehr stark voneinander ab, da zur Berechnung teilweise bis um das Zehnfache verschiedene Risikofaktoren verwendet wurden (s. Kap. 4.4.6). Für den europäischen Teil der Sowjetunion wurden zwischen Null (sic!) und 70 000 Todesfälle innerhalb von 50 Jahren genannt [Al 91, An 88, Ch 91, Co 87, Fr 87, OE 95]. Für das übrige Europa findet man Werte zwischen Null und 17 000. Für Deutschland liefert eine mittlere Dosis von einem Millisievert in 50 Jahren mit dem Risikofaktor 0,05 pro Sievert 2650 Fälle. Schätzungen für die ganze Nordhalbkugel der Erde liegen zwischen 4000 und 16 000 [An 88, Gin 06, Go 87, Pe 06]. Diese stark voneinander abweichenden Zahlen sind auch der Grund für viele Kontroversen zwischen Gegnern und Befürwortern der Kernenergie. Das unterstreicht die Notwendigkeit, statistisch gesicherte Angaben über die Risikofaktoren bei kleinen Strahlendosen zu ermitteln.

Mit Ausnahme der Schilddrüsentumoren bei Kindern in den am stärksten betroffenen Gebieten lässt sich bis heute nicht feststellen, ob eine Krebserkrankung natürlichen Ursprungs oder strahleninduziert ist. Geht man von insgesamt 30 000 Fällen aus, so müssten bis heute schon etwa 8000 Personen gestorben sein [Ta 00]. Da der Krebs weltweit etwa 25 Prozent aller Todesfälle ausmacht, bedeuten die genannten Zahlen, absolut gesehen, natürlich nur eine sehr kleine Erhöhung der Todesrate. Beispielsweise machen die für Deutschland prognostizierten 2650 Fälle nur 0,02 Prozent der in 50 Jahren zu erwartenden Gesamtzahl (13 Millionen) aus. Deren statistische Schwankung beträgt 3600, ist also von der gleichen Größenordnung wie die Zahl der strahleninduzierten Fälle. Sie „fallen also kaum auf". Außerdem verändert sich die Häufigkeit der „normalen" Krebserkrankungen durch Umwelteinflüsse und Änderungen der Lebensweise ständig. In absehbarer Zeit wird es nicht möglich sein, von einem bestimmten Tumor zu sagen, ob er durch die Aktivität von Tschernobyl induziert ist oder nicht (s. Kap. 4.4.6).

Von Kernkraftbefürwortern wird immer wieder versucht, die Folgen des Tschernobyl-Unfalls herunter zu spielen. Dabei wird die Erhöhung der natürlichen Krebstodesrate um „nur" wenige hundertstel Prozent mit den Todesrisiken durch andere Zivilisationsfaktoren verglichen, beispielsweise mit dem Rauchen oder dem Autofahren. Diese Risiken sind im Allgemeinen viel höher als dasjenige, einen durch die Tschernobyl-Katastrophe verursachten Krebs zu bekommen. Bei einer solchen Argumentation werden allerdings zwei Tatsachen übersehen: Erstens sind die absoluten Zahlen von einigen zehntausend Toten durch den Unfall erschreckend hoch. Niemand möchte gern dazu gehören. Zweitens unterliegt das Krebsrisiko aus dem Tschernobyl-Unfall nicht unserer eigenen freien Entscheidung, wie etwa das Rauchen.

Ebenso umstritten wie die erwartete Zahl von Krebstoten ist der Nachweis genetischer Schäden in der bestrahlten Bevölkerung [Bak 96, Du 96, Hi 96, Sto 01b]. Zwar blieb die beobachtete Zunahme von Basensubstitutionen im Cytochrom-b-Gen von Wasserratten um mehr als das Hundertfache unwidersprochen; ebenso die Zunahme der Mutationsrate von Weizenpflanzen auf das Sechsfache [Kov 00]. Aber beim menschlichen Erbgut ist man sich nicht einig. Bei Kindern aus dem Distrikt Mogilew in Weißrussland wurde eine Verdoppelung bestimmter Genmutationen gefunden, bei Kindern der Liquidatoren sogar eine Zunahme auf das Siebenfache [Th 01, We 01]. Bei manifesten Geburtsfehlern beobachtete man ein Anwachsen um zwölf Prozent; im Bezirk Gomel sogar um einhundert Prozent [Hu 98]. Andere Autoren schätzen die Zunahme nur auf 0,015 Prozent. Es ist sicher noch zu früh, um hier eine verlässliche Aussage zu erhalten. Der Prozentsatz der Missbildungen bei Kälbern und Küken stieg in einigen Gebieten um das Hundertfache [Ch 91]. Die Abb. 7.10 zeigt einige Missbildungen an Pflanzen im Bereich Tschernobyl.

Als Folge des Unfalls werden große Gebiete in der Ukraine für Jahrzehnte oder Jahrhunderte unbewohnbar bleiben [OE 95, Sh 96]. Dazu gehört mit Sicherheit die 10-Kilometer-Zone um Tschernobyl mit der Stadt Pripjat (Abb. 7.11). Auch die 30-Kilometer-Zone wird noch längere Zeit gesperrt bleiben müssen. In Weißrussland dürfen 2640 Quadratkilometer landwirtschaftlicher Fläche für unbestimmte Zeit nicht mehr bebaut werden, in der Ukraine 2100 Quadratkilometer. Nur eine kleine Zahl älterer Menschen konnten bisher mit Duldung der Behörden in die 30-Kilometer-Zone zurückkehren. Dort besteht auch die Gefahr der Verseuchung des Grundwassers mit Strontium-90 in den kommenden hundert Jahren. Die anderen beiden hauptsächlich zur Strahlengefahr beitragenden Nuklide, Cäsium-137 und Plutonium-239, bleiben für Jahrzehnte in den obersten 10 bis 20 Zentimeter der Böden absorbiert. Etwa 5000 Quadratkilometer dürften demnach für mindestens hundert Jahre unbewohnbar bleiben, bis die Cäsiumaktivität genügend abgeklungen ist. Dann muss allerdings noch das Plutonium entfernt werden, wofür man bis heute aber kein bezahlbares Verfahren kennt.

Ein großes Problem stellt auch die Sicherheit des einbetonierten Reaktors dar (s. Abb. 7.6) [OE 95]. Seine Schutzhülle, der Sarkophag, ist durch Erosion und Bodenabsenkungen allmählich brüchig geworden. Das Dach hat Risse und droht, einzustürzen. Dadurch besteht die Gefahr, dass der radioaktive Staub, der einen großen Teil des zerstörten Reaktorgebäudes ausfüllt, in die Atmosphäre gelangt. Zurzeit werden durch Risse und

7.2 Der Tschernobyl-Unfall mit weltweiten Folgen

Abb. 7.10 Missbildungen an Pflanzen in der Nähe von Tschernobyl (Foto: A. Salmychin in [Ch 91] mit freundlicher Genehmigung des Springer-Verlags, Heidelberg).

undichte Stellen jährlich etwa 10^{10} Becquerel Cäsium-137 sowie 10^8 Becquerel Plutonium und andere Transurane freigesetzt. Eine vollständige Entsorgung des Reaktors und seines Gebäudes in Endlagern würde viele Milliarden Euro kosten und erscheint unbezahlbar [Ch 91]. Zurzeit wird ein fahrbares Stahldach von 150 m Länge und 100 m Höhe gebaut, das über die Reaktor-Ruine geschoben werden soll – das größte bewegliche Objekt der Welt! Es soll etwa 100 Jahre halten. Auch das wird gut eine Milliarde Euro kosten. Noch ist offen, woher dieses Geld kommen soll. Die Entsorgungsrücklagen der europäischen Kernindustrie enthielten zwar genügend Reserven (s. Kap. 6.4.1), aber offenbar ist diese Quelle verschlossen. Zurzeit wird ein Erkundungsroboter eingesetzt (Kosten 2,7 Millionen US-Dollar), der sich durch Beton und die 190 Tonnen des geschmolzenen und wieder erstarrten Reaktorkerns bohren soll [Al 98]. Falls seine Elektronik der starken Strahlung von teilweise mehr als 35 Sievert pro Stunde standhält, wird er ein Bild vom Inneren des verwüsteten Gebäudes liefern.

Abschließend sei bemerkt, dass die Tschernobyl-Katastrophe wegen der großen wirtschaftlichen Bedeutung der Kernenergiegewinnung immer noch sehr kontrovers beurteilt wird [Ch 91]. Einerseits schiebt man die Schuld an dem Unglück zum Teil auf die man-

Abb. 7.11 Die Stadt Pripjat. Sie hatte einst 45 000 Einwohnern, ist heute aber eine Geisterstadt. Hier kann wahrscheinlich für Jahrhunderte kein Mensch mehr wohnen. Am Horizont in der Mitte erkennt man die Reaktorgebäude von Tschernobyl (Foto: A. Salmychin in [Ch 91] mit freundlicher Genehmigung des Springer-Verlags, Heidelberg).

gelhaften Sicherheitseinrichtungen und auf die schlechte Konstruktion des Reaktors. Damit wird vom menschlichen Fehlverhalten abgelenkt, das sich prinzipiell nie ganz vermeiden lässt. Andererseits wird eine übertriebene Panikstimmung erzeugt, indem man jedem Kernkraftwerk die Möglichkeit des gleichen oder eines ähnlichen Schicksals prophezeit. Aus diesen Gründen sind viele der oben wiedergegebenen Zahlen auch mit Vorsicht zu betrachten, besonders diejenigen über Dosismesswerte und Gesundheitsschäden. Das krasseste Beispiel ist die geschätzte Zahl der zu erwartenden Krebstodesfälle, die zwischen Null und 30 000 variiert.

Die brennendste Frage lautet heute immer noch: *Kann so etwas wie in Tschernobyl auch woanders passieren?* Die Antwort ist sehr einfach: Ja, es kann jederzeit und an fast jedem Reaktor passieren, denn gegen Dummheit ist leider kein Kraut gewachsen. Leichtsinn und Unvorsichtigkeit gibt es überall und immer. Dagegen helfen auch die besten technischen Sicherheitseinrichtungen nicht, denn sie können umgangen oder ausgeschaltet werden [Ba 10]. Es gibt aber eine Hoffnung für die Zukunft: Ein Reaktor, der sich selbst abschaltet, wenn er zu heiß wird. Diesem Ideal kommt der Hochtemperaturreaktor aus Abb. 2.11 b weitgehend nahe. Wird er zu heiß, aus welchem Grund auch immer, so unterbricht sich die Kettenreaktion von selbst [Ku 01]. Allerdings gibt es bei den wenigen, bisher im Betrieb befindlichen Prototypen, in China und Südafrika, noch verschiedene Schwierigkeiten. Sie betreffen aber nur zum kleinen Teil den Reaktor selbst, sondern vor allem die Beherrschung der hohen Temperaturen außerhalb desselben [Br 03, Le 98]. Natürlich liefert ein Hochtemperaturreaktor genauso viele Spaltprodukte und Transurane pro erzeugte Kilowattstunde wie die konventionellen Druck- und Siedewasserreaktoren. Das Abfallproblem ist also nicht gelöst, aber wenigstens besteht keine Gefahr einer Kernschmelze mehr („Super-GAU"). Sollte die Kernenergie eine Zukunft haben, so werden die künftigen Kernkraftwerke sicher mit Hochtemperaturreaktoren bestückt werden.

Nicht nur Leichtsinn und Dummheit können einen großen Kernenergieunfall mit weitreichender radioaktiver Verseuchung auslösen, sondern auch Sabotage und Terrorismus. Auch hiergegen gibt es keine absolute Sicherheit, solange die möglichen Ursachen solcher Handlungen weiterbestehen. Sie liegen letzten Endes in der ungleichen Verteilung des Reichtums weltweit. Es bleibt uns nur die Hoffnung, dass es der menschlichen Vernunft irgendwann einmal gelingen möge, Machtmissbrauch und soziale Ungerechtigkeit zu überwinden.

Kapitel 8
Gibt es Alternativen zur Kernenergie?

Die gegenwärtige Nutzung der Kernenergie ist, wie wir festgestellt haben, in zweierlei Hinsicht problematisch:
- Einerseits besteht ein gewisses Risiko für die ungewollte oder die gewaltsame *Freisetzung von Radioaktivität aus Reaktoren und Wiederaufarbeitungsanlagen.* Ein solches Ereignis kann entweder durch Leichtsinn oder menschliches Versagen eintreten, wie zum Beispiel bei den Reaktorunfällen in Harrisburg oder Tschernobyl. Es kann aber auch durch Terrorismus oder Kriegshandlungen herbeigeführt werden. Bei einem solchen Unfall oder Terrorakt können tausende Quadratkilometer Landfläche auf Jahrhunderte hinaus unbewohnbar werden. Zehntausende Menschen können dann infolge von Krebserkrankungen sterben, und es können Erbgutveränderungen eintreten, über deren Ausmaß man noch nicht ausreichend Bescheid weiß.
- Andererseits besteht die Gefahr, dass *Radioaktivität aus Zwischen- oder Endlagern in die Umwelt* gelangt. Das kann ebenfalls durch menschliches Versagen oder Leichtsinn bei der Verarbeitung, dem Transport oder der Lagerung des Atommülls geschehen. Aber auch Diebstahl oder Gewaltanwendung können zur Freisetzung von Radioaktivität aus solchen Lagern führen. Schließlich sind vor allem oberirdische Lager durch terroristische Aktionen oder Kriegshandlungen gefährdet.

Falls die Nutzung der Kernenergie noch für einige Jahrzehnte weiter betrieben werden soll – und dafür gibt es gute Gründe –, dann sind zweierlei Maßnahmen dringend geboten:
- Zum einen muss die *Sicherheit der Kernenergieanlagen* gegen Leichtsinn und menschliches Versagen soweit erhöht werden, dass die Bevölkerung volles Vertrauen dazu hat und ihre Widerstandshaltung aufgibt. Das kann zum Beispiel geschehen, indem man die jetzt betriebenen Druckwasserreaktoren (s. Abb. 2.9) durch Hochtemperaturreaktoren (s. Abb. 2.11 b) ersetzt, die sich bei Überhitzung selbst abschalten. Damit hat man allerdings noch keine Sicherheit gegen terroristische oder kriegerische Gewaltanwendung. Aber eine solche Sicherheit lässt sich mit technischen Mitteln sowieso nicht erreichen, sondern nur mit menschlicher Vernunft.
- Zum anderen muss das *Zwischen- und Endlagerproblem* sehr rasch gelöst werden. Die Wiederaufarbeitungsanlagen sollten stillgelegt werden, solange keine sinnvolle Verwendung für das dort gewonnene Plutonium gefunden ist. Der Widerstand der Bevölkerung gegen Atommülllager muss durch vertrauensbildende Maßnahmen verringert werden. Dazu gehört, dass die verbrauchten Kernbrennstoffe nach der Entnahme aus dem Reaktor auf dem kürzesten und schnellsten Wege in sichere, unterirdische Lager gebracht werden.

Beide Maßnahmen – Ersatz der Reaktoren und Bau von sicheren Abfalllagern – sind zwar teuer, aber bezahlbar. Sie würden die Gewinne der Kraftwerksbetreiber nur in zumutbarem Umfang schmälern (s. Kap. 6.4.1). Um das durchzusetzen, bedarf es entsprechender politischer Entscheidungen. Der in Deutschland im Jahre 2002 mit knapper Mehrheit des Parlaments beschlossene „Atomausstieg" erscheint hier nicht sonderlich hilfreich [Gr 03]. Er kann bei einem Wechsel der politischen Verhältnisse jederzeit wieder rückgängig gemacht werden, wie die derzeitige Diskussion zeigt. Selbst wenn der Beschluss bestehen bleiben sollte, und wenn im Jahr 2020 das letzte Kernkraftwerk stillgelegt würde, müssen die Abfälle und die Anlagen sicher und dauerhaft entsorgt werden. Die Kosten dafür werden in der gleichen Größenordnung liegen wie die Baukosten aller vorhandenen Kernkraftwerke (s. Kap. 6.4).

Angesichts dieser Problematik stellt sich die Frage: *Brauchen wir die Kernenergie wirklich?* Die Antwort ist ganz einfach: Kurzfristig ja, für vielleicht noch 50 bis 100 Jahre, langfristig nein. Das muss erläutert werden, und wir wollen dazu die gegenwärtige und zukünftige Energiesituation der Menschheit auf der immer dichter bevölkerten Erde kurz untersuchen. Zu diesem Thema gibt es eine fast unüberschaubare Literatur (s. z. B. [He 97]). Daher werden wir hier nicht ins Detail gehen, sondern uns nur einige wenige wichtige Zahlen und Entwicklungstendenzen vergegenwärtigen.

Wieviel Energie brauchen wir eigentlich? Zurzeit benötigt ein Mensch mit mitteleuropäischem Lebensstandard eine Leistung (Energie pro Zeit) von etwa sieben Kilowatt; in Entwicklungsländern sind es nur ein halbes bis zwei Kilowatt [He 97, Ho 02, Ta 85]. In diesen Zahlen ist der gesamte Energiebedarf der Menschen enthalten, für Nahrung, Wohnung, Verkehr, Industrie, Energieerzeugung usw. Weltweit ergab sich im Jahr 2000 ein Gesamtbedarf von $3{,}6 \cdot 10^{20}$ Joule [He 01] Energie bzw. eine Leistung von 10 000 Gigawatt.

Erinnern wir uns kurz daran, dass Energie in Wirklichkeit weder erzeugt noch verbraucht werden kann. Energie wird immer nur von einer Form in eine andere umgewandelt, zum Beispiel von der chemischen Energie der Nahrung in Körperwärme, Bewegung und Abfallprodukte, oder von der elektrischen Energie aus der Steckdose in Heizungswärme oder Licht. Was wir mit „Energieverbrauch" bezeichnen, ist nur die Abnahme einer bestimmten Energieform und die damit verbundene gleichgroße Zunahme einer anderen.

Um den *zukünftigen Energiebedarf* der Menschheit abzuschätzen, nehmen wir an, dass die Weltbevölkerung von heute sieben Milliarden bis zum Jahr 2050 auf zehn Milliarden Menschen anwächst [He 97]. Weiter nehmen wir an, die Menschen in den Industrieländern werden vernünftig und sparen etwas Energie, 30 Prozent wären möglich [He 01]. Die Menschen in den Entwicklungsländern brauchen dagegen sicher mehr als heute. Dann sollten wir im Jahr 2050 einen Leistungsbedarf von im Mittel vier Kilowatt pro Person erwarten können. Für zehn Milliarden Menschen ergibt das eine Leistung von 40 Milliarden Kilowatt bzw. eine Energie von etwa $1{,}4 \cdot 10^{21}$ Joule pro Jahr. Heute gewinnen wir unsere Energie von $3{,}6 \cdot 10^{20}$ Joule jährlich zu etwa 78 Prozent aus fossilen Brennstoffen (Kohle, Öl, Gas), zu 10 Prozent aus Biomasse und zu je 6 Prozent aus Wasserkraft und Kernenergie [He 97, He 01, Ta 85]. Diese Verhältnisse werden sich aber bald ändern, denn die fossilen Brennstoffe gehen langsam zur Neige.

Es ist wohl bekannt, dass die auf dem Festland vorkommenden *Vorräte* an Kohle, Öl, Erdgas sowie an den Kernbrennstoffen Uran und Thorium *begrenzt* sind. Beim gegenwärtigen Verbrauch dürfte das Öl noch etwa 40 Jahre reichen, das Erdgas noch 60 Jahre, die Kohle noch 100 bis 200 Jahre, das Uran noch etwa 100 Jahre und das Thorium vielleicht 1000 Jahre [He 97, Ta 85]. Für Thorium als Brennstoff gibt es allerdings noch keine einsatzfähige Reaktortechnik. Am kritischsten ist es mit dem Erdöl, denn fast einhundert Prozent unserer Treibstoffe für den Straßen- und Luftverkehr werden aus Öl

8 Gibt es Alternativen zur Kernenergie?

hergestellt. Auch ein beträchtlicher Teil der Heizung und der Elektrizitätserzeugung beruht auf Erdölprodukten. Für diese Bedürfnisse müssen wir uns also sehr bald etwas Neues einfallen lassen.

Es ist ferner bekannt, dass die Verbrennung fossiler Rohstoffe als Abfallprodukt Kohlendioxid liefert, und dass dieses die Erdatmosphäre aufheizt: der vieldiskutierte *Treibhauseffekt*. Durch diese Verbrennungsvorgänge ist die Kohlendioxidkonzentration heute schon um 30 Prozent über ihren vorindustriellen Wert angestiegen [He 01]. Das hat zu einer mittleren Temperaturerhöhung der bodennahen Luft von etwa einem Grad geführt. Bei weiter fortgesetzter Verbrennung von Kohle, Öl und Gas in heutigem Umfang wird die Kohlendioxidkonzentration bald auf das Doppelte ihres natürlichen Werts steigen, und die mittlere Lufttemperatur wird um weitere ein bis vier Grad anwachsen. Das klingt zwar wenig, ist aber viel, wenn man die möglichen Folgen für unser Klima bedenkt. Die bis heute beobachtete Temperaturerhöhung hat nämlich das arktische Meereis schon um die Hälfte abschmelzen lassen, von im Mittel vier Meter auf zwei Meter Dicke [He 01, Hü 02]. Im Jahr 1999 war der Nordpol bereits einmal eisfrei! Ist das arktische Eis geschmolzen, dann könnte sich der Golfstrom verlagern oder ganz verschwinden. Dann bekämen wir in Mitteleuropa ein Klima wie heute in Nordnorwegen [He 01]. Schmilzt schließlich das Grönlandeis oder ein entsprechender Teil des antarktischen Festlandeises, so würde der Meeresspiegel um vier bis sechs Meter steigen [Hü 02, ON 02, Schn 97, Si 00, Co 04]. Dadurch würde ein beträchtlicher Teil des heutigen Lebensraums der Erdbevölkerung überflutet. Die Folgen kann man sich nur in den dunkelsten Farben ausmalen (s. Abb. 8.1).

Die Existenz des Treibhauseffekts wird heute nicht mehr bestritten. Lediglich der Öl- und Automobilindustrie nahestehende Fachleute machen gern natürliche Schwankungen des Erdklimas dafür verantwortlich, der Kernindustrie nahestehende dagegen den wachsenden Öl- und Kohleverbrauch [Go 01, Ke 02a, Ke 02b, Ma 00, Tre 97].

Die weitere unbegrenzte Verbrennung fossiler Rohstoffe ist also aus zwei Gründen problematisch: Einmal, weil diese Rohstoffe bald zu Ende gehen, zum anderen wegen des Treibhauseffekts. Was könnte an die Stelle von Kohle, Öl und Erdgas treten? Am naheliegendsten wäre die Kernenergie, denn erstens ist die entsprechende Technik heute hoch entwickelt, zweitens ist die Kernenergie relativ billig, und drittens reichen die Uranvorräte noch mindestens hundert Jahre. Von Nachteil sind die oben genannten Risiken: Unfälle, Terrorismus und das Entsorgungsproblem. Wollte man die fossilen Brennstoffe vollständig durch Kernenergie ersetzen, so müsste die Zahl der Kernkraftwerke weltweit mindestens verzehnfacht werden, von heute 450 auf etwa 5000 [He 97, He 01]. Dadurch würde das gesamte Risiko aber auch entsprechend erhöht, und das auf dem Festland vorhandene Uran wäre innerhalb weniger Jahre verbraucht. Im Meer befindet sich zwar noch etwa zehnmal soviel, aber Möglichkeit und Kosten seiner Gewinnung sind bis heute nicht abschätzbar. Mit Hilfe der aus Kernkraftwerken gewonnenen elektrischen Energie könnte man im Prinzip auch die Bedürfnisse des Straßenverkehrs befriedigen, indem man auf Autos mit Elektro- oder Wasserstoffantrieb übergeht. Im Luftverkehr müsste man zunächst auf Treibstoff aus Biomasse oder aus der Kohleverflüssigung ausweichen.

Oft wird in diesem Zusammenhang auch die *kontrollierte Kernfusion* als mögliche alternative Energiequelle der Zukunft genannt. Dabei werden leichte Atomkerne wie Wasserstoff und Lithium aufeinandergeschossen und zu schwereren verschmolzen. Ob dies

Abb. 8.1 „Wenn die Antarktis schmilzt ..."

jemals in technisch brauchbarem Umfang funktionieren wird, und ob der Wirkungsgrad einer solchen Anlage eine wirtschaftlich interessante Größe erreicht, das ist sehr fraglich. Selbst Fachleute bezweifeln das. Auch werden bei der Kernfusion radioaktive Abfallprodukte in noch nicht übersehbarer Menge und Zusammensetzung erzeugt [Schr 04a]. Das Entsorgungsproblem besteht also weiter. Der begonnene Bau einer Versuchsanlage namens ITER (International Thermonuclear Experimental Reactor) bei Marcoule in Südfrankreich kostet mindestens 10 Milliarden Euro.

Obwohl die Kernenergie also im Prinzip für längere Zeit an die Stelle fossiler Brennstoffe treten könnte, sollten wir uns vielleicht doch ernsthaft nach einer weniger problematischen Energiequelle umsehen. Wir haben schon immer eine solche Quelle zur Verfügung, nämlich die Sonne. Die *Sonnenenergie* ist praktisch unerschöpflich und sauber, ohne radioaktive Abfälle, Treibhauseffekt und mögliche Kernkraftwerksunfälle. Von der Sonne erhalten wir durch Licht- und Wärmestrahlung ständig eine Leistung von 1370 Watt pro Quadratmeter, gemessen in der hohen Atmosphäre in etwa hundert Kilometern Höhe [Gö 97]. Ein Teil dieser Energie wird von den Molekülen unserer Lufthülle und den Wolken in den Weltraum reflektiert, ein Teil wird in der Atmosphäre und der Erdoberfläche absorbiert und dient zur Aufrechterhaltung ihrer Temperatur [He 97, Ta 85, Th 76]. Berücksichtigt man die Schwankungen der Einstrahlung zwischen Tag und Nacht, Sommer und Winter, Pol und Äquator, so ergibt sich für die an der Erdoberfläche

8 Gibt es Alternativen zur Kernenergie?

verfügbare Leistung ein Wert von 170 Watt pro Quadratmeter, gemittelt über das ganze Jahr und die ganze Erde. Diese 170 Watt stehen zur Umwandlung der Sonnenstrahlung in andere Energieformen zur Verfügung. Wenn wir sie mit einem Wirkungsgrad von 10 Prozent umwandeln, was heute technisch möglich ist, dann würden wir etwa 17 Watt pro Quadratmeter Empfängerfläche gewinnen. Bei dem oben errechneten Bedarf von 40 Milliarden Kilowatt für 10 Milliarden Menschen im Jahr 2050 bräuchte man dann eine Fläche von 2,25 Millionen Quadratkilometer (1500 km · 1500 km), etwa die Fläche des Staates Nevada. Das sind pro Person rund 200 Quadratmeter für den gesamten Energiebedarf. Für Elektrizität allein würde etwa ein Viertel davon genügen, ca. 600 000 Quadratkilometer. Das entspricht einem Zwanzigstel der Fläche der Sahara. Für Deutschland allein bräuchte man davon wieder nur rund ein Zwanzigstel, 150 km · 150 km. Da die insgesamt verfügbare Landfläche im Jahr 2050 13 000 Quadratmeter pro Person beträgt [Ta 85], wovon gut die Hälfte ungenutzt bleiben wird, so sollten sich ca. hundert Quadratmeter zur Energiegewinnung leicht finden lassen (Abb. 8.2). Würde man auch über dem Meer Sonnenenergie „tanken", wofür es verschiedene Möglichkeiten gäbe, so wäre das Flächenproblem noch viel kleiner. Die Sonne stellt uns also ein Vielfaches der Energie zur Verfügung, die wir heute und in absehbarer Zukunft brauchen werden, nämlich rund das Tausendfache. Wir müssten diese Energie nur wirtschaftlich nutzen.

Wie realistisch ist also die *Energiegewinnung aus der Sonnenstrahlung*? Hierzu kann man von Fachleuten völlig konträre und zum Teil auch unsachlich vorgetragene Meinungen hören, ganz ähnlich wie bei den Problemen der Kernenergie. Kein Wunder, denn es geht ja im Grunde um dasselbe Thema: Die Energieumwandlung soll möglichst wirtschaftlich erfolgen, das heißt, in kurzer Zeit möglichst viel Geld einbringen. Während das

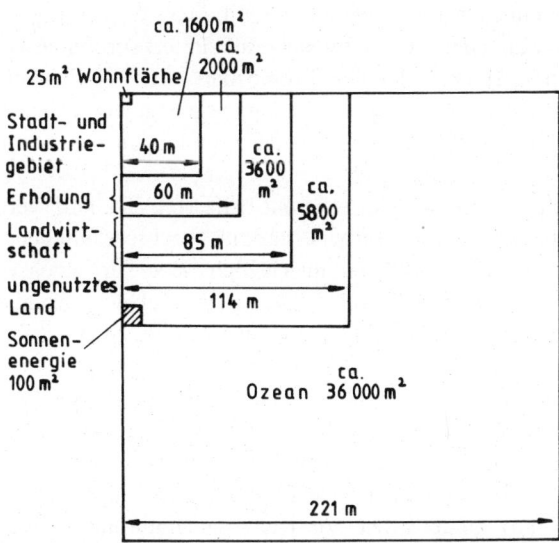

Abb. 8.2 Flächenbedarf bzw. verfügbare Fläche pro Person bei einer Weltbevölkerung von zehn Milliarden Menschen mit mitteleuropäischem Lebensstandard. Gesamte verfügbare Festlandsfläche, ohne Antarktis, etwa 13 000 Quadratmeter pro Person (nach [Ta 85]).

bei der Kernenergie gut zu klappen scheint, sieht es mit der Sonnenenergie noch trübe aus. Hier müssen erst erhebliche Mittel in die Forschung und Entwicklung investiert werden, bevor solche Anlagen Gewinn abwerfen. Die Strahlungsenergie der Sonne lässt sich nämlich auf vielerlei Weisen in andere nützliche Energieformen umwandeln. Das ist auch notwendig, denn wir können ja nicht satt werden, wenn wir uns ins volle Sonnenlicht stellen, oder wir können damit nicht direkt unser Auto oder unsere Waschmaschine antreiben. Den geschicktesten Energieumwandlungsmechanismus haben die grünen Pflanzen erfunden. Sie nutzen die Sonnenstrahlung mit einem Wirkungsgrad von etwa vier Prozent, um aus Wasser und Kohlendioxid Kohlehydrate zu synthetisieren [Rö 92, Ta 85]. Und diese Kohlehydrate enthalten chemische Energie in einer Form, die zur Ernährung von Tieren und Menschen geeignet ist. Ohne Pflanzen würden wir also vom Sonnenlicht nicht satt werden. Die von den Pflanzen produzierten Kohlehydrate können natürlich auch in andere nützliche Energieformen umgewandelt werden: Wärme (Brennholz), Treibstoff („Biodiesel") usw.

Aber es geht hier auch ohne Pflanzen. Wir kennen eine Reihe von Methoden um Sonnenenergie in technisch brauchbare andere Energieformen umzuwandeln, zum Beispiel:

- In Wärmeenergie mittels Solarkollektoren oder in solarthermischen Kraftwerken: Solarkollektoren sind zum Beispiel gläserne Wasser- oder Gasbehälter, die Sonnenstrahlung absorbieren und dadurch eine hohe Temperatur erreichen. Solche Kollektoren können direkt in die Bausubstanz unserer Häuser integriert werden. In solarthermischen Kraftwerken wird die Strahlungsenergie mittels Spiegel konzentriert und in Hochtemperatur-Prozesswärme umgewandelt.
- In elektrische Energie mittels Solarzellen („Fotovoltaik"): Dabei erzeugt die Sonnenstrahlung in einem geeigneten Halbleitermaterial, zum Beispiel Silicium, direkt eine elektrische Spannung, die Strom liefern kann.
- In mechanische und dann in elektrische Energie mit Hilfe von Wasserkraftwerken: Dieses Verfahren wird schon lange weltweit genutzt und liefert zur Zeit etwa 800 Gigawatt, das ist ein Viertel des globalen Strombedarfs [He 97]. Es könnte noch mindestens auf das Sechsfache der heutigen Leistung ausgebaut werden [Schi 08]. Noch nicht genutzt wird dagegen die durch Sonneneinstrahlung in Meeresströmungen und in Meereswellen gespeicherte Energie.
- In mechanische Energie und dann in elektrische mit Hilfe von Windkraftwerken: Die Anwendung dieser Methode ist zurzeit weltweit stark im Wachsen, fällt aber im Vergleich zu anderen Energiequellen noch kaum ins Gewicht. Heute erzeugen Windenergieanlagen etwa 150 Gigawatt und somit 5 Prozent des globalen Strombedarfs [He 97]. Technisch realisierbar wären etwa 70 000 Gigawatt, was dem 22-fachen des gesamten Strombedarfs entspricht [Schi 08].

Schließlich muss in diesem Zusammenhang auch die *Wärmeenergie aus dem Erdinnern* als mögliche zukünftige Energiequelle genannt werden. Sie rührt hauptsächlich vom radioaktiven Zerfall des Kaliums, Thoriums und Urans in den Gesteinen der Erdkruste her (s. Kap. 5.1). Mit wachsender Tiefe nimmt die Temperatur aus diesem Grunde um etwa drei Grad pro hundert Meter zu. Den Temperaturunterschied zwischen verschieden tiefen Erdschichten kann man nutzen, um die Wärmeenergie in mechanische und elektrische umzuwandeln. Allein in den obersten zehn Kilometer der Erdkruste, die der technischen Erschließung zugänglich wären, ist eine Wärmeenergie von

$1{,}7 \cdot 10^{20}$ Kilowattstunden gespeichert [He 97]. Wenn man diese vollständig nutzen könnte, würde das reichen um den gesamten Energiebedarf der Menschheit für eine Million Jahre zu decken!

Sonne und Erde bieten uns also genügend Möglichkeiten, Energie in technisch nutzbarer Form zu gewinnen. Warum werden diese Quellen heute aber nicht in großem Umfang weltweit genutzt? Die Antwort ist einfach: Weil die notwendigen Entwicklungsarbeiten noch nicht abgeschlossen sind und weil diese viel Geld kosten, bevor daraus Gewinne erwartet werden können. Der Wirkungsgrad von Solarzellen liegt heute erst zwischen 10 und 20 Prozent. Ihr Beitrag zum gesamten Energieumsatz beträgt weniger als ein Prozent. Und die damit gewonnene elektrische Energie ist noch viel zu teuer. Ähnliches gilt für die Windkraftanlagen, obgleich es hier schon etwas besser aussieht. Die Energieumwandlung aus Meereswellen, Meeresströmungen und der Erdwärme steckt noch tief in den Kinderschuhen.

Was kann man tun, um die Entwicklung regenerativer Energiequellen voranzutreiben? Die Antwort ist ebenfalls einfach: Man muss investieren. In den Jahren von 1974 bis 1992 wurden in Deutschland beispielsweise drei Milliarden Mark öffentlicher Mittel für diese Zwecke zur Verfügung gestellt [Bu 92]. Für die Kernenergie wurde hingegen das Zehn- bis Hundertfache dieser Summe aufgewendet[*], obwohl die Reaktortechnik schon 1970 weitgehend ausgereift war. Würde man in den kommenden 50 Jahren – bis zum Ende des Erdölzeitalters – weltweit ebensoviel in die Entwicklung der Sonnenenergietechnik investieren, wie in der zweiten Hälfte des vorigen Jahrhunderts in die Kernenergie, nämlich etwa 2000 Milliarden Dollar, dann wäre die Sonnenenergie mit Sicherheit bald konkurrenzfähig. Wahrscheinlich würden schon zehn Prozent dieser Ausgaben für die Kernenergie genügen, denn die Solartechnik ist wesentlich weniger aufwändig. Vor allem aber birgt sie nicht die Risiken der Kerntechnik, das heißt, man braucht nicht die vielen sehr teuren und auch störanfälligen Sicherheits- und Entsorgungseinrichtungen.

Wir haben also mittelfristig die Wahl: Entweder Kernenergie mit dem bekannten Gefahrenpotential oder Sonnenenergie mit einer noch länger dauernden Entwicklungsphase. Beide Alternativen werden viel Geld kosten: Die Kernenergie für den Bau neuer Hochtemperaturreaktoren und für die Abfallbeseitigung, die Sonnenenergie für die Entwicklung billiger Anlagen mit hohem Wirkungsgrad. Langfristig, das heißt für die Zeit nach etwa 2100 bleibt nach unserer heutigen Kenntnis nur die Sonnenenergie in all ihren Erscheinungsformen zur Versorgung der Menschheit übrig.

---

[*] Schätzwert; genaue Angaben darüber sind leider nicht zu erhalten.

Anhang

Hier sind einige Zahlen und Daten zusammengestellt, die zur Beurteilung des Gefahrenpotentials von Atommüll nützlich sind.
In der Tabelle A-1 sind Halbwertszeiten, Zerfallsenergien und Ausbeute der häufigsten Spaltprodukte aufgeführt. Tabelle A-2 enthält entsprechende Angaben für die wichtigsten Transurane und Urannuklide.

Die Abbildungen A-1 bis A-3 zeigen die Reichweite von Alpha-, Beta- und Gammastrahlen in verschiedenen Stoffen. In Abbildung A-4 ist die Ionisierungsdichte von Alpha- und Betastrahlen in Wasser bzw. weichem Körpergewebe als Funktion der Strahlenenergie dargestellt. Abbildung A-5 enthält die Zerfallsreihen der wichtigsten Spaltprodukte.

Tabelle A-1: Eigenschaften der wichtigsten Spaltprodukte

In der ersten Spalte stehen unter den Elementnamen die Massenzahlen ($A = N + Z$); in der zweiten Spalte die Halbwertszeiten $t_{1/2}$ (s Sekunden, m Minuten, h Stunden, d Tage, a Jahre, Ma Millionen Jahre); in der dritten Spalte die maximale Betaenergie E_β; in der vierten die hauptsächlichen Gammaenergien E_γ; in der fünften Spalte die Ausbeute in Prozent bei der Spaltung von Uran-235 (Zahlen nach [Is 62, Nu 98]).

Nuklid	$t_{1/2}$	E_β (MeV)	E_γ (MeV)	Prozent
Krypton				
-85 *	4,48 h	0,8	0,15	1,2
-85	10,76 a	0,7	(0,514)	0,32
-87	1,27 h	3,5; 3,9	0,403; 2,55; 0,845	2,7
-88	2,84 h	0,5; 2,9	2,392; 0,196; 2,196	1,8
Rubidium				
-88	17,8 m	5,3	1,836; 0,898	1,8

Nuklid	$t_{1/2}$	E_β (MeV)	E_γ (MeV)	Prozent
Strontium				
-89	50,5 d	1,5	(0,909)	4,8
-90	28,64 a	0,5	–	2,9
-91	9,5 h	1,1; 2,7	1,024; 0,75	1,9
-92	2,71 h	0,6; 1,9	1,38	5,0
Yttrium				
-90	64,1 h	2,3	(2,186)	2.9
-91 *	50 m	–	0,556	1,9
-91	58,5 d	1,5	(1,205)	1,9
-92	3,54 h	3,6	0,934; 1,405	6,0
-93	10,1 h	2,9	0,267; 0,947	3,15
Zirkon				
-93	1,5 Ma	0,06	–	3,15
-95	64,0 d	0,4; 1,1	0,757; 0,724	3,2
Niob				
-95	34,97 d	0,2	0,766	3,2
-96	23,4 h	0,7	0,778; 0,569	6,3
-97	1,23 h	1,3	0,658	6,3
Molybdän				
-99	66,0 h	1,2	0,740; 0,182	2,0
Technetium				
-99 *	6 h	–	0,14	2,0
-99	0,21 Ma	0,3	–	2,0

Eigenschaften der wichtigsten Spaltprodukte

Nuklid	$t_{1/2}$	E_β (MeV)	E_γ (MeV)	Prozent
Ruthenium				
-103	39,3 d	0,2; 0,7	0,497; 0,610	1,45
-106	1,02 a	0,04	–	0,19
Rhodium				
-103	56,1 m	–	0,04	1,45
-106	30 s	3,6	0,512	0,19
Palladium				
-107	6,5 Ma	0,03	–	0,1
Tellur				
-129	1,16 h	1,5	0,028	0,5
-132	76,3 h	0,2	0,228; 0,050	2,15
Iod				
-129	15,7 Ma	0,2	0,040	0,5
-132	2,3 h	2,1	0,668	2,15
-135	6,61 h	1,5; 2,2	1,26; 1,13	2,1
Xenon				
-133	5,25 d	0,3	0,081	6,5
-135	9,1 h	0,9	0,25	2,1
Cäsium				
-135	2,0 Ma	0,2	–	2,1
-137	30,17 a	0,5; 1,2	–	2,95
Barium				
-137	2,55 m	–	0,662	2,95
-139	83,06 m	2,4	0,166; 1,421	6,2
-140	12,75 d	1,0	0,537; 0,03; 0,163	3,2

Nuklid	$t_{1/2}$	E_β (MeV)	E_γ (MeV)	Prozent
Lanthan				
-140	40,27 h	1,4; 2,2	1,596; 0,487	3,2
-141	3,93 h	2,4	1,355	2,85
-142	1,54 h	2,1; 4,5	0,641; 2,398	5,9
Cer				
-141	32,5 d	0,4; 0,6	0,145	2,85
-143	33 h	1,1; 1,4	0,293; 0,057	3,1
-144	284,8 d	0,30	0,134; 0,08	3,0
Praseodym				
-143	13,57 h	0,90	(0,742)	3,1
-144	17,3 m	3,0	0,697	3,0
-145	5,98 h	1,8	0,748; 0,676	4,0
Neodym				
-147	11 d	0,8; 0,9	0,531; 0,091	1,3
-149	1,73 h	1,4; 1,6	0,211; 0,114	0,65
Promethium				
-147	2,62 a	0,22	(0,121)	1,3
-149	53,1 h	1,1	0,286	0,65
Samarium				
-151	93 a	0,1	(0,022)	0,5
Europium				
-155	4,76 a	0,17; 0,25	0,087; 0,105	0,03

Ein Stern (*) nach der Massenzahl bezeichnet einen isomeren Atomkern, das heißt, einen etwas energiereicheren, der meist durch Gammaemission in den Grundzustand (ohne Stern) übergeht. Die Summe der Häufigkeiten aller Spaltprodukte, einschließlich der hier nicht aufgeführten stabilen und seltenen beträgt 200 Prozent, denn ein Urankern bildet jeweils zwei Bruchstücke. Eingeklammerte Zahlenwerte sind unsicher.

Tabelle A-2 Eigenschaften der wichtigsten Urannuklide und Transurane

In der ersten Spalte stehen unter den Elementnamen die Massenzahlen ($A = N + Z$); in der zweiten Spalte die Halbwertszeiten $t_{1/2}$ in Jahren (a); in der dritten die wichtigsten Alphaenergien E_α und in der vierten die wichtigsten Gammaenergien E_γ in der Reihenfolge abnehmender Häufigkeit (Zahlen nach [Nu 98]).

Nuklid	$t_{1/2}$ (a)	E_α (MeV)	E_γ (keV)
Uran			
-232	68,9	5,32; 5,26	58; 129
-233	$1{,}59 \cdot 10^5$	4,82; 4,78	42; 97
-234	$2{,}45 \cdot 10^5$	4,78; 4,72	53; 121
-235	$7{,}04 \cdot 10^8$	4,40	186
-236	$2{,}34 \cdot 10^7$	4,49; 4,45	49; 113
-238	$4{,}47 \cdot 10^9$	4,20	50
Neptunium			
-235	1,09	5,02; 5,00	26; 84
-236	$1{,}54 \cdot 10^5$	–	160; 104
-237	$2{,}14 \cdot 10^6$	4,79; 4,77	29; 87
Plutonium			
-236	2,86	5,77; 5,72	48; 109
-238	87,7	5,50; 5,46	43; 100
-239	$2{,}41 \cdot 10^4$	5,16; 5,14	52
-240	6563	5,17; 5,12	45
-241	14,4	4,90	149
-242	$3{,}75 \cdot 10^5$	4,90; 4,86	45
-244	$8{,}00 \cdot 10^7$	4,59; 4,55	(?)

Nuklid	$t_{1/2}$ (a)	E_α (MeV)	E_γ (keV)
Americium			
-241	432,2	5,49; 5,44	60; 26
-242	141	5,21	49
-243	7370	5,28; 5,23	75; 44
Curium			
-243	29,1	5,79; 5,74	278; 228; 210
-244	18,1	5,81; 5,76	43
-245	8500	5,36; 5,30	175; 133
-246	4730	5,39; 5,34	45
-247	$1,56 \cdot 10^7$	4,87; 5,27	402; 278
-248	$3,40 \cdot 10^5$	5,08; 5,04	(?)
-250	9700	(?)	(?)
Berkelium			
-247	1380	5,53; 5,71	84; 265
Californium			
-248	0,91	6,26; 6,22	43
-249	350,6	5,81; 5,76	388; 333
-250	13,08	6,03; 5,99	43
-251	898	5,68; 5,85	177; 227
-252	2,64	6,12; 6,08	43
Einsteinium			
-252	1,29	6,63; 6,65	785; 139

Strahlungseigenschaften und Zerfallsreihen

Die Abbildungen A-1 bis A-3 geben Aufschluss über die Reichweiten von Alpha-, Beta- und Gammastrahlung in verschiedenen Medien.

Abbildung A-4 zeigt einen Vergleich der Ionisierungseigenschaften von Alpha- und Betastrahlung.

In Abbildung A-5 sind die Zerfallsreihen der 90 wichtigsten Spaltprodukte dargestellt. Jedes Kästchen entspricht einem Nuklid mit seiner Halbwertszeit; $A = N + Z$ ist die Massenzahl. Die Ordnungszahl Z ist hier dem Elementsymbol vorangestellt. Ein waagrechter Pfeil bedeutet Betazerfall (A bleibt gleich, Z wächst um 1, N nimmt um 1 ab); Beispiel Zink ($A = 72, Z = 30, N = 42$) wird zu Gallium ($A = 72, Z = 31, N = 41$). Auf den von links unten nach rechts oben verlaufenden Linien finden sich Isotope jeweils eines Elements. Bei einigen Zerfällen gibt es Verzweigungen, z. B. zerfällt Arsen-81 in zwei („isomere") Nuklide des Selen-81, die verschiedene Energie besitzen. Dasjenige mit der höheren geht mit einer Halbwertszeit von 57 Minuten durch Gammaemission in den Grundzustand über, und dieser zerfällt mit einer Halbwertszeit von 18 Minuten unter Betaemission in Brom-81.

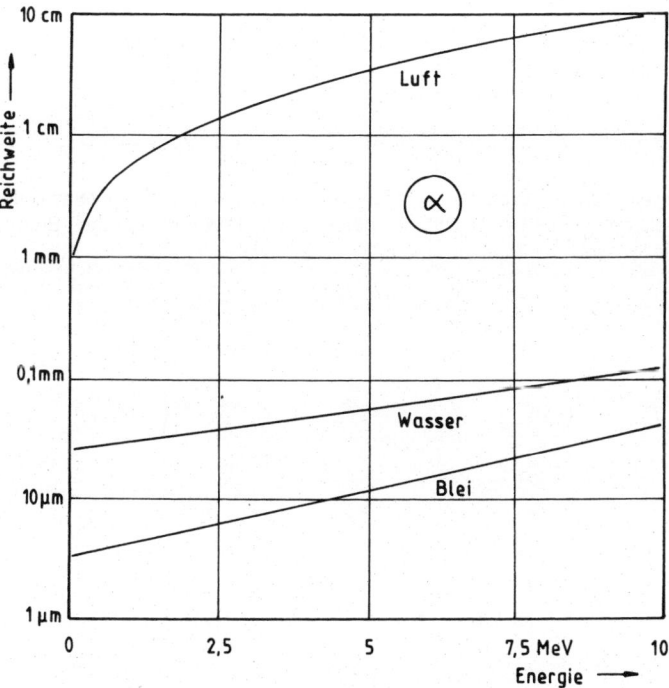

Abb. A-1 Reichweite von Alphastrahlen (logarithmisch) in Abhängigkeit von ihrer Energie in verschiedenen Stoffen. Weiches Körpergewebe hat etwa die gleichen Bremseigenschaften wie Wasser.

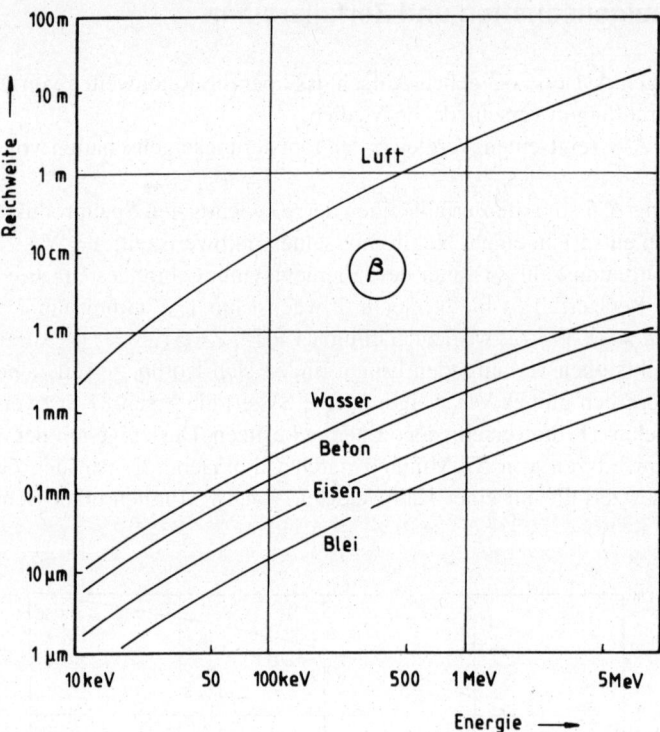

Abb. A-2 Reichweite von Betastrahlen in Abhängigkeit von ihrer Energie in verschiedenen Stoffen (doppelt-logarithmisch). Weiches Körpergewebe hat etwa die gleichen Bremseigenschaften wie Wasser.

Strahlungseigenschaften und Zerfallsreihen 197

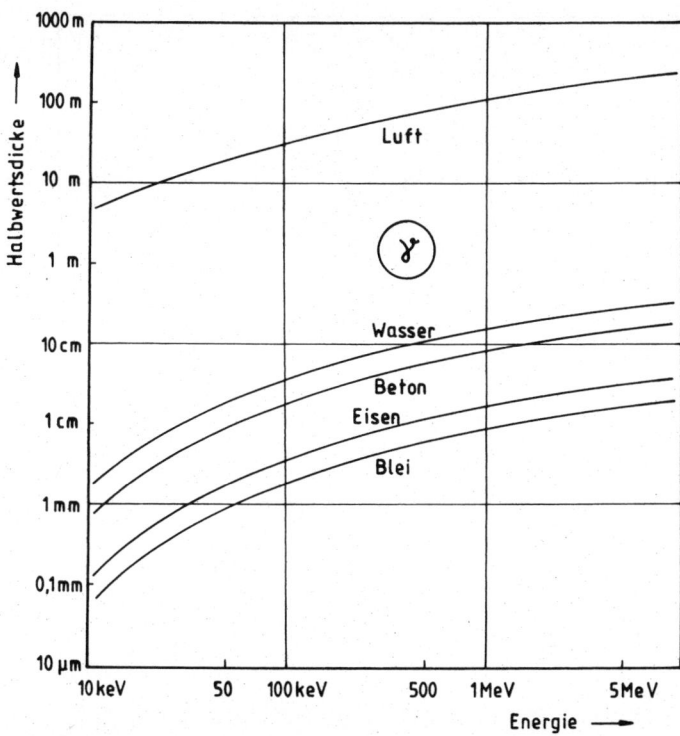

Abb. A-3 Halbwertsdicke für Gammastrahlen in Abhängigkeit von ihrer Energie in verschiedenen Stoffen (doppelt-logarithmisch). Weiches Körpergewebe hat etwa die gleichen Bremseigenschaften wie Wasser.

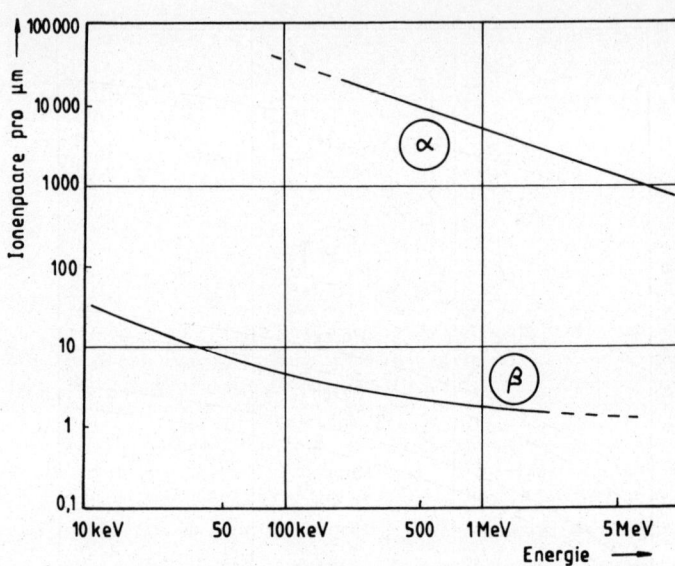

Abb. A-4 Mittlere Ionisierungsdichte für Alpha- und Betastrahlen in Wasser bzw. weichem Körpergewebe als Funktion ihrer Energie (doppelt-logarithmisch).

Strahlungseigenschaften und Zerfallsreihen

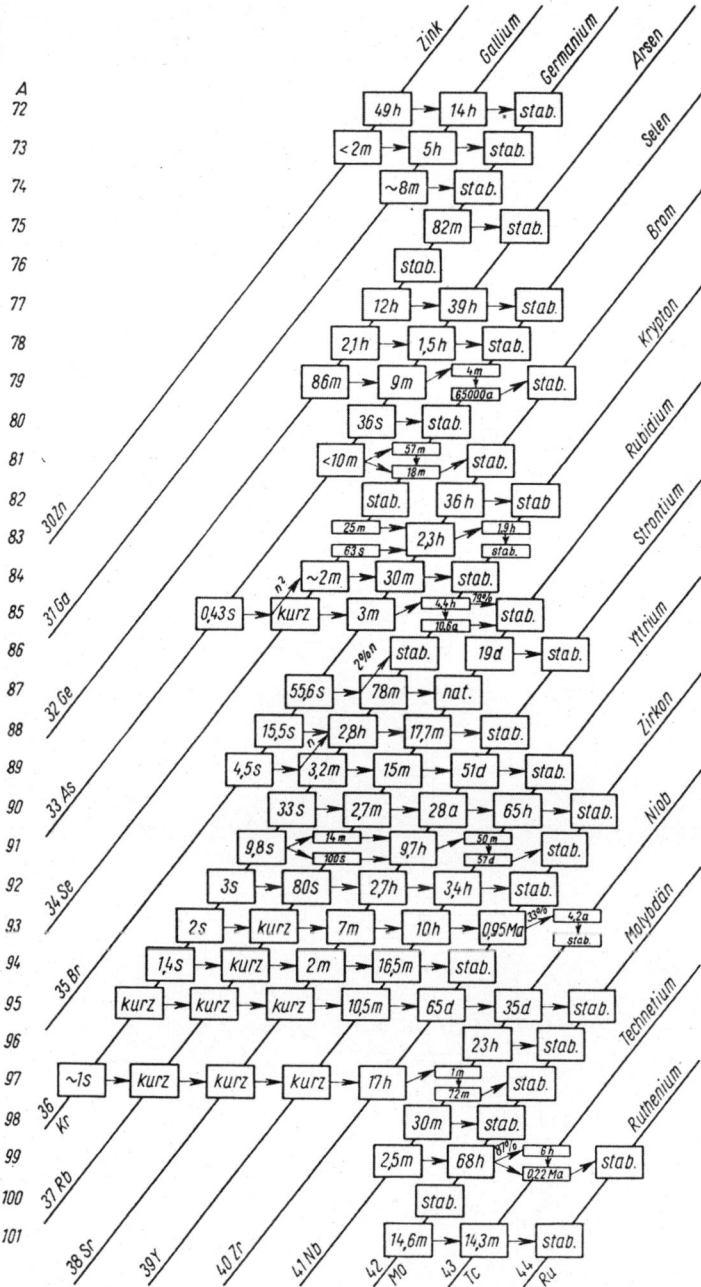

Abb. A-5 Zerfallsreihen der 90 wichtigsten Spaltprodukte (aus [Is 62] mit freundlicher Genehmigung von Prof. Dr. W. Walcher, Marburg).

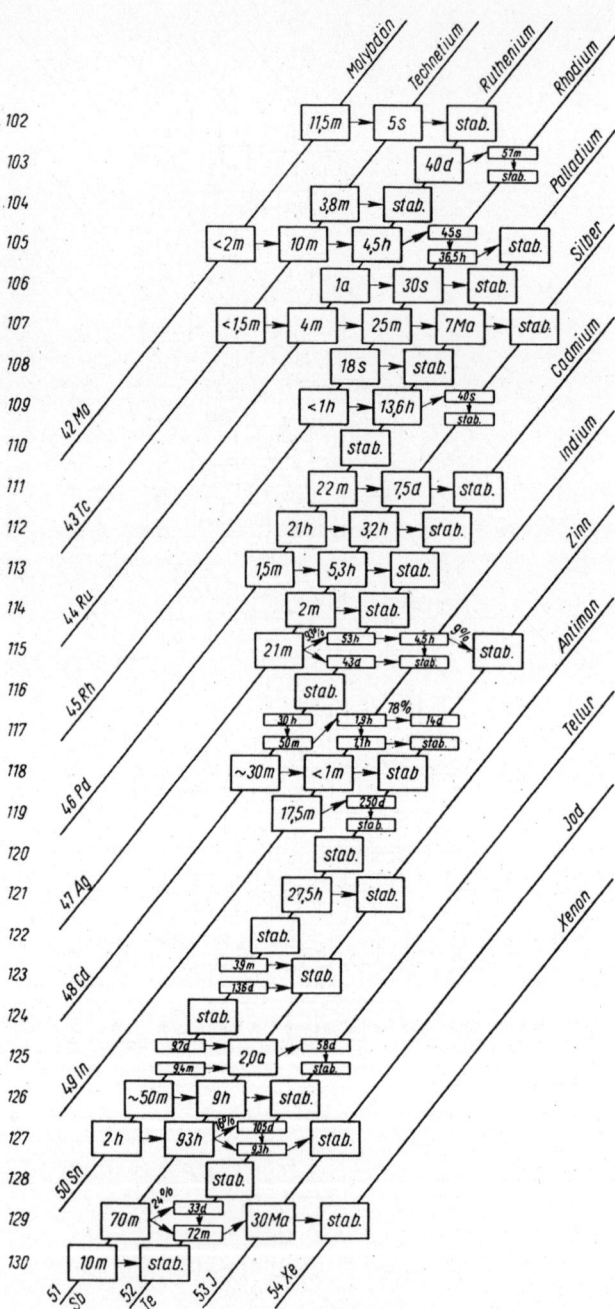

Abb. A-5 Zerfallsreihen der 90 wichtigsten Spaltprodukte (Forts.).

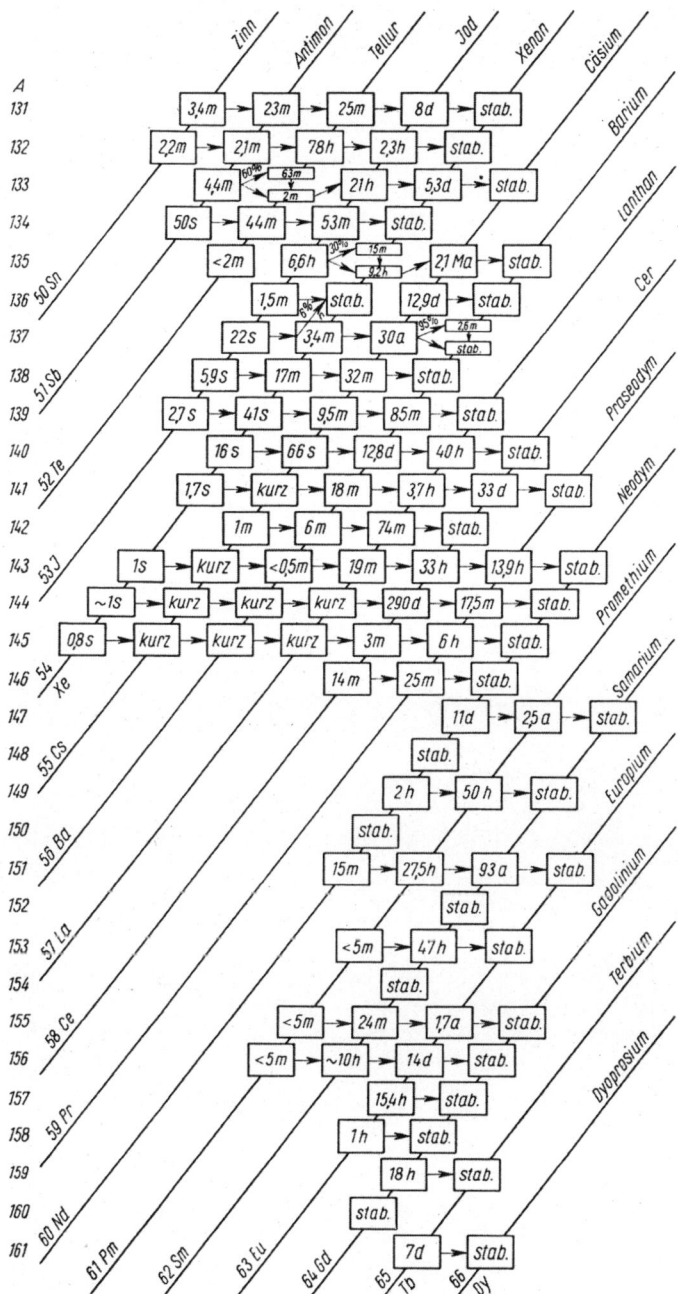

Abb. A-5 Zerfallsreihen der 90 wichtigsten Spaltprodukte (Forts.).

Literatur

Ad 87   M. Aderholz u. S. Wagner, „Das Abklingen der β-Aktivität des Tschernobyl-Fallouts", Physikalische Blätter **43**, 159 (1987)

Ad 02   D. Adam, „Public body appointed to clean up UK's nuclear legacy", Nature **418**, 117 (2002)

Ah 87   J. F. Ahearne, „Nuclear Power After Chernobyl", Science **236**, 673 (1987)

Ah 97   J. F. Ahearne, „Radioactive Waste: The Size of the Problem", Physics Today **50**, Nr. 6, 24 (1997)

Al 91   P. Aldhous, „Five-year toll: 10 000 dead from Chernobyl?", Nature **351**, 4 (1991)

Al 98   J. Alper, „Navigating Chernobyl's Deadly Maze", Science **280**, 826 (1998)

Alp 00   M. Alpert, „Radioactive Wrecks", Scientific American **283**, Nr. 5, 14 (2000)

Alt 00   J. Altmann, „Symposium Plutonium – und was nun?", Physikalische Blätter **56**, Nr. 7/8, 58 (2000)

An 88   L. R. Anspaugh, R. J. Catlin u. M. Goldman, „The Global Impact of the Chernobyl Reactor Accident", Science **242**, 1513 (1988)

As 02   S. Ashley, „Divide and Vitrify", Scientific American **286**, Nr. 6, 13 (2002)

At 86   „Stationen des Atomzeitalters", Südd. Zeitg. v. 30.04.1986

Av 99   T. Avenarius, „Der Bock möchte Gärtner sein", Südd. Zeitg. Nr. 180, 2 (1999)

Ba 03   P. Ball, „To the heart of glass", Nature **421**, 783 (2003)

Ba 08   M. Bauchmüller, „Unter Tage ist Ruh", Südd. Zeitung Nr. **262**, 2 (2008)

Ba 10   J.-O. Baruch, „EPR: la sûreté nucléaire en question", La Recherche No. **43**, 8 (2010)

Bak 96   R. J. Baker u. a., „High levels of genetic change in rodents of Chernobyl", Nature **380**, 707 (1996)

Bal 96   M. Balter, „Children Become the First Victims of Fallout", Science **272**, 357 (1996)

Bj 59   R. Björnerstedt, „Health hazards from fission products fallout", Arkiv för Fysik **16**, 293 (1959)

Bo 87   W. Booth, „Postmortem on Three Mile Island", Science **238**, 1342 (1987)

Bo 01   A. Boecker, „Ein Multi in Sachen nuklearer Abfall", Südd. Zeitg. Nr. 70, 23 (2001)

Bol 02   C. Bolesch, „Transparenz für die Atomindustrie", Südd. Zeitg. Nr. 132, 22 (2002)

Br 55   R. E. Brown, H. M. Parker u. J. M. Smith, „Disposal of Liquid Wastes to the Ground", Proc. 1. UN Int. Conf. on Peaceful Uses of Atomic Energy, Bd. 9, Genf 1955, S. 669

Br 70   C. Bresch u. R. Hausmann, „Klassische und molekulare Genetik" (2. Aufl.), Berlin 1970

Br 90   J. Breckow u. A. M. Kellerer, „Wirkungen kleiner Strahlendosen", Physik in unserer Zeit **21**, 63 (1990)

Br 96   D. J. Bradley, C. W. Frank u. Y. Mikerin, „Nuclear Contamination from Weapons Complexes in the Former Soviet Union and the United States", Physics Today **49**, Nr.4, 40 (1996)

Br 97a	D. J. Bradley, C. W. Frank u. Y. Mikerin, „Contamination nucléaire en Sibérie", La Recherche Nr. 304, 56 (1997)
Br 97b	D. J. Bradley, „Behind the Nuclear Curtain: Radioactive Waste Management in the Former Soviet Union", Columbus 1997
Br 02	G. Brumfiel, „Senate nod prompts fresh analysis of nuclear waste dump", Nature **418**, 262 (2002)
Br 03	G. Brumfiel, „Congress split over funding for ‚safe' nuclear reactor", Nature **425**, 650 (2003)
Bu 92	Der Bundesminister für Forschung und Technologie (Hrsg.), „Erneuerbare Energien", Bonn 1992
Bu 95	K. Bunzl u. a., „Unexpectedly Slow Decrease of Chernobyl-Derived Radiocesium in Air and Deposition in Bavaria/Germany" Naturwissenschaften **82**, 417 (1995)
Bu 00	V. Bürger, „Bleibt die Nordsee atomare Müllkippe?", Südd. Zeitg. Nr. 145, V2/13 (2000)
Bu 02	Bundesministerium für Umwelt, Naturschutz und Reaktorsicherheit (Hrsg.), „Umweltradioaktivität und Strahlenbelastung – Jahresberichte 1999 bis 2002", Bonn 2000 bis 2003
Ch 91	V. M. Chernousenko, „Chernobyl – Insight from the Inside", Berlin 1991
Cl 55	W. D. Claus, „Fundamental Considerations in the Release of Large Quantities of Radioactive Wastes to Land and Sea", Proc. 1. UN Int. Conf. on Peaceful Uses of Atomic Energy, Bd. 9, Genf 1955, S. 17
Co 77	B. L. Cohen, „The Disposal of Radioactive Wastes from Fission Reactors", Scientific American **236**, Nr. 6, 21 (1977)
Co 87	B. L. Cohen, „The nuclear reactor accident at Chernobyl, USSR", American Journal of Physics **55**, 1076 (1987)
Co 00	J. B. Cologne u. D. L. Preston, „Longevity of atomic-bomb survivers", The Lancet **356**, 303 (2000)
Co 04	J. C. Comiso u. C. L. Parkinson, „Satellite-Observed Changes in the Arctic", Physics Today **57**, Nr. 8, 38 (2004)
Crl 97	K. D. Crowley, „Nuclear Waste Disposal: The Technical Challenges", Physics Today **50**, Nr. 6, 32 (1997)
Cro 97	J. F. Crow, „The high spontaneous mutation rate: Is it a health risk?", Proceedings of the National Academy of Sciences USA **94**, 8380 (1997)
Cy 01	D. Cyranoski, „Referendum stalls Japanese nuclear power strategy", Nature **411**, 729 (2001)
Cy 07	D. Cyranoski, „Quake shuts world's largest nuclear plant", Nature **448**, 392 (2007)
Da 87	C. I. Davidson u. a., „Radioactive Cesium from the Chernobyl Accident in the Greenland Ice Sheet"; Science **237**, 633 (1987)
Da 95	M. J. Daly u. K. W. Minton, „Resistance to Radiation", Science **270**, 1318 (1995)
Da 99	C. Day, „Alpha Radiation Can Damage DNA Even When it Misses the Cell Nucleus", Physics Today **52**, Nr. 9, 19 (1999)

Da 01	J. Dawson, „As Decision Time Approaches for Radioactive Waste Repository, a Mountain of Issues Still Unresolved", Physics Today **54**, Nr. 11, 23 (2001)
Da 02	J. Dawson, „Senate Approves Yucca Mountain, but Nevada Continues to Fight", Physics Today **55**, Nr. 9, 30 (2002)
Da 03	J. Dawson, „MIT Study Sees Nuclear Power as Green Weapon Against Global Warming", Physics Today **56**, Nr. 12, 34 (2003)
Da 04	J. Dawson, „Court Rules Against 10000-Year Radiation Safety Standard at Yucca Mountain", Physics Today **57**, Nr. 9, 29 (2004)
Da 10	F. Daninos, „ITER est-il trop cher?", La Recherche **437**, 91 (2010)
Dd 03	ddp, „Eine Halle für 192 Castoren", Südd. Zeitg. Nr. 293, 47 (2003)
De 61	F. Demmig, D.-M. Harmsen u. K.-F. Saur (Hrsg.), „Kernexplosionen und ihre Wirkungen", Frankfurt/Main 1961
De 86	L. Devell u. a., „Initial observations of fallout from the reactor accident at Chernobyl", Nature **321**, 192 (1986)
De 98	W. Demtröder, „Experimentalphysik 4", Berlin 1998
Di 88	D. Dickson, „Details of 1957 British Nuclear Accident Withheld to Avoid Endangering U.S. Ties", Science **239**, 137 (1988)
Di 89	D. Dickson, „Soviets Admit 1957 Nuclear Mishap", Science **244**, 1435 (1989)
Do 87	H. Dörr u. K. O. Münnich, „Spatial Distribution of Soil-^{137}Cs and ^{134}Cs in West Germany after Chernobyl", Naturwissenschaften **74**, 249 (1987)
dp 03	dpa, „Atomgegner klagen gegen Zwischenlager", Südd. Zeitg. Nr. 296, 46 (2003)
Dr 86	G. Drechsler, „Berufliche Strahlenexposition", in: „Mensch und Umwelt", Gesellschaft für Strahlen- und Umweltforschung (Hrsg.), München 1986
Du 58	H. J. Dunster, H. Howells u. W. L. Templeton, „District Surveys following the Windscale Incident, October 1957", Proc. 2. UN Int. Conf. on Peaceful Uses of Atomic Energy, Bd. 29, Genf 1958, S. 296
Du 89	F. Duvernet, „Prévoir la trajectoire d'un nuage pollué: un pari gagné", La Recherche **20**, 1406 (1989)
Du 96	Y. E. Dubrova u. a., „Human minisatellite mutation rate after the Chernobyl accident", Nature **380**, 683 (1996)
Du 98	B. Dutrillaux, „Peut-on savoir si un cancer est dû à la radioactivité?", La Recherche Nr. 308, 68 (1998)
Du 02	Y. E. Dubrova u. a., „Nuclear Weapon Tests and Human Germline Mutation Rate", Science **295**, 1037 (2002)
Ed 02	The Editors, „Is Nuclear Power Ready?", Scientific American **286**, Nr. 1, 6 (2002)
Ei 63	M. Eisenbud, „Environmental Radioactivity", New York 1963
El 86	W. Ellis, „Bikini – A Way of Life Lost", National Geographic, Juni 1986, S. 813
En 06	M. Enserink, „Twenty Years After Chornobyl, Legal Fallout Lingers", Science **312**, 1455 (2006)
Ev 90	H. J. Evans, „Leukaemia and radiation", Nature **345**, 16 (1990)
Ew 09	R. C. Ewing u. F. N. von Hippel, „Nuclear Waste Management in the United States", Science **325**, 151 (2009)

Ey 99	A. Eyre-Walker u. P. D. Keightley, „High genomic deleterious mutation rates in hominides", Nature **397**, 344 (1999)
Fe 86	A. Feldmann, „Strahlenexposition und Strahlenwirkung, Teil II", Physik in unserer Zeit **17**, 107 (1986)
Fe 97	T. Feder, „New Lab Takes Molecular Approach to Nuclear Waste Cleanup", Physics Today **50**, Nr. 4, 55 (1997)
Fe 99	T. Feder, „DOE Opens WIPP for Nuclear Waste Burial", Physics Today **52**, Nr. 5, 59 (1999)
Fe 09	T. Feder, „Need for clean energy", Physics Today **62**, July, 24 (2009)
Fi 97	„Finanzminister: Stromkonzerne sollen vier Milliarden DM Steuern nachzahlen", Wirtschaftsteil d. Südd. Zeitg. Nr. 83, 1 (1997)
Fo 55	R. F. Foster u. J. J. Davis, „The Accumulation of Radioactive Substances in Aquatic Forms", Proc. 1. UN Int. Conf. on Peaceful Uses of Atomic Energy, Bd. 13, Genf 1955, S. 364
For 87	D. Forman u. a., „Cancer near nuclear installations", Nature **329**, 499 (1987)
Fow 87	S. W. Fowler u. a., „Rapid removal of Chernobyl fallout from Mediterranean surface waters by biological activity", Nature **329**, 56 (1987)
Fr 64	T. Franke, A. Kaul, U. Nay u. M. F. Rajewsky, „Untersuchungen an radioaktiven Partikeln aus dem Jahre 1962 („Heiße Teilchen")", Atompraxis **10**, Nr. 1, 1 (1964)
Fr 87	J. Fricke, „Tschernobyl, Hamm, CO_2-Problem", Physikalische Blätter **43**, 20 (1987)
Fr 88	J. Fricke, „Der Windscale-Reaktorunfall", Physik in unserer Zeit **19**, 97 (1988)
Fu 06	I. Fuyuno, „Japan anticipates green light for nuclear plants", Nature **440**, 138 (2006)
Ge 54	W. Gentner, H. Maier-Leibnitz u. W. Bothe, „Atlas typischer Nebelkammerbilder", London 1954
Gil 06	J. Giles, „When the Price is Right", Nature **440**, 984 (2006)
Gin 06	G. S. Ginsburg u.a., „Genomics and Medicine at a Crossroad in Chernobyl", Science **314**, 62 (2006)
Gl 60	S. Glasstone (Hrsg.), „Die Wirkungen der Kernwaffen", Köln 1960
Gl 73	W. Gläser, „Einführung in die Neutronenphysik", München 1973
GN 95	Gesellschaft für Nuklear-Behälter mbH, „CASTOR HAW 20/28 CG-TS28V", Prospekt 1995
GN 96	Gesellschaft für Nuklear-Behälter mbH, „Transport- und Lagerbehälter CASTOR V/19", Prospekt 1996
Go87	M. Goldman, „Chernobyl: A Radiobiological Perspective", Science **238**, 622 (1987)
Go 88	I. Goodwin, „Perils of Aging US Weapons Plants Stir Outrage and Fear of a Time Bomb". Physics Today **41**, Nr. 11, 49 (1988)
Go 92	B. Goss Levi, „Hanford Seeks Short- and Long-Term Solutions to its Legacy of Waste", Physics Today **45**, Nr. 3, 17 (1992)
Go 96	M. Goldman, „Cancer Risk of Low-Level Exposure", Science **271**, 1821 (1996)

Go 97a	I. Goodwin, „Plutonium, a ‚Clear and Present' Legacy of Cold War, Placed by DOE on ‚Dual Track' to Eventual Disposal", Physics Today **50**, Nr. 2, 53 (1997)
Go 97b	I. Goodwin, „Fallout of Atmospheric Nuclear Tests in 1950s and 1960s Exposed More People to Iodine-131 than Chernobyl Accident", Physics Today **50**, Nr. 9, 54 (1997)
Go 98	I. Goodwin, „The Price of Victory in Cold War is $ 5.8 Trillion for Nuclear Arms and Delivery Systems, Says Panel", Physics Today **51**, Nr. 8, 49 (1998)
Go 01	B. Goss Levi, „Warming Oceans Appear Linked to Increasing Atmospheric Greenhouse Gases", Physics Today **54**, Nr. 6, 19 (2001)
Gö 97	A. Goetzberger, B. Voß u. J. Knobloch, „Sonnenenergie: Photovoltaik" (2. Aufl.), Stuttgart 1997
Gr 03	P. Grassmann, „Verwundbare Atommeiler", Südd. Zeitg. Nr. 299, 6 (2003)
GS 86	Gesellschaft für Strahlen- und Umweltforschung, „Umweltradioaktivität und Strahlenexposition in Südbayern durch den Tschernobyl-Unfall", GSF-Bericht 16/86, München 1986
Gu 01a	P. Guinnessy, „Security at US Nuclear Power Plants Boosted after Terrorist Attacks", Physics Today **54**, Nr. 12, 20 (2001)
Gu 01b	P. Guinnessy, „Nations Tackle Nuclear Terrorist Threat", Physics Today **54**, Nr. 7, 29 (2001)
Gu 01c	P. Guinnessy, „Russia Banks on Importing Nuclear Waste", Physics Today **54**, Nr. 9, 24 (2001)
Ha 55	W. C. Hanson u. H. A. Kornberg, „Radioactivity in Terrestrial Animals Near an Atomic Energy Site", Proc. 1. UN Int. Conf. on Peaceful Uses of Atomic Energy, Bd. 13, Genf 1955, S. 385
Ha 57	O. Haxel, „Natürliche und künstliche Radioaktivität in der Atmosphäre", Physikertagung Heidelberg 1957, Mosbach 1957, S. 1
Ha 69	K. Haberer, „Radionuklide im Wasser", München 1969
Ha 84	U. Hagen, „Risiko der Strahlenbelastung in Diagnostik und Therapie", Therapiewoche **34**, 3571 (1984)
Ha 87	U. Hagen, „Genetische Wirkungen kleiner Strahlendosen", Naturwissenschaften **74**, 3 (1987)
He 97	K. Heinloth, „Die Energiefrage", Braunschweig 1997
He 99	W. T. Hering, „Angewandte Kernphysik", Stuttgart 1999
He 01	K. Heinloth, „Energie für unser aller Wohlergehen – Ein Spagat zwischen wollen, haben und können", Vortrag im Deutschen Museum, München 2001
He 09	G. Herrmann, „Investieren in die strahlende Zukunft", Südd. Zeitung v. 13.1.2009
Hi 96	D. M. Hillis, „Life in the hot zone around Chernobyl", Nature **380**, 665 (1996)
Hi 98	F. N. v. Hippel, „How to simplify the plutonium problem", Nature **394**, 415 (1998)
Hi 01	F. N. v. Hippel, „Plutonium and Reprocessing of Spent Nuclear Fuel", Science **293**, 2397 (2001)
Hi 03	F. N. v. Hippel u. a., „Revisiting Nuclear Power Plant Safety", Science **299**, 201 (2003)

Ho 56	F. E. Hoecker, „The Deposition of Radioactive Substances in Bone", Proc. 1. UN Intern. Conf. on Peaceful Uses of Atomic Energy, Bd. 11, Genf 1955, S. 138
Ho 77	W. Hoppe, W. Lohmann, H. Markl u. H. Ziegler, „Biophysik", Berlin 1977
Ho 98	C. D. Hollister u. S. Nadis, „Burial of Radioactive Waste under the Seabed", Scientific American **278**, Nr. 1, 40 (1998)
Ho 02	M. I. Hoffert u. a., „Advanced Technology Paths to Global Climate Stability: Energy for a Greenhouse Planet", Science **298**, 981 (2002)
Hu 98	Otto Hug Strahleninstitut-MHM, „Tschernobyl-Hilfe" (3. Aufl.), München 1998
Hü 02	T. Hürter, „Was das Eis bewegt", Südd. Zeitg. Nr. 72, S. V2/10 (2002)
In 98	Institut f. Meeresforschung d. Universität Hamburg, „Gefahrenpotential versenkten Atommülls überschätzt", Physik in unserer Zeit **29**, 262, (1998)
Is 62	H. Israël u. A. Krebs, „Kernstrahlung in der Geophysik", Berlin 1962
Ja 62	W. Jacobi, „Strahlenschutzpraxis, Teil I", München 1962
Ja 65	W. Jacobi, „Die natürliche Strahleneinwirkung auf den Atemtrakt", Biophysik **2**, 282 (1965)
Ja 88	W. Jacobi, „Strahlenexposition und Strahlenrisiko der Bevölkerung durch den Tschernobyl-Unfall", Physikalische Blätter **44**, 240 (1988)
Ja 99	(Japan), „Experts fly to Japan's nuclear accident site", Nature **401**, 736 (1999)
Jä 74	R. G. Jäger u. W. Hübner (Hrsg.), „Dosimetrie und Strahlenschutz" (2. Aufl.), Stuttgart 1974
Ka 73	H. Kautsky „Radioaktivität im Meer zur Zeit unbedenklich", Umschau **73**, 527 (1973)
Ka 97	W. E. Kastenberg u. L. J. Gratton, „Hazards of Managing and Disposing Nuclear Waste", Physics Today **50**, Nr. 6, 41 (1997)
Ka 99	J. Kaiser, „NRC Pulled into Radiation Risk Brawl", Science **285**, 177 (1999)
Ka 03	J. Kaiser, „Sipping From a Poisoned Chalice", Science **302**, 376 (2003)
Ke 87	Kernforschungszentrum Karlsruhe (Hrsg.), „Wie sicher ist die Entsorgung?" (3. Aufl.), Karlsruhe 1987
Ke 96	R. A. Kerr, „A New Way to Ask the Experts: Rating Radioactive Waste Risks", Science **274**, 913 (1996)
Ke 99	R. A. Kerr, „For Radioactive Waste From Weapons, a Home at Last", Science **283**, 1626 (1999)
Ke 02a	R. A. Kerr, „A Single Climate Mover for Antarctica", Science **296**, 825 (2002)
Ke 02b	R. A. Kerr, „A Warmer Arctic Means Change for All", Science **297**, 1490 (2002)
Ke 09	„Zwischenlagerung", http://www.kernenergie.de/kernenergie/Themen/ Entsorgung/Zwischenlagerung/
Kem 87	S. Kempe u. H. Nies, „Chernobyl nuclide record from a North Sea sediment trap", Nature **329**, 828 (1987)
Ki 87	H. Kiefer u. W. Koelzer, „Strahlen und Strahlenschutz" (2. Aufl.), Berlin 1987
Kol 00	R. D. Kolodner, „Guarding against mutation", Nature **407**, 687 (2000)
Kov 00	O. Kovalchuk, „Wheat mutation rate after Chernobyl", Nature **407**, 583 (2000)

Kö 89	W. Köhnlein, H. Traut u. M. Fischer (Hrsg.), „Die Wirkung niedriger Strahlendosen", Berlin 1989
Kr 02	H. Krieger, „Strahlenphysik, Dosimetrie und Strahlenschutz, Band 1, Grundlagen" (5. Aufl.), Stuttgart 2002
Kr 08	D. Kramer, „DOE urged to proceed more deliberately", Physics Today **61**, July, 19 (2008)
Kr 09	D. Kramer, „Obama and Medwedew set new limits on nuclear arsenals", Physics Today **62**, August, 18 (2009)
Ku 01	K. Kugeler, „Gibt es den katastrophenfreien Kernreaktor?", Physikalische Blätter **57**, Nr. 11, 33 (2001)
La 58	P. Lamarque u. a., „Physiological and Genetic Effects of Ionizing Radiation on Some Plants", Proc. 2. UN Int. Conf. On Peaceful Uses of Atomic Energy, Bd. 27, Genf 1958, S. 275
Le 98	„Lexikon der Physik" (5 Bde.), Heidelberg 1998
Le 01	E. Lengfelder u. C. Frenzel, „15 Jahre nach Chernobyl: Folgen und Lehren der Reaktorkatastrophe", Informationen Sept. 2001 K des Otto-Hug-Strahleninstituts-MHM, München 2001
Le 03	S. Levin-Zaidman u. a., „Ringlike Structure of the Deinococcus radiodurans Genome: A Key to Radioresistance?", Science **299**, 254 (2003)
Li 99	M. P. Little u. J. D. Boice Jr., „Comparison of Breast Cancer Incidence in the Massachusetts Tubercolosis Fluoroscopy Cohort and in the Japanese Atomic Bomb Survivors", Radiation Research **151**, 218 (1999)
Ll 94	W. R. Lloyd, M. K. Sheaffer u. W. G. Sutcliffe, „Dose Rate Estimates from Irradiated Light-Water-Reactor Fuel Assemblies in Air", Lawrence Livermore National Laboratory, Report UCRL-ID-115199 (1994)
Lö 57	K. Löw u. R. Björnerstedt, „Health hazards from fission products and fallout I.", Arkiv för Fysik **13**, 85 (1957)
Ma 84	T. Mayer-Kuckuk, „Kernphysik" (4. Aufl.), Stuttgart 1984
Ma 90a	E. Marshall, „Academy Panel Raises Radiation Risk Estimate", Science **247**, 22 (1990)
Ma 90b	E. Marshall, „Radiation Exposure: Hot Legacy of the Cold War", Science **249**, 474 (1990)
Ma 94	C. C. Mann, „Radiation: Balancing the Record", Science **263**, 470 (1994)
Ma 96a	C. Macilwain, „Science seeks weapons clean-up role", Nature **383**, 375 (1996)
Ma 96b	C. Macilwain, „Scientists urged to turn their attention to nuclear waste", Nature **379**, 664 (1996)
Ma 97	E. Marshall, „U. S., Russia to Study Radiation Effects", Science **275**, 1062 (1997)
Ma 98	E. Masood, „Planned US nuclear repository at risk ...", Nature **396**, 500 (1998)
Ma 00	M. E. Mann, „Lessons for a New Millenium", Science **289**, 253 (2000)
Mc 97	C. McCombie, „Nuclear Waste Management Worldwide", Physics Today **50**, Nr. 6, 56 (1997)
Mö 89	K. Mörike, E. Betz u. W. Mergenthaler, „Biologie des Menschen" (12. Aufl.), Heidelberg 1989

Na 71	D. Nachtigall, „Physikalische Grundlagen für Dosimetrie und Strahlenschutz", München 1971
Na 00	M. W. Nachman u. S. L. Crowell, „Estimate of the Mutation Rate per Nucleotide in Humans", Genetics **156**, 297 (2000)
Na 03	S. Nadis, „Man against a Mountain", Scientific American **288**, Nr. 3, 26 (2003)
NC 97	National Council on Radiation Protection and Measurements, „Uncertainties in Fatal Cancer Risk Estimates Used in Radiation Protection" (NCRP Report 126), Bethesda (Maryland) 1997
Ne 86	R. Neider, „Die radiologischen Auswirkungen des Reaktorunglücks von Tschernobyl in der BRD", Forschung Aktuell Berlin **3**, Nr. 11–13, 46 (1986)
Ne 02	„Nevada takes nuclear waste case to court", Nature **415**, 6 (2002)
Ni 86	K. Niklas, „Natürliche und medizinische Strahlenexposition", in: „Mensch und Umwelt", Gesellschaft für Strahlen- und Umweltforschung mbH (Hrsg.), München 1986
Ni 97	H. Nifenecker, A. Giorni u. J.-M. Loiseaux, „Quand les déchets deviennent combustibles", La Recherche Nr. 301, 75 (1997)
No 86	C. Norman, „Chernobyl: Errors and Design Flaws", Science **233**, 1029 (1986)
No 97	D. W. North, „Unresolved Problems of Radioactive Waste: Motivation for a New Paradigm", Physics Today **50**, Nr. 6, 48 (1997)
No 03	D. Normile, „Proton Guns Set Their Sights on Taming Radioactive Wastes", Science **302**, 379 (2003)
Nu 96	Committee on Separation Technology and Transmutatian Systems u.a., „Nuclear Waste", Washington 1996
Nu 98	W. Seelmann-Eggebert u. a., „Nuklidkarte", Karlsruhe 1998
OE 95	OECD Nuclear Energy Agency, „Chernobyl, Ten Years On", Report 1995
ON 02	B. C. O'Neill u. M. Oppenheimer, „Dangerous Climate Impacts and the Kyoto Protocol", Science **296**, 1971 (2002)
Ök 00	Ökoinstitut e. V., „Ermittlung der möglichen Strahleneexpositionen der Bevölkerung aufgrund der Emissionen der Wiederaufarbeitungsanlagen Sellafield und La Hague", Studie 2000
Pa 97	W. K. H. Panofsky, „A Physical Heritage of the Cold War: Excess Weapons Plutonium", Physics Today **50**, Nr. 4, 61 (1997)
Pe 06	M. Peplow, „Counting the dead", Nature **440**, 982 (2006)
Pi 01	C. Pistner u. W. Liebert, „Beseitigung von Plutoniumbeständen", Physik in unserer Zeit **32**, 18 (2001)
Po 99	P. Pockley, „Private Nuclear Waste Plan Faces Critics in Australia", Nature **398**, 645 (1999)
Pr 93	R. F. Probstein u. R. E. Hicks, „Removal of Contaminants from Soils by Electric Fields", Science **260**, 498 (1993)
Ra 56	B. Rajewsky, „Strahlendosis und Strahlenwirkung" (2. Aufl.), Stuttgart 1956
Ra 62	B. Rajewsky u. a., „Heiße Teilchen", Atompraxis **8**, Nr. 7, 1 (1962)
Ra 86	R. W. Rasmussen, „Duke Power Company Spent Fuel Storage and Transportation Experience", Nuclear Safety **27**, 512 (1986)

Literatur 211

Re 55   J. H. Rediske u. F. P. Hungate, „The Absorption of Fission Products by Plants", Proc. 1. UN Int. Conf. On Peaceful Uses of Atomic Energy, Bd. 13, Genf 1955, S. 354
Re 90   H. Reich (Hrsg.), „Dosimetrie ionisierender Strahlung", Stuttgart 1990
Ri 89   V. Rich, „Soviet data made public", Nature **338**, 367 (1989)
Ri 03   P. Richter, „Operation am atomaren Herzen", Südd. Zeitung v. 29./30.11.2003
Ri 04   P. Richter, „Deutschlands größtes Atommüll-Lager genehmigt", Südd. Zeitung Nr. 151, 55 (2004)
Ro 90   L. Roberts, „British Radiation Study Throws Experts into Tizzy", Science **248**, 24 (1990)
Ro 95   W. Roush, „Can Nuclear Waste Keep Yucca Mountain Dry – and Safe?", Science **270**, 1761 (1995)
Ro 96   A. A. Romanyukha u. a., „Radiation doses from Ural region", Nature **381**, 199 (1996)
Rö 91   H. Röthemeyer (Hrsg.), „Endlagerung radioaktiver Abfälle", Weinheim 1991
Rö 92   „Römpp Chemie Lexikon" (9. Aufl.), J. Falbe u. M. Regitz (Hrsg.), Stuttgart 1989–1992
Ru 01   J. Rubner u. J. Viering, „Atommeiler im Visier", Südd. Zeitg. Nr. 218, 12 (2001)
Rü 97   E. Rückl, K. Fröhner u. R. Hüggenberg, „CASTOR", Physik in unserer Zeit **28**, 122 (1997)
Sa 58   A. Savulescu u. a., „The Effect of Hard Electromagnetic Radiations on the Chlamydospores of Certain Species of Tilletia and Ustilago", Proc. 2. UN Int. Conf. on Peaceful Uses of Atomic Energy, Bd. 27, Genf 1958, S. 286
Sa 87   L. A. Sagan, „What is Hormesis and Why Haven't we Heard About it Before?", Health Physics **52**, 521 (1987)
Scha 97   J.-P. Schapira, „Le coeur du problème: Les déchets à vie longue", La Recherche Nr. 301, 65 (1997)
Scha 02a   R. Scharf, „Folgen der Kernwaffentests", Physik Journal **1**, Nr. 5, 17 (2002)
Scha 02b   R. Scharf, „Bombenplutonium zu Kernbrennstoff", Physik Journal **1**, Nr. 4, 12 (2002)
Schi 01a   Q. Schiermeier, „Greek plutonium haul raises smuggling fears", Nature **409**, 653 (2001)
Schi 01b   Q. Schiermeier, „Russia fuels fury with scheme for importing nuclear waste", Nature **411**, 401 (2001)
Schi 08   Q. Schiermeier, „Electricity without Carbon", Nature **454**, 816 (2008)
Schm 59   K. R. Schmidt, „Nutzenergie aus Atomkernen, Bd. I u. II", Berlin 1959
Schm 63   K. Schmeiser, „Radionuklide" (2. Aufl.), Berlin 1963
Schn 97   D. Schneider, „The Rising Seas", Scientific American **276**, Nr. 3, 96 (1997)
Schr 04a   C. Schrader, „Streit um das gezähmte Sonnenfeuer", Südd. Zeitung Nr. 31, 11 (2004)
Schr 04b   C. Schrader, „Strahlen aus dem Keller", Südd. Zeitung Nr. 150, 11 (2004)
Schu 00   M. C. Schulte, „Unnötige Belastungen", Südd. Zeitg. Nr. 210 (2000)
Schw 97   M. Schwarzenberg, „Energie aus radioaktivem Abfall", Physik in unserer Zeit **28**, 259 (1997)

Se 53	E. Segrè (Hrsg.), „Experimental Nuclear Physics, Bd. II", New York 1953
Sh 96	Y. M. Shcherbak, „Ten Years of the Chornobyl Era", Scientific American **274**, Nr. 4, 32 (1996)
Si 00	S. Simpson, „Melting Away", Scientific American **282**, Nr. 1, 14 (2000)
Ste 58	J. R. Stehn u. E. F. Clancy, „Fission-Product Radioacitvity and Heat Generation", Proc. 2. UN Int. Conf. on Peaceful Uses of Atomic Energy, Bd. 13, Genf 1958, S. 49
Sti 87	K. Stierstadt, „Investigations on Radioactive Fallout (XIV)", Atomenergie-Kerntechnik **51**, 52 (1987)
Sto 99	R. Stone, „Retracing Mayak's Radioactive Cloud", Science **283**, 164 (1999)
Sto 01a	R. Stone, „Nuclear Traficking: A Real and Dangerous Threat", Science **292**, 1632 (2002)
Sto 01b	R. Stone, „Living in the Shadow of Chornobyl", Science **292**, 420 (2001)
Sto 02	R. Stone, „Hot Legacy Raises Alarm in the Caucasus", Science **295**, 777 (2002)
Sto 03a	R. Stone, „For a Long-Suffering Population, Uncertainty Reigns", Science **300**, 1222 (2003)
Sto 03b	R. Stone, „Radioactive Sources Move From a Concern to a Crisis", Science **302**, 1644 (2003)
Sto 04	R. Stone, „Deep Repositories: Out of Sight, Out of Terrorists' Reach", Science **303**, 161 (2004)
Sto 06	R. Stone, „Return to the Inferno: Chornobyl After 20 Years", Science **312**, 180 (2006)
Sto 09	„Störfälle in europäischen kerntechnischen Anlagen", http://de.wikipedia.org/wiki/Liste_von_Störfällen_in_europäischen_kerntechnischen_Anlagen
Str 01	„Strahlenschutzverordnung", Bundesgesetzblatt Nr. 38, 1713 (2001)
Sw 88	W. Sweet, „Japan's Nuclear Program Stresses Breeders, Plutonium and Safeguards", Physics Today **41**, Nr. 1, 71 (1988)
Sw 89	W. Sweet, „Kyshtym Visit Gives First Look at Soviet Plutonium Production Complex", Physics Today **42**, Nr. 11, 87 (1989)
Sw 96	C. Swinbanks, „Sodium leak blots Japan's nuclear prospects", Nature **379**, 196 (1996)
Sw 97	D. Swinbanks, „Accident fall-out threatens Japan's nuclear company", Nature **386**, 746 (1997)
Ta 85	M. Taube, „Evolution of Matter and Energy on a Cosmic and Planetary Scale", New York 1985
Ta 00	G. Taucher-Scholz, „Leben mit Strahlen – Chance oder Risiko", Vortrag im Deutschen Museum, München 2000
Th 76	M. P. Thekaekara, „Solar radiation measurement: Techniques and Instrumentation", Solar Energy **18**, 309 (1976)
Th 01	M. Thurau, „Faktor Sieben nach Tschernobyl", Südd. Zeitg. Nr. 127, V2/14 (2001)
Th 03	M. Thurau, „Der Strahlenmann", Südd. Zeitg. Nr. 96, 51 (2003)
To 08	O. B. Toon u.a., „Environmental consequences of nuclear war", Physics Today **61**, December, 37 (2008)

Tre 97	K. E. Trenberth, „The use and abuse of climate models", Nature **386**, 131 (1997)
Tri 97	R. Triendl, „Nuclear debate goes critical in Japan", Nature **386**, 209 (1997)
Tu 95	J. E. Turner, „Atoms, Radiation and Radiation Protection" (2. Aufl.), New York 1995
Uh 01	S. Uhlmann, „Hoffnung auf die zweite Chance", Südd. Zeitg. Nr. 100, 26 (2001)
Up 82	A. C. Upton, „The Biological Effects of Low-Level Ionizing Radiation", Scientific American **246**, Nr. 2, 29 (1982)
Up 91	A. C. Upton, „Health Effects of Low-Level Ionizing Radiation", Physics Today **44**, Nr. 8, 34 (1991)
Vo 93	M. Volkmer, „Basiswissen zum Thema Kernenergie", Bonn 1993
Wa 48	K. Way u. E. P. Wigner, „The Rate of Decay of Fission Products", Physical Review **73**, 1318 (1948)
Wa 89	F. Wachsmann, „Die Strahlengefahr – realistisch gesehen", Naturwissenschaften **76**, 45 (1989)
Wa 97	M. Wadman, „NCI apologizes for fallout study delay", Nature **389**, 534 (1997)
Wa 03	M. L. Wald, „Dismantling Nuclear Reactors", Scientific American **288**, Nr. 3, 36 (2003)
Wa 09	M. L. Wald, „What Now for Nuclear Waste?", Scientific American **301**, August, 40 (2009)
WD 99	„Kernenergie", Script zur WDR-Sendereihe Quarks & Co., Köln 1999
We 64	A. V. Wegst, C. A. Pelletier u. C. H. Whipple, „Detection and Quantification of Fallout Particles in a Human Lung", Science **143**, 958 (1964)
We 01	H. S. Weinberg u. a., „Very high mutation rate in offspring of Chernobyl accident liquidators", Proceedings of the Royal Society (London) **B 268**, 1001 (2001)
We 02	C. Wernicke, „Die Zeitbombe ist am Kai vertäut", Südd. Zeitg. Nr. 266, 3 (2002)
We 03	P. Webster, „Haunted by Red October", Science **301**, 1460 (2003)
Wh 96	C. G. Whipple, „Can Nuclear Waste Be Stored Safely at Yucca Mountain?", Scientific American **274**, Nr. 6, 56 (1996)
Wi 76	E. Wiberg, „Lehrbuch der Anorganischen Chemie" (81. – 90. Aufl.), Berlin 1976
Wi 08	R. Wiegand, „Es wird Vertrauen verspielt", Südd. Zeitung Nr. 142, 7 (2008)
Zo 96	G. Zorpette, „Hanford's Nuclear Wasteland", Scientific American **274**, Nr. 5, 72 (1996)

Sachverzeichnis

Abfälle, radioaktive (s. a. Atommüll)
    Endlager 138f., 142f.
    Kosten 157
    niedrig aktive 117f., 129
    Transmutation 124f.
    „verbrennen" 124f.
    Wärmeproduktion 116f.
    „wegschütten" 118f.
Abklingbecken 127f.
    CASTOR 137
    unterirdisches 143
    Wärmeleistung eines Brennelements 128
Absorptionsfaktor (f_a) 68
Abstand, „guter Strahlenschutz" 68
Ahaus 144
Akkumulation 121f.
Aktivität (A) 34, 36, 37
    Erdboden 92f., 118
    Spaltproduktgemisch 39, 44f.
    spezifische 117
    und Strahlendosis 65, 69
    unverbrauchtes Brennelement 110
    Uranspaltung 45
    verbrauchtes Brennelement 111
akute Strahlenkrankheit 80
akuter Strahlentod 73, 74, 81
Alphastrahlen 31f.
    Transurane 46, 193f.
    Wechselwirkung mit Molekülen 53
Alternativen zur Kernenergie 181f.
Americium 46
Aminosäuren 62
Anregung, von Molekülen 54
Anreicherung 29, 121
Antarktis 123, 183
Antioxidantien 61
Äquivalentdosis (H) 67
    terrestrische Strahlung 93
Arktis 183
Asse II 142, 144
Atemluft, Radonbelastung 96
Atmosphäre, Atommüll 120
Atomausstieg 181
Atombau 17

Atombombe 21, 26, 149, 154, 158
    „friedliche" 146
    Hiroshima-Typ 21, 24, 105, 154
    Nagasaki-Typ 46, 140
    nominelle 24, 105
    Opfer, japanische 81, 84
    Plutoniumbombe 47
Atomkern 17, 18, 19
    Isomerie 192
    Spaltung 19f.
Atommüll (s. a. Abfälle, radioaktive)
    Antarktis 123
    Entsorgung 118f.
    Erdmantel 124
    Kosten 157
    Sonne 122
    Tiefsee 124
    Verbreitung 118f.
    Weltraum 122
Atomwaffen, taktische 30
Ausbeute, Spaltprodukte 189f.

Barents-See 161
Baumaterial, Reaktor 48
Becquerel (Einheit) 34
Becquerel, Antoine H. 31
Bedienungsfehler, Reaktor 167
Betaaktivität
    induzierte 55
    Kernwaffenversuche 105
    Spaltproduktgemisch 44
Betaenergie 189f.
Betastrahlen 31f.
    Transurane 46
Betazerfall 38
Betriebsmittel, Reaktor 48
Bevölkerung
    Ängste, Sorgen 146f.
    Widerstand 152, 157, 181
Bewegungsenergie, Spaltfragmente 20, 24
Bikini-Atoll 106
Bindungsenergie, Atomkerne 19
Binnengewässer 92
Biomasse 182
Biomoleküle 59f.

Bodenluft, Radon 97
Bond, James 128
Brennelement 27, 109f.
 Dosisleistung 112
 elektrische Leistung 112
 MOX-Brennelement 140, 147
 thermische Leistung 112
 Transurane 114f.
 unverbrauchtes, Aktivität 110
 verbrauchtes, Aktivität 111f., 115
 Wärmeleistung 116, 128
 Wirkungsgrad 112
Brennstab 27
Brutreaktor 30

Californium 46
Carlsbad (New Mexico) 157
Cäsium (-137) 40, 105, 118, 120, 121, 125, 159, 165, 168, 171, 174, 176, 177
CASTOR (-Behälter) 134f.
 Füllmenge 135
 Sicherheit 136
 Temperatur 135, 138
 Transport 13
chemische Primärprozesse 59f.
chemische Sekundärprozesse 60
Chromosomenschäden 82, 85
Columbia-Fluss 154
Compton-Effekt 54
Crick, Francis H. C. 63
Curie (Einheit) 34, 67
Curium 46

Dauerbestrahlung 76
Deinococcus radiodurans 76
Deponie 120
Desoxyribonukleinsäure (DNS) 63
Diebstahl, radioaktives Material 149, 181
Disulfid-Bindung 62
DNS 63
Doppelhelix 63
doppelt-logarithmische Skala 40
Dosis (D) 65f.
 akuter Strahlentod 74
 charakteristische (D_c) 74
 Kollektivdosis 101

Dosis LD-50 74, 77, 113, 127, 129, 149, 159, 174
Dosis-Effekt-Kurve 74
Dosisformeln 65, 67, 69
Dosisleistung 70, 76
 erlaubte Höchstwerte 103
 kosmische Strahlung 91
 verbrauchtes Brennelement 112
Dosiswerte, Größenordnung 75
Dosis-Wirkungs-Beziehung 74f.
Druckwasserreaktor 25, 26, 181
 Sicherheitsfaktor 29

Eindringvermögen 31
Einmalbestrahlung 76, 82
Eis der Antarktis, Atommüll 123
Elektronen, hydratisierte 60
Elektronenvolt 31
elektronische Anregung 54
Elementumwandlung im Reaktor 47
Embryonalzustand 74, 84
Emissionen, Wiederaufarbeitungsanlagen 152, 153
Emissionsgrenzen, kerntechnische Anlagen 103
Endlager (s. a. Gorleben, Yucca) 144, 181
 Europa 152
 geologische Sicherheit 139
 Gorleben 150
 hoch aktive Abfälle 138f.
 Kosten 145, 152, 157
 Meer 152
 niedrig aktive Abfälle 142
 Plutonium 140, 157
 Salzstock 140
 Tiefseesediment 142f.
 Transurane 140, 154, 157
Energie, radioaktiver Strahlung 37
Energiebedarf 109, 182
 Deutschland 21
Energiedosis (D) 65
Energiequellen
 alternative 181f.
 regenerative 187
„Energieerzeugung" 21
Energieumwandlung 21
„Energieverbrauch" 21

Sachverzeichnis

Energieverlust, mittlerer 55
Eniwetok-Atoll 106
Entsorgung
   Antarktis 123
   Atmosphäre 120
   Atommüll 118f.
   Deutschland 144f.
   Erdmantel 124
   heutiger Stand 144f.
   Meer 120
   optimale 143f.
   realistische 126f.
   Russland und GUS-Staaten 158f.
   Sonne 122
   Tiefsee 124
   USA 153f.
   utopische Vorschläge 122f.
   Weltraum 122
   Westeuropa 151f.
Enzyme 62
Erbkrankheiten 85
Erbschäden 85
Erbsubstanz 63
Erdboden, natürliche Aktivität 92, 118
Erdmantel, Entsorgung 124
Erdwärme 186
Erzeugerpreis 145

Fermente 62
Fernsehgeräte
   Strahlenbelastung 103
Festlandeis, antarktisches 183
Film, fotografischer 37, 71
Filmdosimeter 71
Finnland 147, 152
fossile Brennstoffe 182
Fotovoltaik 186
fraktionierte Bestrahlung 76
freie Radikale 54, 60
Frühschäden, somatische 73, 80f.
Füllhalterdosimeter 70

Gammaaktivität, Spaltproduktgemisch 44
Gammaenergie 189f., 193f.
Gammaquanten 32
Gammastrahlen 31f.
   Wechselwirkung mit Molekülen 54

Ganzkörperbestrahlung 80
Gasdiffusion 29
Gaszentrifuge 29
Geiger, Hans 35, 36
Geiger-Müller-Zählrohr 35, 36, 70
Generator 25
genetische Schäden 85f., 176
geologische Sicherheit, Endlager 139
Geometriefaktor (f_g) 68
Gesamtkörperdosis, effektive (H_{eff}) 68
Geschwindigkeit, radioaktive Strahlung 33
Gesteine
   Radioaktivität 92, 116
   Tuff 139, 157
Gewässer, Radioaktivität 92
Gewebewichtungsfaktor (w) 67
Golfstrom 183
Gomel 171, 174, 176
Gorleben 13, 144
   Baukosten 145
   Endlager 150
   Zwischenlager 137, 143, 145
Grauer Star (Katarakt, Linsentrübung) 74, 83
Gray (Einheit) 65
Gray, Louis H. 65
Grönlandeis 183
Grundwasser 119, 139

Hahn, Otto 19
Halbleiterzähler 37
Halbwertsdicke 33, 57, 197
Halbwertszeit ($t_{1/2}$) 35, 189f., 193f.
Hanford 132, 154, 156, 163
Harrisburg 165, 166, 181
Häufigkeit, Spaltprodukte 39, 40
Haushalt
   Aktivität 110
   Stromverbrauch 110
   „heiße Teilchen" 107, 173
Hiroshima 23, 75, 79, 81, 82, 83, 84
Hochtemperaturreaktor 30, 178, 181
Höhenstrahlung (s. a. kosmische Strahlung) 90
Homöostase 86
Hormesis 86
hydratisierte Elektronen 60
Hydroxidradikal 60

Idaho Laboratory 154
Immunsystem 74, 77, 80, 81, 98, 100
induzierte Radioaktivität 48
Iod (-131) 105, 121, 164, 168
Ionenpaare 55, 70
   Abstände 55
Ionisation, Ionisierung 54, 55
   Wasser 59f.
Ionisierungsdichte 55, 56, 198
   biologische Wirkung 66
   mittlere 58
   Röntgenstrahlung 101
Irische See 161
isomere Atomkerne 192
Isotop 17
ITER 184

Joule (Definition) 21

Kalium (-40) 66, 92, 100
Kalorimeter 70
Kaluga 171
Karachai-See 159
Kara-See 161
Kasachstan 106
Kernbrennstoff 27, 182
Kernenergie 182
   Alternativen 181f.
   Bedarf 182
   Risiken 183
Kernfusion, kontrollierte 183
Kernkraft 19
Kernkraftgegner 147
Kernkraftwerk 24f.
   Abbau 146
   Deutschland 109, 118, 144
   Flugzeugabsturz 148, 150, 151
   Frankreich 151
   „friedliche Atombombe" 146
   Gewinne 14, 145
   Grenzwerte, Abluft und Abwasser 103
   Großbritannien 151
   Hauptnachteil 27
   Hauptvorteil 27
   Kosten 13, 145
   Kriegsereignisse 150
   Leistung 21

Russland und GUS-Staaten 158
Sicherheit 147
Stilllegung 48, 146
Terrorismus 148
Überfall 150
Unfälle 163f.
Uranverbrauch 21
USA 153
Wirkungsgrad 25
Kernspaltung 20
kerntechnische Anlagen
   Emissionsgrenzen 103
   Sicherheit 147, 181
   Unfälle 163f.
kerntechnische Strahlenbelastung 103f.
Kernwaffen 154, 158
Kernwaffentest, -versuche 84, 104f., 106
Kettenreaktion 23, 128, 178
Kiloelektronenvolt 31
Kohlendioxid 183
Kohlenstoff (-14) 35, 153
Kokille 133
Kola-Halbinsel 160
Kollektivdosis 101
Konrad 144
Körperstrahlung 98f.
Korpuskularstrahlen 33
kosmische Strahlung 90f.
   Dosisleistung, Höhenabhängigkeit 91
   geografische Breite 92
   primäre 90
   sekundäre 90
   Teilchenkaskade 90
   Weltraumflug 91
Krasnojarsk 158, 160
Krebserkrankung 74, 81
   natürliche Todesrate 82, 120
   Risiko 82, 94, 102, 119
   Schilddrüse 106, 174
   strahleninduzierte 102
Kriegsereignisse 150, 181
kritische Masse 23, 26, 128
Krypton 49, 153, 168
„künstliche" Strahlenbelastung 100f., 108
Kurzzeitbestrahlung 76, 80

Sachverzeichnis

La Hague 130, 143, 148, 151, 152, 161
Langzeitbestrahlung 76, 80
Latenzzeit 81, 83
LD-50-Dosis 74, 77, 113, 127, 129, 149, 159, 174
Lebensdauer
  mittlere (τ) 34
  Verkürzung 74, 81, 84
Leistungsbedarf, Menschheit 182
Leitungswasser, Radon 99
Leukämie 74, 79, 81, 83, 92, 153
  bei Kindern 83
  strahleninduzierte 83
Linsentrübung 83
Linsentrübung (Grauer Star, Katarakt) 74, 81
  Latenzzeit 83
Liquidatoren (Tschernobyl) 170, 171, 176
logarithmische Skala 40
Luft, Radioaktivität 96f.
Lungengefäße, Retention 98
Lungenkrebs 99

Marcoule 130, 184
Massenzahl (A) 17, 35, 36, 189f., 193f.
Mausergewebe 73, 81
Mayak 105, 158, 160, 164, 165
medizinische Strahlenbelastung 101f.
Meer, Endlagerung 152
Meereis, arktisches 183
Meerwasser 92
Megaelektronenvolt 31
Meitner, Lise 19
Menschenversuche 72
Minisatelliten-DNS 106
Missbildungen 177
Mitosehemmung 73
mittlere Lebensdauer (τ) 34
mittlerer Energieverlust 55
Mogilew 171, 176
Moleküle, Strahlungswechselwirkung 53
Monazitsand 94
Morsleben 144
MOX (-Brennelemente) 140, 147
Müller, Walter 35, 36
Mutation 64
  dominante 64, 73
  Keimzellen 64

Körperzellen 64
rezessive 64, 73
strahleninduzierte 62
Mutationsrate 85
  natürliche 85
Myoglobin 59

Nagasaki 46, 75, 82
natürliche radioaktive Strahlung 89f., 100
Nebelkammer, Wilson'sche 57
Nebelkammerbilder 56
Neptunium 46
Neutron 17
Neutroneneinfang 114
Neutronenreflektor 23
Neutronenstrahlen 31f.
  Wechselwirkung mit Materie 55
Neutronenzahl (N) 35, 36
  Verhältnis zur Protonenzahl 37
Nevada 106
nominelle Atombombe 164
Nordpol 183
Novaja Semlja 161
Nuklearmedizin 101
Nukleinbasen 63
Nukleinsäuren 62
Nukleon 17
Nuklid 17
  Uranspaltung 39
Nuklidkarte 35
Nuklidtabelle 35

Oak Ridge 154
Olkiluoto 152
Orbital 18, 53
Ordnungszahl 17
Orel 171
Oxidationsmittel 61
oxidativer Stress 61
Oxonium 60

Paarbildung 54
Photoeffekt 54
Photonen 32
physikalische Primärprozesse 51f., 59

Plutonium 46, 126, 147, 152, 153, 154, 158, 160, 165, 168, 176, 177
 „auf Halde" 47, 140
 Bombe 47
 Endlagerung 140, 157
 Gefährlichkeit 46
 Kernbrennstoff 46
 Mengen 47, 131
 Schwund 140
 Wiederaufarbeitung 131
Primärprozesse
 chemische 59
 physikalische 51f., 59
Pripjat 166, 169, 176, 178
Proteine 62
Proton 17, 19
Protonenzahl (Z) 35
 Verhältnis zur Neutronenzahl 37
Punktmutation 73

Qualitätsfaktor (Q) 67
Quellen, radioaktive 92

rad (Einheit) 67
Radikal, freies 54, 60
radioaktive Quellen 92, 96
radioaktive Strahlung 31f.
 Energie 37
 „künstliche" 100f.
 natürliche 89f.
 Zeitverlauf 33
radioaktive Teilchen 33
radioaktiver Abfall 109f.
radioaktiver Zerfall 33
Radioaktivität 31f.
 induzierte 48, 55
 Reaktorabwässer 48
 Reaktorbetriebsmittel 48
Radiumkuren 86, 87
Radiumvergiftung 82
Radon 93, 96f.
 Leitungswasser 99
 Lungenkrebs 99
 Wohnungen 98
 Zerfallsprodukte 98

Reaktor 24f.
 als Atombombe 30, 146
 Baumaterial 48
 Betriebsmittel 48
 Brutreaktor 30
 Druckwasserreaktor 25, 26, 29
 Elementumwandlung 47
 Flugzeugabsturz 148, 150, 151
 Hochtemperaturreaktor 30
 Kern 25
 Kühlmittel 48
 Leistungsdichte 24
 Regelstäbe 26
 Schiffsreaktor 160
 Sicherheit 26, 181
 Siedewasserreaktor 30
 Tschernobyl-Typ 30
 Typen 28, 29, 30
 Wirkungsgrad 21
Reaktorkern 27
Regelstäbe 26
regenerative Energie 187
Regenwasser 105
Reichweite 31, 55, 57, 195f.
 terrestrische Strahlung 92
rem (Einheit) 67
Reparaturmechanismus, -system 76, 77, 80, 85
Restkern 33
Retention, Staub in Lunge 98
Risikofaktor 82
Röntgendiagnostik 101
Röntgenstrahlung 101
 diagnostische 102
Rutherford, Ernest 34

Sabotage 179
Salzbergwerk 142
Salzstock 140, 157
„Sarkophag", Tschernobyl 170, 176
Savannah River 132, 154
Schiffsreaktor 160
Schilddrüse, Krebserkrankung 106, 174
schmutzige Bombe 30
Schwellendosis 78
Schwellenwert 78, 79, 85
Schwingungsanregung 54

Sekundärkreislauf 25
Sekundärprozesse, chemische 60
Selbstabsorption, terrestrische Strahlung 92
Selbstheilungsprozesse 77
Sellafield (früher Windscale) 83, 130, 151, 152, 161, 163
Sicherheit, Kernenergieanlagen 181
Siedewasserreaktor 30
Sievert (Einheit) 67
Sievert, Rolf M. 67
Solarkollektor 186
solarthermisches Kraftwerk 186
Solarzellen 186, 187
somatische Schäden 73, 74, 80f., 81f.
Sonne, Entsorgung von Atommüll 122
Sonnenenergie 184f.
Sonnenstrahlung, Umwandlung 185
Spaltneutronen 23, 29
   prompte 20
Spaltprodukte 21, 26, 31
   Aktivität, Gemisch 39, 44
   atmosphärischer Transport 106
   Bewegungsenergie 21
   Eigenschaften 189
   gasförmige 45
   Krebsrisiko 119
   Uran 25, 109
   Zerfallsreihen 199f.
Spaltung
   Atomkern 19f.
   spontane 23, 26, 46
   Uran 109
Spaltungsenergie (e, E) 21
Spätschäden, somatische 73, 74, 81f.
Spurenelemente 121, 122
Staubteilchen, Lunge 98
Steinkohle 24, 30
Sterilität 86
Stilllegung, Kernkraftwerk 48
Strahlenbelastung
   Fernsehen 103
   kerntechnische 103f.
   Kernwaffentests 106f.
   „künstliche" 100f.
   medizinische 101f.
   mittlere jährliche 108
   natürliche 89f., 100

   technische 102f.
   terrestrische 92f.
   zivilisatorische 100
Strahlenbiologie, Probleme 65
Strahlendosis
   Körper 66
   Messung 65f.
   mittlere jährliche 100
   und Aktivität 65f., 69
Strahlenempfindlichkeit, Lebewesen 76
Strahlenkrankheit, akute 73, 80, 120
   Zeitverlauf 81
Strahlenoptimist 14, 82
Strahlenpessimist 14, 82
Strahlenrealist 14
Strahlenrisiko 79, 82
Strahlenschäden 65, 72f.
   genetische 65, 73, 85f., 176
   Häufigkeit 74
   „irreversible" 65
   Mausergewebe 73
   „reversible" 65
   Schwere 74
   somatische 65, 73
Strahlenschutz, Abstand 68
Strahlenschutzverordnung 51, 103, 105
Strahlentherapie 101
Strahlentod, akuter 73, 76, 81
Strahlenwirkungen 51f.
   biologische 72f.
   direkte 59
   Erbsubstanz, DNS 63
   indirekte 59
   medizinische 72f., 79
   „nützliche" 86
   Wasser 59f.
Strahlung
   Absorption 51
   Baumaterial 96
   kosmische 90f.
   Luft 96f.
   menschlicher Körper 98f.
   natürliche 89f., 100
   radioaktive 31f.
   terrestrische 92f.
Strahlungsmessgeräte 35, 36
„Strahlungsteilchen" 33

Strassmann, Fritz 19
Stratosphäre 104
Strippingprozess 55
Strontium (-90) 40, 105, 120, 125, 149, 159, 165, 168, 176
Super-GAU 179
Szintillationszähler 37

Techa-Fluss 158
technische Strahlenbelastung 102
terrestrische Strahlung 92f.
 Boden 92
 Gewässer 92
 Kalium (-40) 92
Terrorismus 143, 145, 148, 150, 179, 181
Testgelände 106
Teststoppabkommen 105
Thoron 96
Three Mile Island 165
Tiefsee
 Endlagerung 142f.
 Entsorgung 124
Tierversuche 79
Tochterkern 33
Todesfallrisiko durch Strahlung 81
Todesrate, natürliche durch Krebs 82, 120
Tokai-Mura 147, 166
Tomsk 158, 160
Transmutation 124f.
Transportunfall 148
Transurane 26, 46f., 109, 125
 Aktivität im Brennelement 114f.
 Alphastrahlung 46
 Betazerfall 46
 Eigenschaften 193f.
 Endlagerung 140, 154, 157
 Gefährlichkeit 115
 Halbwertszeiten 115, 193f.
 Produktionsmengen 114
 spontane Spaltung 46
Treibhauseffekt 183
Trinitrotoluol (TNT) 21, 105, 154, 164, 167
Tritium 49, 153, 154, 156
Troposphäre 104
Tscheljabinsk 164

Tschernobyl 14, 75, 107, 118, 121, 123, 131, 143, 149, 150, 165, 166f., 181
 Aktivität in Deutschland 173
 Bedienungsfehler 167
 Dosisleistung, Umgebung 169
 freigesetzte Aktivität 167
 genetische Schäden 176
 „heiße Teilchen" 107
 Krebserkrankungen 175, 178
 Liquidatoren 170, 171
 Missbildungen 176
 „Sarkophag" 170, 176
 Schilddrüsenerkrankungen 174, 175
 Todesopfer 14, 75
Tumor, solider 81
Turbine 25

Überfall, Kernkraftwerk 150
Ukraine 175, 176
Unfälle in Kernenergieanlagen 163f.
 französische Anlagen 166
 Hanford 163
 Harrisburg 165
 japanische Anlagen 166
 Mayak 164
 Three Mile Island 165
 Tokai-Mura 147, 166
 Tschernobyl 166f.
 Windscale (jetzt Sellafield) 163
Unterseeboot, Reaktor 160
Uran, im Meer 183
Uran (-236) 46
Uranatomkern 21
 Spaltung 39
Uranisotope 18
 Eigenschaften 193
Uranspaltung 109
 Aktivität 39
 Nuklide 39
utopische Entsorgungsvorschläge 122f.

Verbreitung
 Atommüll 118f.
„Verbrennen" radioaktiver Abfälle 124
Verglasung 132f., 155, 160
Verhältnis, Protonen- zu Neutronenzahl 37
verseuchte Gebiete 160, 163f.

Verstrahlung, Erdboden 148, 163f.
verzögerte Neutronen 38
Vibrationsanregung 54
Vorräte, energieliefernde Rohstoffe 182

Wackersdorf 131
Wärmeenergie 24, 109, 116f., 186
Wärmeleistung
    Brennelement 116
    Lithosphäre 116
    radioaktive Abfälle 116f.
Wasserkraft 182
Wasserkraftwerke 186
Wasserstoffbombe 105, 150
Wasserstoffperoxid 60
Watson, James D. 63
Wechselwirkung, Strahlung mit Molekülen 51f.
„Wegschütten" radioaktiver Abfälle 118f.
Weißrussland 175
Weltraum, Atommüllentsorgung 122, 124
Widerstand der Bevölkerung 152, 157, 181
Wiederaufarbeitung 130f., 181
    Kosten 130, 132
    Plutonium 130, 131
    Unfall 131
Wilkins, Maurice H. 63
Windkraftanlagen 186
Windscale (jetzt Sellafield) 105, 107, 151
WIPP 157
Wirkungs-Dosis-Beziehung 74f.
Wirkungs-Dosis-Kurve 74, 171
Wirkungsgrad 21, 112, 187
Wohnungen, Radon 98
Wurzeln, Aktivität 118

Xenon 49

Yucca-Gebirge, Endlager 139, 157
Yucca-Lager 157

Zählrohr 35, 36
Zehnerpotenzen, Schreibweise 17
Zerfall, radioaktiver 33
Zerfallsenergie 21
Zerfallsgesetz 35
Zerfallskonstante (λ) 34
Zerfallsprodukte, Radon 98
Zerfallsreihen, Spaltprodukte 199f.
Zwischenlager 136f., 143, 144, 181
    oberirdisches 150
    Terrorismus 148
    unterirdisches 143